北方特色果品
采后生理与贮藏保鲜研究

◎ 田建文　王　芳　主编

中国农业科学技术出版社

图书在版编目（CIP）数据

北方特色果品采后生理与贮藏保鲜研究／田建文，王芳主编. --北京：
中国农业科学技术出版社，2022.10
　ISBN 978-7-5116-5948-4

Ⅰ.①北… Ⅱ.①田…②王… Ⅲ.①水果-食品贮藏②水果-食品保鲜
Ⅳ.①S660.9

中国版本图书馆 CIP 数据核字（2022）第 180912 号

责任编辑	李冠桥
责任校对	马广洋
责任印制	姜义伟　王思文

出 版 者	中国农业科学技术出版社
	北京市中关村南大街 12 号　　邮编：100081
电　　话	（010）82109705（编辑室）　　（010）82109702（发行部）
	（010）82109709（读者服务部）
网　　址	https://castp.caas.cn
经 销 者	各地新华书店
印 刷 者	北京建宏印刷有限公司
开　　本	170 mm×240 mm　1/16
印　　张	16.25
字　　数	300 千字
版　　次	2022 年 10 月第 1 版　2022 年 10 月第 1 次印刷
定　　价	96.00 元

资助项目

本研究工作得到宁夏回族自治区重点研发计划项目（2021BBF02014，2022BBF02035）、宁夏农林科学院农业高质量发展和生态保护科技创新示范项目（NGSB-2021-1）、农业农村部国家苹果产业技术体系（CARS-27）的支持。

前　言

　　果品是深受人们喜爱的副食品之一，也是食品工业的重要原料，它不仅含有人体所需要的营养成分，还含有一些抵抗疾病不可缺少的功能性成分。近年来，果品的产量和质量有了大幅度的提高，但果品具有较强的季节性、地域性、易腐烂等特点，因此贮藏保鲜一直是我国各个时期农业及食品工业发展的重点之一。

　　本书内容包括两部分，上篇涵盖了果品的采后生理、营养与品质的关系、采收与分级以及几种特色果品的贮藏与保鲜方法等内容；下篇以苹果和柿子为重点研究对象，进行贮藏保鲜研究。本书从理论和实践两方面探讨了果品贮藏技术的相关问题，内容丰富，科学实用。

　　本书在编写过程中，得到了宁夏农林科学院领导的支持和指导，在此表示衷心感谢。本书可供相关科技工作者、果品生产者、经营者、企业员工等参考使用。因本书的编写时间较紧，内容较多，难免有不足之处，敬请各位专家、同道和广大读者提出宝贵意见，以便再版时修改和完善。

编　者

2022 年 10 月

目　　录

上篇　北方特色果品采后生理与贮藏

下篇 相关技术研究报告

上篇
北方特色果品采后生理与贮藏

第一章　果品的概念与特性

　　美国癌症研究院曾整理了世界卫生组织、美国农业部以及国际上对癌症的研究，指出每天至少摄取 5 种蔬菜、果品，就可以降低 20% 的患癌风险。美国环境毒物学博士罗伯特·哈瑟瑞进一步指出，有十几种果品可以起到有效降低患癌症概率的作用，这些果品包括草莓、橙子、橘子、苹果、哈密瓜、西瓜、柠檬、葡萄、葡萄柚、菠萝、猕猴桃等。它们中的一些特殊成分在预防结肠癌、乳腺癌、前列腺癌、胃癌等方面，具有其他食品难以替代的作用。

第一节　果品的种类及特性

　　果品是水果和干果的总称，也可以定义为具有或潜在具有商品价值的果实及其相关产品。果品是大自然的精华，它以艳丽多彩的形色、芬芳浓郁的果香、鲜美醇厚的滋味，深得人们的喜爱。果品在采收后仍是一个独立的具有生命活动的有机体，易受环境及其他因素的限制和影响，会发生一系列生理、生化和品质上的变化。开展不同种类果品采后贮藏与加工技术研究有利于延长果品货架期，提升果品价值。

一、果品的种类

　　我国栽培的果树有 50 多科、300 多种，品种上万。果品的种类繁多，分类方法也有多种。比较常见的生物学分类依据有果实形态结构、果树植株形态、冬季叶幕特性、果树生态适应性等。下面主要介绍较为通用的前 2 种分类依据。

　　1. 果实形态结构

　　（1）核果类。核果类属于肉果，常见于蔷薇科、鼠李科等类群植物中，多为落叶的乔木或灌木。果实通常由单雌蕊发育而成，子房上位，由一个心皮构成。子房的外壁形成外果皮，中壁发育成柔软多汁的果肉（中果皮），食用部分是中果皮和外果皮，内果皮硬化成为核，故称核果。如桃、李、杏、樱桃、梅等。

（2）仁果类。仁果类又称梨果，常见于蔷薇科植物。这类果树多数为高大乔木或灌木，寿命较长。果实不是由单一子房发育而成，而是由子房和花托膨大形成，植物学上也称假果。子房下位，包被在花托内，由5个心皮构成，果实内有数个小型种子。子房内壁革质，中果皮、外果皮与花托肉质，为可食部分。如苹果、梨、山楂、木瓜、海棠等。

（3）浆果类。浆果类由一个或几个心皮形成的果实，包括多种不同属的植物，如葡萄属、猕猴桃属、桑属、无花果属、草莓属、柿属等。这些果树多为矮小的落叶灌木或藤木。此类果实的果皮除外面几层细胞外，中果皮与内果皮均为肉质，柔软多汁并含有多枚小型种子，故称浆果。但果实在产生和结构上不大相同，有些浆果由一朵花中一个雌蕊子房形成单果，有的由一朵花中的多个雌蕊形成聚合果或多心皮果，也有由整个花序中的多数花朵合成的复果或多花果。

（4）坚果类。闭果的一个分类，果皮坚硬，内含1粒种子，也称壳果类，在商品分类上被列在干果类。坚果是植物的精华部分，一般营养丰富，富含蛋白质、油脂、矿物质、维生素，对人体生长发育、增强体质、预防疾病有极好的功效。果皮多坚硬，成熟时干燥开裂，含水分较少，食用部位多为种子及其附属物。因其富含淀粉和油脂，所以有"木本粮油"之称，部分也可作为油料。常见的种类有板栗、核桃、银杏、松子等。

（5）柑橘类。柑橘类是芸香科柑橘属、金柑属和枳属植物的总称，我国和世界其他国家栽培的柑橘主要是柑橘属。柑橘类植物多分布于热带、亚热带和温带地区，果实多肉多浆，但也不同于浆果类，结构比浆果要复杂。果实是由子房发育而成，子房上位，由5~8个心皮构成。子房外壁发育成具有油胞的外果皮，含有色素和很多油胞；子房中壁形成白色海绵状的中果皮；子房内壁发育形成内果皮，形成囊瓣。囊瓣内生有纺锤状的多汁突起物，称为汁胞，是柑橘属的主要食用部位。此类果实包括柑、橘、橙、柚、柠檬等。果实可供鲜食，也可制成罐头、果汁等加工产品；还可从中提取柠檬酸、香精油、果胶等，这些提取物可作食品和医药工业原料。

（6）其他类。此类主要是分布于热带及亚热带的果树，多为常绿乔木或灌木，少数为常绿木质藤木，也有少数为多年生草本。果实多样，如香蕉、荔枝、龙眼等。

2. 果树植株形态

（1）乔木果树。乔木是指树身高大的树木，由根部发生独立的主干，树干和树冠有明显区分。常见乔木果树有苹果、梨、银杏、板栗、橄榄、木菠萝等。

（2）灌木果树。灌木是指没有明显的主干、呈丛生状态的树木，一般可分为观花、观果、观枝干等几类，矮小而丛生的木本植物。常见灌木果树有树莓、醋栗、刺梨、番荔枝等。

（3）藤木果树。藤木是指植物体茎干缠绕或攀附他物而向上生长的木本植物。常见藤木果树有葡萄、猕猴桃、罗汉果、西番莲等。

（4）草本果树。草本是具有木质部不甚发达的草质或肉质的茎，而其地上部分大都于当年枯萎的植物体。但也有地下茎发达而为二年生或多年生的和常绿叶的种类。与草本植物相对应的概念是木本植物，人们通常将草本植物称为"草"，而将木本植物称为"树"。常见的草本果树有草莓、菠萝、香蕉、番木瓜等。

北方特色果品主要有：苹果、梨、杏子、李、桃、葡萄、枸杞、柿、猕猴桃等。

二、果品的特性

果品具有明显的季节性、区域性和多样性。我国地大物博，果品资源丰富，从南到北全年都有果品成熟。品种特性和收获的季节影响着果实的贮藏特性，一般在夏季成熟采收的果实耐贮运性较差，秋季成熟采收的果实耐贮运性较好。不同种类的果实生长受气候、光照、土壤等自然和生态环境及生产条件的影响；即使同一品种在不同地区，其品质、采收期和耐藏性等都有明显的差异。同一品种在不同个体间、同一个体的不同部位生长的果实，其品质和耐藏性也存在差异。同时，果品在食用方面存在多样性，除鲜食外，还可以加工成蜜饯、罐头、果酒、果汁及果酱等。

果品还具有易腐性。采收后的果实仍在进行正常的生命活动。在酶的作用下，果品通过呼吸作用促使细胞组织中复杂的有机物缓慢分解为简单的有机物质，并释放出能量。释放的能量一部分用于维持果实正常生理活动，一部分以热能的形式散发。在果实离开母株后，呼吸作用是消耗能量的过程。随着能量的减少，果实的品质和风味发生一系列的变化，质地疏松，风味变淡，逐渐失去其鲜活品质，直至腐烂变质。大多数果品含有大量水分，故称为"水果"。水分不仅赋予了水果鲜脆的品质，也是病原菌滋生的必要条件，这决定了果品易腐的特性。

第二节　果品的化学组成

果品中含有许多化学物质。采收后，这些化学物质仍然会发生一系列变化，由此引起耐藏性和抗病性的变化以及食用价值的改变。因此在果品贮藏过程中，根据果品中化学成分的含量、特性，控制其在贮运过程中的变化，以符合食用价值。

一、果品的化学组成

果品中化学物质很多，按成分种类可分为水分和干物质两部分，水分包括游离水和结合水，干物质包括水溶性成分和非水溶性成分。水溶性成分主要包括糖类、果胶物质、有机酸、单宁物质、水溶性维生素、水溶性色素、酶、部分含氮物质、部分矿物质等；非水溶性成分主要是纤维素、半纤维素、木质素、原果胶、淀粉、脂肪、脂溶性维生素、脂溶性色素、部分含氮物质、部分矿物质和部分有机酸盐等。这些物质成为影响果品本身品质的重要因素。

果品的化学组成见图1-1。

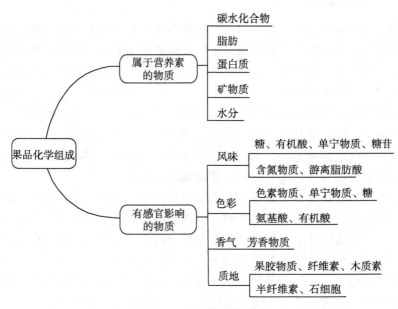

图1-1　果品的化学组成

二、果品化学成分在贮运过程中的变化

果品采收后，内部的许多物质会发生诸多变化，因而引起果品在耐藏性、抗病性及果品品质、营养价值等方面的变化。分析果品中化学成分的变化对做好果品的贮运工作具有重大意义。

1. 水分

水分是维持果品正常生理活动和保质保鲜的必要条件，也是果品的重要品质特性之一。果品的含水量因种类和品种而异，部分果品的水分含量见表1-1。

表1-1　常见果品的水分含量　　　　　　　单位:%

名称	水分含量	名称	水分含量
苹果	84.6	柿	82.4
梨	89.3	荔枝	84.8
桃	87.5	龙眼	81.4
梅	91.1	杏	85.0
葡萄	87.9		

果品采收后，水分供应被切断，呼吸作用仍在进行，由于失水造成了部分果品发生萎蔫的现象，从而促使酶的活力增加，加快了一些物质的分解，造成营养物质的损耗并且降低了果品的耐藏性和抗病性，引起品质劣变。为防止失水，贮藏室内应保持相对的湿度，使果品的水分不易蒸发散失。

2. 碳水化合物

碳水化合物是果品中干物质的主要成分，包括糖类、淀粉、纤维素、半纤维素、果胶物质等。

（1）糖类。糖不仅是决定果品营养和风味的重要成分，也是果品甜味的主要来源，还是果品重要的贮藏物质之一。果品中的糖主要包括果糖、葡萄糖、蔗糖和某些戊糖等可溶性糖，不同的果品含糖的种类不同，苹果、梨中主要以果糖为主；樱桃主要含果糖，葡萄糖次之；柿主要含果糖；葡萄主要含葡萄糖，果糖次之；西瓜主要含果糖。不同种类的果品含糖量差异较大，而且果品在成熟和衰老过程中含糖量和含糖种类也在不断变化。一般果品的含糖量随着成熟而增加。

（2）淀粉。淀粉是由 α-葡萄糖分子经缩合而成的多糖，相对分子质量

大。主要分布在未成熟的果实中，香蕉的绿果中淀粉含量20%～25%，成熟后下降至1%以下。随着果实的成熟，淀粉在酶的作用下开始水解转化为糖，增加果实甜味。温度对淀粉的转化影响较大，在判断果实成熟度或贮藏状况时，可采用碘-碘化钾溶液涂在果实切面上的方法来确定（碘溶液配制：用8.8g的碘化钾和2.2g的碘晶体溶于1L的水中制成碘溶液，注意碘化钾溶解后再加碘晶体）。

（3）纤维素和半纤维素。纤维素和半纤维素是植物的骨架物质，也是细胞壁和皮层的主要成分，对果品的形态起支持作用，是反映果品质地的重要物质。纤维素不能被人体吸收，但能刺激肠道蠕动，有助于消化。纤维素具有很大的韧性，不溶于水、稀酸、稀碱，但能溶于浓硫酸。半纤维素在果品中既有类似纤维素的支持功能，又有类似淀粉的贮藏功能。半纤维素也不溶于水，易溶于稀碱，也易被稀酸水解成单糖。

纤维素和半纤维素含量高的原料在加工过程中除了会影响产品的口感外，还会使饮料和清汁类产品产生混浊现象。果品成熟衰老时产生木质化、角质化组织，使质地坚硬、粗糙，影响品质。另外，许多霉菌含有分解纤维素的酶，受霉菌感染腐烂的果品往往变为腐烂的状态，就是因为纤维素和半纤维素被分解的缘故。

（4）果胶物质。果胶物质的含量及种类直接影响果品的硬度。不同种类果品果胶物质的含量亦不同，常见果品果胶物质的含量见表1-2。

表1-2　常见果品中果胶的含量　　　　　　　　　　单位：%

名称	果胶含量	名称	果胶含量
苹果	1.00～1.90	桃	0.55～1.25
草莓	0.70～0.72	杏	0.50～1.20
山楂	6.00～6.40	李	0.20～1.50
梨	0.50～1.40		

原果胶是一种非水溶性物质，存在于植物和未成熟的果实中，常与纤维素结合，也称为果胶纤维，它使果实显得坚实脆硬。随着果实成熟，在原果胶酶的作用下，原果胶分解为果胶。果胶易溶于水，存在于细胞液中。成熟的果实之所以会软化、发绵以至腐烂，就是因为原果胶与纤维素分离变成了果胶，使细胞间失去了黏结物质，形成了松弛组织。果胶的降解受果实成熟度和贮藏条件双重影响。当果实进一步成熟、衰老时，果胶继续在果胶酸

酶的作用下，分解为果胶酸和甲醇，果胶酸没有黏结能力，会使果实变得绵软以至于腐烂。当果胶进一步分解成为半乳糖醛酸时，果实腐烂解体。

3. 有机酸

有机酸是影响果品风味的重要因素，主要有柠檬酸、苹果酸和酒石酸。不同种类和品种的果品产品，有机酸种类和含量不同。常见果品产品有机酸的含量及种类分别见表1-3、表1-4。

表1-3 几种果实中有机酸种类及含量

名称	pH 值	总酸量（%）	柠檬酸含量（%）	苹果酸含量（%）	草酸含量（%）	水杨酸含量（%）
苹果	3.00~5.00	0.2~1.6	+	+	−	0
葡萄	3.50~4.50	0.3~2.1	0	0.22~0.92	0.08	0.21~0.70
杏	3.40~4.00	0.2~2.6	0.1	1.3	0.14	0
桃	3.20~3.90	0.2~1.0	0.2	0.5	−	0
草莓	3.80~4.40	1.3~3.0	0.9	1.0	0.1~0.6	0.28
梨	3.20~3.95	0.1~0.5	0.24	0.12	0.3	0

注：+表示存在，−表示微量，0表示缺乏。

表1-4 常见果品中的主要有机酸种类

名称	有机酸种类
苹果	苹果酸
桃	苹果酸、柠檬酸、奎宁酸
梨	苹果酸，果心含柠檬酸
葡萄	酒石酸、苹果酸
樱桃	苹果酸
柠檬	柠檬酸、苹果酸
杏	苹果酸、柠檬酸
菠萝	柠檬酸、苹果酸、酒石酸

有机酸在果品发育完成后的含量最高，随着成熟和衰老，有机酸因参与呼吸被消耗，含量呈下降趋势。果实中的有机酸在贮藏过程中下降的速度比糖类物质快，而且温度越高有机酸的消耗也越多，造成糖酸比逐渐升高，致使果实贮藏后期甜味更浓。

4. 含氮化合物

果品中的含氮物质主要是蛋白质，其次是氨基酸、酰胺及某些铵盐和硝酸盐。果实中除了坚果外，含氮物质一般比较少，为 0.2%~1.5%。

5. 单宁

单宁也称鞣质，是一种多酚类化合物，易溶于水，呈涩味，含量过高时必须经过脱涩，方可食用。单宁与果品的风味、褐变和抗病性密切相关。适量的单宁具有增强产品清凉的感觉，强化酸味的作用，通常在清凉饮料的配方设计中具有很好的使用价值。

6. 酶

果品中含有不同类型的酶，溶解在细胞汁液中，其中主要有两大类，一类是水解酶类，一类是氧化酶类。

（1）水解酶类。水解酶类主要包括果胶酶、淀粉酶、蛋白酶。果胶酶包括能够降解果胶的任何酶，主要有四类：果胶酯酶、果胶酸酯水解酶、果胶裂解酶和果胶酸酯裂解酶。果实在成熟过程中，质地变化最为明显，其中果胶酶起着重要作用。果实成熟时硬度降低，与半乳糖醛酸酶和果胶酯酶的活性增加有关。淀粉酶主要包括 α-淀粉酶、β-淀粉酶、β-葡萄糖淀粉酶和脱支酶。它们都不能使淀粉完全降解。蛋白酶可以将蛋白质降解，从而减少因蛋白质的存在而引起的混浊和沉淀。

（2）氧化酶类。果品中的氧化酶主要是多酚氧化酶，也有酪氨酸酶、儿茶酚酶、酚酶、儿茶氧化酶、马铃薯氧化酶等。该酶促进酶促褐变，在工艺生产中影响产品的色泽。加工过程中主要采用加热、调节 pH 值、添加抗氧化剂或隔绝氧气等方法阻止酶促褐变。

7. 色素

色素是果品色泽的重要构成因素，主要有叶绿素、类胡萝卜素和花青素。其中叶绿素与类胡萝卜素为非水溶性色素，花青素为水溶性色素。色泽是人们感官评价果品质量的一个重要因素，也是检验果品成熟衰老的依据。果品中色素种类很多，有的单独存在，有的几种色素同时存在，或显现，或被掩盖。不同色素随着成熟期的差异及环境条件的改变而呈现各种变化。

（1）叶绿素。叶绿素是两种结构非常相似的物质，即叶绿素 a 和叶绿素 b 的混合物。叶绿素的含量以及种类直接影响果品的外观质量。随着果品的成熟，大多数果品中叶绿素含量逐渐减少且随着贮藏期的延长而降低。

（2）类胡萝卜素。类胡萝卜素主要包括胡萝卜素、番茄红素、番茄黄素、辣椒黄素、辣椒红素、叶黄素等。其性能稳定，使果品表现为黄、橙黄、橙红等颜色，广泛存在于果品的叶、根、花、果实中。类胡萝卜素中有一些化合物可以转化成维生素 A，又称为"维生素 A 原"。当果品进入成熟阶段时，类胡萝卜素的含量增加，使其显示出特有的色泽。

（3）花青素。花青素在果品中多以花青苷的形式存在，常表现为紫、蓝、红等颜色。广泛存在于植物体内，溶于细胞质或液泡中。花青素受日光影响较大，生长在背阴处的果品，花青素含量会受影响。

8. 维生素

维生素是活细胞为维持正常生理功能所必需的天然有机物质。果品中的维生素含量极为丰富，是人体维生素的重要来源之一。果品中含有多种多样的维生素，包括维生素 A、维生素 B_1、维生素 B_2、维生素 C、烟酸等，其中主要是维生素 A、维生素 C。据报道，人体所需维生素 C 的 98%、维生素 A 的 57% 均来自果品。

（1）维生素 C。维生素 C 是植物体在光的作用下合成的，光照时数以及光的质量对果品中维生素 C 含量的影响较大。果品种类不同，维生素 C 含量有较大差异。果品的不同组织部位其含量也不同，一般是果皮的维生素 C 的含量高于果肉的含量。维生素 C 是己糖衍生物，天然存在且生物效价最高的是 L-抗坏血酸，其化学结构是烯醇式己糖酸内酯，其分子中相邻的烯醇式羟基极易离解，释放出氢离子，因而具有很强的酸性和还原性。

维生素 C 在酸性条件下比较稳定，但由于果品本身含有促进维生素 C 氧化的酶，因而维生素 C 在贮藏过程中会逐渐被氧化而减少。其减少的快慢与贮藏条件有很大的关系，一般在低温、低氧条件下贮藏的果品，可以降低或延缓维生素 C 的损失。

在人类饮食中 90% 的维生素 C 是从果品中得到的，而维生素 C 在加工过程中易损失。维生素 C 在碱性条件下不稳定，受热易破坏，也容易被氧化，在高温和有 Cu^{2+}、Fe^{2+} 存在的条件下，更易被氧化，因此，维生素 C 也是一种重要的抗氧化剂。

（2）维生素 B_1。维生素 B_1 易溶于水，在酸性环境中很稳定，在中性及碱性条件下易被氧化，加热不易被破坏，但在氧气、氧化剂、紫外线及 γ 射线的作用下易被破坏。当 pH 值大于 4 时，某些金属离子（如 Cu^{2+}）、亚硫酸根可使其降解，在 pH 值小于 3 时该反应进行得十分缓慢。

（3）维生素 A。维生素 A 是脂溶性的，只存在于动物性食品中，在植物性食品中只含有胡萝卜素，胡萝卜素称为维生素 A 原，可转化为维生素 A。胡萝卜素可分为 α-胡萝卜素、β-胡萝卜素、γ-胡萝卜素 3 种，其中 β-胡萝卜素活性最高，1 分子 β-胡萝卜素在动物体内可产生 2 分子的维生素 A。维生素 A 耐热，在加工过程中损失较少，仅在较强氧化剂存在时可因氧化而失去活性，在有光线照射的条件下会加速氧化进程。

9. 矿物质

果品中含有丰富的钾、钠、铁、钙、磷和镁等元素，与人体有密切的关系。在植物体中，这些矿物质大部分与酸结合成盐类（如硫酸盐、磷酸盐、有机酸盐）；小部分与大分子结合在一起，参与有机体的构成，如蛋白质中的硫、磷，叶绿素中的镁等。

10. 芳香物质

果品的香味是由其本身所含有的芳香成分所决定的，芳香成分的含量随果品成熟度的增大而提高，只有当果品完全成熟的时候，其香气才能很好地表现出来，没有成熟的果品缺乏香气。但即使在完全成熟的时候，芳香成分的含量也是极微量的，一般只有万分之几或十万分之几。只有在柑橘的皮中，才有较高的芳香成分的含量，故芳香成分又称精油。果品所含的芳香物质是由多种组分构成的，同时又因栽培条件、气候条件、生长发育阶段、种类等的不同而变化。芳香物质的主要成分为醇类、酯类、醛类、酮类和醚类、酚类以及含硫、含氧化合物等，它们是决定果品品质的重要因素，也是判断果品成熟程度的指标之一。

芳香性成分均为低沸点、易挥发的物质，因此果品贮藏过久，一方面会造成芳香成分的含量因挥发和酶的分解而降低，使果品风味不佳；另一方面，散发的芳香成分会加快果品的生理活动过程，破坏果品的正常生理代谢，使贮存困难。在果品的加工过程中，若控制不当，会造成芳香成分的大量损失，使果品质下降。

11. 糖苷类物质

果品中的糖苷类物质很多，主要有以下两种。

（1）苦杏仁苷。苦杏仁苷存在于多种果实的种子中，核果类原料的核仁中苦杏仁苷的含量较多，在食用含有苦杏仁苷的种子时，应事先加以处理，除去所含的氢氰酸，防止中毒发生。

（2）橘皮苷（橙皮苷）。橘皮苷是柑橘类果实中普遍存在的一种苷类，在皮和络中含量较多，其次是囊衣中含量较多。橘皮苷是维生素 P 的重要组成部分，具有软化血管的作用。橘皮苷难溶于水，易溶于碱液和酒精。橘皮苷在碱液中呈黄色，溶解度随 pH 值升高而增大。当 pH 值降低时，已溶解的橘皮苷会沉淀出来，形成白色的混浊沉淀，这是柑橘罐头中白色沉淀的主要成分。原料成熟度越高，橘皮苷含量越少。在酸性条件下加热，橘皮苷会逐渐水解，生成葡萄糖、鼠李糖和橘皮素。

第二章　果品的采后生理

　　果品采收前，主要是进行光合作用，在采收后，不能继续获得水分和养料，但仍然是有生命的有机体，在果品处理、运输、贮藏过程中继续进行着各种复杂生理活动，其中最主要的是呼吸作用。果品采后贮藏中的生理过程还有蒸腾、生长和休眠、后熟和衰老等。明确果品采后生理变化规律，研究成熟期间的呼吸作用及其调控，不仅具有生物学的理论意义，在控制果品采后的品质变化、生理失调、贮藏寿命、病原菌侵染、商品化处理等多方面也具有重要意义。

第一节　呼吸生理

　　果品采收后仍然在进行新陈代谢。这个代谢主要是以呼吸生理为主。呼吸作用的实质是果品细胞在一系列酶的催化下，经过许多中间反应进行的有控制的生物氧化还原过程，把体内复杂的有机化合物分解成简单物质，同时释放能量，一部分转移到三磷酸腺苷（ATP）中，以供果品生命活动的需要，呼吸停止就意味着细胞死亡。

一、呼吸作用的概念

　　呼吸作用是生物界非常普遍的现象，是生命存在的重要标志。果品呼吸作用，是指活细胞经过某些代谢途径使有机物质分解，并释放出能量的过程。根据呼吸过程是否有氧气的参与，可以将呼吸作用分为有氧呼吸和无氧呼吸两大类。

二、呼吸作用的类型

1. 有氧呼吸

　　有氧呼吸是生物活细胞在氧气的参与下，将本身复杂的有机物质彻底氧化分解，形成水和二氧化碳，并释放能量的过程。呼吸作用中被氧化的有机物称为呼吸底物，碳水化合物、有机酸、蛋白质、脂肪都可以作为呼吸底物。常见的呼吸底物有葡萄糖、果糖、蔗糖等碳水化合物。

呼吸作用释放的能量，少部分以 ATP、NADH（还原型辅酶Ⅰ）和 NADPH（还原型辅酶Ⅱ）的形式贮藏起来，为果品体内生命活动过程所必需；大部分以热能的形式释放到体外。在正常情况下，有氧呼吸是高等植物进行呼吸的主要形式。然而，在各种贮藏条件下，大气中的含量可能受到限制，不足以维持完全的有氧代谢，植物也被迫进行无氧呼吸。

2. 无氧呼吸

无氧呼吸是指生物活细胞在缺氧条件下，将复杂的有机物质分解为不彻底的氧化产物，同时释放出能量的过程。

在正常情况下，有氧呼吸是植物细胞进行的主要代谢类型。从有氧呼吸到无氧呼吸主要取决于环境中氧气的浓度，以氧气浓度 1%～5% 为界限，高于这个浓度进行有氧呼吸，低于这个浓度进行无氧呼吸。

有氧呼吸是有氧气的参与，呼吸底物被彻底氧化，释放的能量多，无氧呼吸释放的能量少，为了获得同等数量的能量，要消耗远比有氧呼吸更多的呼吸底物。而且，无氧呼吸的最终产物为乙醛和乙醇，这些物质对细胞有毒性，浓度高时还能杀死细胞。综上所述，无氧呼吸是不利的或有害的。但当产品体积较大时，内层组织气体交换差，在这种情况下为了获得生命活动所必需的能量，就需要进行无氧呼吸，使植物在缺氧条件下不会窒息而亡。无氧呼吸要消耗更多的贮藏养分，因而加速果品的衰老过程，缩短贮藏期。所以无论何种原因引起的无氧呼吸的加强，都被认为是对果品正常代谢的干扰、破坏，对贮藏不利。

由于呼吸作用同各种果品的生理生化过程有着密切的联系，并制约着生理生化变化，所以必然会影响果品采后的品质、成熟、耐藏性、抗病性以及整个贮藏寿命。呼吸作用越旺盛，各种生理生化过程进行得越快，采后寿命就越短。因此，在果品采后贮藏和运输过程中要设法抑制呼吸，但又不可过分抑制，应该在维持果品正常生命过程的前提下，尽量使呼吸作用进行得缓慢一些。

三、呼吸作用的生理意义

呼吸作用对植物生命活动具有十分重要的意义，主要表现在以下 4 个方面。

1. 为生命活动提供能量

呼吸作用将有机物质生物氧化，使其中的化学能以 ATP 形式贮存。当 ATP 在 ATP 酶作用下分解时，将贮存的能量释放出来，以不断满足植物体内各种生理过程对能量的需要，未被利用的能量就转变为热能而散失。呼吸放热，可提高植物体温，有利于种子萌发、幼苗生长、开花传粉、受精等。另外，呼吸作用还为植物体内有机物质的生物合成提供还原力，如 NADPH、NADH。

2. 为重要有机物质提供合成原料

呼吸作用在分解有机物质过程中产生一系列中间产物，其中一些中间产物化学性质十分活跃，如丙酮酸、α-酮戊二酸、苹果酸等，它们是进一步合成植物体内新的有机物的物质基础，在植物体内有机物转变中起着枢纽作用。当呼吸作用发生改变时，中间产物的数量和种类也随之而改变，从而影响其他物质的代谢过程。

3. 为代谢活动提供还原力

在呼吸作用中，底物氢化脱氢形成还原力，即还原性辅酶，如 NADH、NADPH、$FADH_2$（还原型黄素腺嘌呤二核苷酸），这些还原型辅酶是物质还原反应的氢供体（H^+ 和电子）。例如在细胞内，脂肪酸合成需要 NADPH 为氢供体，硝酸还原以 NADH 为氢供体。

4. 增强植物抗病免疫能力

在植物和病原微生物的相互作用中，植物依靠呼吸作用来氧化分解病原微生物所分泌的毒素，以消除其毒害。植物受伤或受到病菌侵染时，也通过旺盛的呼吸作用，促进伤口愈合，加速木质化，以减少病菌的侵染。此外，呼吸作用的加强还可促进绿原酸、咖啡酸等的合成，以增加植物的免疫能力。

四、呼吸强度

呼吸强度是用来衡量呼吸作用强弱的一个指标，又称呼吸速率，以单位质量植物组织、单位时间内的 O_2 消耗量或 CO_2 释放量表示。呼吸强度是评价组织新陈代谢快慢的一个重要指标，是估算果品贮藏能力的依据，果品的贮藏寿命与呼吸强度呈反比，呼吸强度越高，表明呼吸作用越旺盛，营养物质消耗得越快，果品加速衰老，缩短贮藏寿命。果品呼吸强度因品种和成熟度的不同而有显著的差别，同时，受外界条件（温度、水分、氧和二氧化碳、损伤及激素等）的影响也很大。

测定呼吸速率的方法有多种，常用的有红外 CO_2 气体分析仪法、奥氏气体分析仪法、氧电极测氧装置法，还有广口瓶法、气流法、静止法、瓦布格微量呼吸检压法等。通常果实释放 CO_2 的速率，用红外线 CO_2 气体分析仪测定，而细胞、线粒体的耗氧速率可用氧电极和瓦布格检压计等测定。

果品在幼果时呼吸强度最大，随着成熟度的增加反而下降。但在成熟期中的呼吸趋势分为两大类：一类是有呼吸高峰型，到成熟时呼吸强度增加，其后又急剧转下降，果品显著衰老，如香蕉、苹果、梨、桃、李、杏等。这一类果品用作贮藏时，必须在高峰期出现以前采收，若用于立刻销售鲜食，可在呼吸高峰期或高峰后采收。另一类是无呼吸高峰型，它在生长和成熟期直至衰老时没有呼吸高峰，呼吸趋势一直是缓慢下降，如柑橘、葡萄等。

五、呼吸高峰和呼吸跃变

呼吸高峰：是指呼吸跃变型果品采后成熟衰老进程中，在果实进入完熟期或衰老期时，其呼吸强度出现骤然升高，随后趋于下降，呈一明显的峰形变化，这个峰即为呼吸高峰。呼吸高峰过后，组织即很快进入衰老。

呼吸跃变：有些果品呼吸强度骤然升高，达到呼吸高峰后，随后呼吸下降，果实衰老死亡，伴随呼吸高峰的出现，体内的代谢发生很大的变化，这一现象被称为呼吸跃变。根据采后呼吸强度的变化曲线，呼吸作用又可以分为呼吸跃变型和非呼吸跃变型两种类型。

具有呼吸跃变的果实称为跃变型果实。一般呼吸跃变前期是果实品质提高阶段，到了呼吸跃变后期，进入衰老阶段，品质下降，抗性降低。表现后熟现象的果实都具有呼吸跃变，呼吸高峰正是后熟和衰老的分界。呼吸跃变与果实的品质、耐藏性有密切关系。跃变型果实伴随着呼吸跃变，果实的颜色、质地、风味、营养物质均在发生变化。在多数情况下，变化最大的时期是在呼吸跃变的最低点和高峰之间，高峰或稍后于高峰的时期是具有最佳鲜食品质的阶段，呼吸高峰过后果实品质迅速下降不耐贮藏。各种果实出现跃变的时间和呼吸高峰的大小差别很大，出现得越快，采后果实的寿命就越短。故呼吸跃变期实际是果实从开始成熟向衰老过度的转折时期。呼吸跃变型水果包括苹果、梨、香蕉、猕猴桃、杏、李、桃、柿、鳄梨、荔枝、番木瓜、无花果、杧果等。

并非所有的果实在完熟期间都出现呼吸高峰，不形成呼吸高峰的果实称为非跃变型果实。由于非跃变型果实不显示呼吸高峰，所以它的成熟比跃变型果实缓慢得多。非跃变型果品包括柠檬、柑橘、荔枝、菠萝、草莓、葡萄等。此类果品的特点有两个：一是生长与成熟过程不明显，生长发育期较长；二是多在植株上成熟收获，没有后熟现象。乙烯作用不明显。乙烯可能有多次作用，但无明显高峰。

六、影响呼吸作用的因素

果品在贮藏过程中的呼吸作用与其贮藏寿命密切相关，呼吸强度越大，所消耗的营养物质越多。因此，在不阻碍果品正常生理活动和不出现生理病害的前提下，应尽可能降低它们的呼吸强度，减少营养物质的消耗，延长果品的贮藏寿命。影响植物呼吸作用的因子有很多，可以归纳为内在因素和外界因素两个方面。

1. 内在因素

（1）种类和品种。园艺产品的呼吸强度相差较大，这是由遗传特性决定的。通常，热带、亚热带果实的呼吸强度比温带果实的呼吸强度高，高温季节采收的果实比低温季节采收的高。依种类划分，浆果的呼吸强度较高，柑橘类和仁果类果实的较小。同一类型果实，不同品种之间的呼吸强度差异也显著。例如同是柑橘类果实，柑橘的呼吸强度约为甜橙的两倍。晚熟品种由于生长期较长，积累的营养物质较多，呼吸强度高于早熟品种。

（2）发育阶段和成熟度。在果品的个体发育和器官发育过程中，幼嫩组织呼吸强度较高，随着生长发育，呼吸作用逐渐下降。成熟的瓜果，新陈代谢强度降低，表皮组织和蜡质、角质保护层加厚并变得完整，呼吸强度较低，则较耐贮藏。一些果实在成熟时细胞壁中胶层溶解，组织充水，细胞间隙被堵塞而使体积缩小，因此会阻碍气体交换，致使呼吸强度下降。总之，不同发育阶段的果品，细胞内原生质发育的程度不同，内在各细胞器的结构及相互联系不同，酶系统及其活力和物质的积累情况也不同，因此所有这些差异都会影响果品的呼吸作用。

果品生长、发育、成熟、衰老过程中的呼吸作用可分为4个时期。

第一，强烈呼吸期。果品处于正在进行细胞分裂的幼嫩阶段。

第二，呼吸降落期。果品处于细胞增大阶段，这个时期的后期，即为果品的食用成熟阶段。

第三，呼吸升高期。此时果品进入呼吸的高峰期，呼吸强度迅速上升，果品进入完熟阶段。

第四，呼吸衰败期。此时果品进入呼吸下降期，呼吸强度由高峰下降，果品转入衰老阶段，耐藏性和抗病性下降，品质下降。

柑橘、葡萄等果品，在采前随着果实的生长、发育与成熟，其呼吸强度呈逐步下降的趋势，而采收后，其呼吸强度一般是平稳下降的。在正常情况下，果品不出现呼吸高峰。

（3）果品部位。根据测定结果表明，果实部位不同，呼吸作用有较大的差别，如表2-1和表2-2所示。

表2-1　苹果的各部与气体含量的关系　　　　单位：mL/（kg·h）

部位	O_2	CO_2
外部	11.9	10.1
中部	7.3	17.5
内部	1.4	27.4

表2-2　橘子不同部位的呼吸作用

部位	O_2 [mL/（kg·h）]	CO_2 [mL/（kg·h）]	呼吸商
外果皮	61.9	59.3	0.95
内果皮	23.1	19.7	0.85
果肉	10.5	18.6	1.77

苹果的外部含氧量最高，含二氧化碳量最低，中层其次，内部含氧量最低，含二氧化碳量最高。橘子的外果皮吸氧量最多，排出的二氧化碳量也最多，证明外果皮的呼吸强度最大；内果皮次之；果内吸氧量最少，排出的二氧化碳量也最少，证明果内呼吸强度最小。

另外，组织结构不同呼吸强度亦不同。通常，果品组织疏松，气孔大者，呼吸强度高，如柑橘类果实中的宽皮橘；反之，组织紧密、气孔小者，呼吸强度低，如柑橘类果实中的柠檬。具有休眠期的品种，呼吸强度小；反之，不具有休眠期的品种，呼吸强度大。

2. 外界因素

（1）温度。温度是影响果品呼吸作用最重要的环境因素。在植物正常生活的条件下，温度升高，酶活力增强，呼吸强度相应升高。一般以35～40℃为高限温度，即在此温度以上呼吸作用反而缓慢。在此温度以下至果品冰点温度以上范围内，呼吸强度随温度的高低而不同，温度低，呼吸强度亦低，温度高，呼吸强度也高。这是由于呼吸作用是在一系列的酶促生物化学反应的结果。一般温度在0℃左右时，酶的活性几乎停止，呼吸受到抑制，呼吸强度极低。随着温度从0℃上升到35℃，酶活性随温度上升而增加。可见酶活性对温度极其敏感。在这个温度范围内，常用呼吸系数（Q_{10}）表示，一般情况是温度每升高10℃，呼吸强度增加1倍。但温度超过35～40℃，会使蛋白质和酶遭到破坏而引起某种变性，致使酶活性受抑制或失活。有些植物呼吸的温度系数，在低温范围内要比高温范围内大，这个特点表明，果品贮藏应该严格控制在适宜的稳定温度范围内。

（2）水分。植物组织含水量与呼吸强度关系密切，在一定限度内，呼吸速率随组织的含水量增加而升高，在干种子中表现明显。在含水量高的植物中，外界空气中的相对湿度对其呼吸强度的影响也明显，在一定限度内的相对湿度愈高，呼吸强度愈小。相对湿度除直接影响呼吸作用外，与果品在贮藏期中的水分蒸发至关重要。相对湿度是人们用来表示空气湿度的常用名词术语，是指一定温度下空气中的水蒸气压与该温度下饱和水蒸气压的百分比。

（3）氧气。氧气是有氧呼吸的必要因子。在呼吸作用的三羧酸循环中，必须在有氧的条件下才能进行。在呼吸作用的电子传递系统中，氧为最终电子的受体而产生水（$2H^+ + O^- = H_2O$）。所以呼吸对氧的浓度十分敏感，两者一般呈正相关。氧浓度高，呼吸强度大；反之，氧浓度低，呼吸强度也低。但过低的氧会造成果品的缺氧呼吸，引起生理病害。如氧浓度在1%以下，苹果、香蕉等都会产生酒味，这就是无氧呼吸的结果。故在果品贮藏中一般不推荐使用低于2%的氧浓度。若氧浓度高于16%对呼吸无抑制作用，或抑制作用不显著。归纳起来，低氧浓度对果品可能有下列的生理效应。

第一，降低呼吸强度和呼吸基质的消耗。

第二，后熟作用被阻延，贮藏寿命延长。

第三，叶绿素的降解被抑制，有保绿作用。

第四，可以减少乙烯的产生。

第五，可以降低抗坏血酸的损失。

第六，可以延缓不溶性果胶化合物的降解速度。

（4）二氧化碳。在5%的二氧化碳条件下贮藏香蕉，可延迟其呼吸高峰出现，并且可能降低其高峰的高度：若香蕉贮藏在5%二氧化碳与3%氧条件下，就会完全抑制呼吸高峰的出现。油梨贮藏在5%二氧化碳和21%氧条件下，呼吸高峰之前的呼吸强度只是稍微受到影响。3d 后呼吸强度开始上升，但呼吸高峰顶点的强度仅有正常的 40%。这就是说呼吸高峰比一般正常的低 50%，并且这个高峰顶是在 21d 后才达到的，而正常情况下的对照组8d 就到顶点，这就是说呼吸高峰被 5% 的二氧化碳阻延了 13d。若将二氧化碳的浓度提高到 15%，会导致某些伤害，某些果品对二氧化碳的忍耐性是很敏感的，容易受其伤害。适宜的二氧化碳浓度对果品可能产生的生理效应如下。

第一，降低导致成熟的合成反应，如蛋白质和色素的合成等。

第二，抑制某些酶活性，如琥珀酸脱氢酶、细胞色素氧化酶等。

第三，减少挥发性物质的产生。

第四，干扰有机酸的代谢，特别是导致琥珀酸的积累。

第五，减弱果胶物质的分解。

第六，抑制叶绿素的合成和果品的脱绿，特别是早采果实的脱绿。

第七，改变各种糖的比例。如在低温和高二氧化碳条件下贮藏的栗子比较甜。

大部分苹果只能忍受 3%～5% 的二氧化碳浓度。柑橘中的水肿病均由于二氧化碳浓度过高所产生的。

氧与二氧化碳有以上的生理效应，用它们两者的优点组合在一起，对贮藏保鲜的效果更佳。如再加上低温冷藏就充分显示了气调贮藏保鲜的优越性。

（5）机械伤。任何机械伤，即便是轻微的挤压和擦伤，均会导致采后果品呼吸强度不同程度的增加，不利于贮藏，应尽量避免果品受机械损伤和微生物侵染。果品受机械损伤后，呼吸强度和乙烯的产生量明显提高。组织因受伤引起呼吸强度不正常的增加称为"伤呼吸"。呼吸强度的增加与损伤的严重程度呈正比。

机械损伤引起呼吸强度增加的可能机制是：一是开放性伤口使内层组织直接与空气接触，增加气体的交换，可利用的 O_2 增加，细胞结构被破坏，从而破坏了正常细胞中酶与底物的空间分隔；二是当组织受到机械损伤、冻害，紫外线辐射或病菌感染时，内源乙烯含量可提高 3～10 倍，乙烯合成的加强加速了有关的生理代谢和贮藏物质的消耗以及呼吸热的释放，导致品质下降，促进果实的成熟和衰老，从而加强对呼吸的刺激作用；三是果实受机械损伤后，易受真菌和细菌侵染，真菌和细菌在果品上发育可以产生大量的乙烯，也促进了果实呼吸的增强而导致果实的成熟和衰老，形成恶性循环。

果品通过增强呼吸来加强组织对损伤的保卫反应和促进愈伤组织的形成等。在贮藏实践中，受机械损伤的果实容易长霉腐烂，而长霉的果实往往提早成熟，贮藏寿命缩短。因此，在采收、分级、包装、装卸、运输和销售等环节中，必须做到轻拿轻放和良好的包装，以避免机械损伤。

（6）植物激素及其他。植物激素有两大类：一类是生长激素，如生长素、赤霉素和细胞分裂素等，有抑制呼吸、防止衰老的作用；另一类是成熟激素，如乙烯、脱落酸，有促进呼吸、加速成熟的作用。在贮藏中控制乙烯生成，降低乙烯含量，是减缓成熟、降低呼吸强度的有效方法。对果品采取涂膜、包装、避光、辐照等处理均可不同程度地抑制果品的呼吸作用。

综上所述，影响呼吸强度的因素是多方面、复杂的。这些因素之间不是孤立的，而是相互联系、相互制约的。掌握影响果品呼吸强度的因子，有利于设置抑制果品的呼吸条件，对延长果品贮藏寿命及选择果品的贮藏环境与管理措施，提供一定的理论依据。因此，在贮藏中要综合考虑各种因素的影响，采取正确的保鲜措施，达到理想的贮藏效果。

第二节　蒸腾生理

一、蒸腾的概念及意义

蒸腾生理是果品采后生理主要内容之一，在生产实践中也很重要，被认为是采后失重、失水、失鲜的主要原因。蒸发是指果品在贮藏期中或预贮或运输中所含水分的挥发损失。果品一般含水量为85%～90%，在植物体内进行一系列的生理活动，都要依靠体内的水分作为媒介，如养分的溶解、吸收、转移，各种酶的作用，呼吸作用中气体的溶解和释放等一系列的生理活动，果品中若没有水分也就没有了生命活动。果品收获后的水分蒸发得不到补充，细胞膨压降低，导致形态的萎蔫，失去外观的饱满新鲜和嫩脆的品质，甚至会破坏果品正常的代谢作用，如引起抗病性和耐藏性的降低。另外，部分果品表皮组织过多的水分在预贮期中有控制地蒸发一部分，以减少损伤和病害的入侵也是必要的。这种措施对延长某些果品的贮藏寿命和降低腐烂损耗都是有益的。

二、影响蒸腾的因子

影响果品蒸腾的因子，有果品本身的因素和贮藏环境条件两个方面。

1. 果品本身因素

果品品种繁多，组织结构与化学成分千差万别，蒸腾作用差异较大，其主要因素如下。

（1）表面积比。果品的表面积比，一般是表面积与其质量或体积之比。表面积比愈大，水分蒸发作用愈强。果实的个头愈小，其表面积比愈大，蒸发量亦大；反之，果实个头愈大，其表面积比愈小，蒸发量愈小。

（2）保护层。果品的保护层有角质层和蜡质层。许多果品随其成熟度不同，保护层厚薄亦不同，通常成熟度愈高，蜡质层愈厚，保护力愈强，则水分蒸发受到阻碍，蒸发量小。

（3）细胞持水力。果品细胞的持水力大小与水分蒸发有密切关系，这主要是与细胞原生质的亲水胶体及可溶性固形物含量的高低有关。若亲水胶体及固形物含量高，细胞原生质的持水力大，水分蒸发就缓慢，反之，若亲水胶体及固形物含量低，细胞原生质的持水力小，水分蒸发愈快。

2. 贮藏环境条件

影响果品水分蒸发的环境条件有空气湿度、空气流速和温度等。

（1）空气湿度。空气湿度是影响果品水分蒸发的最主要因素。空气中饱和时的水汽压数值称为饱和水汽压。未达饱和时尚需的水汽量，称为饱和差。与相对湿度呈反相关，与果品水分的蒸发呈正相关。水汽的移动是由水汽压高处流向水汽压低的地方。在一定温度下，空气湿度饱和差大，表示空气中水汽压高，即空气中尚可容纳的水汽量小。因此，空气含水物中吸取水分的能力取决于湿度饱和差的大小。果品细胞间隙的水汽压一般达到或接近饱和水汽压，当周围空气中实际水汽压较低，空气中尚可容纳较多的水汽量时，果品中的水分就会源源不断地向外蒸发。因此，空气中湿度饱和差的大小是影响果品水分蒸发强度的直接原因。

（2）空气流速。贮藏库内的空气流动速度愈大，果品水分的蒸发强度也愈大。这是因为靠近果品的空气中水汽含量较多，即空气湿度饱和差较小，而在空气流速度较快的情况下，这些水分必然被带走，从而使靠近果品的空气维持较高的湿度饱和差，这就导致果品水分不断向空气中蒸发。

此外，果品在库内堆码的方法与空气流速有关，在库内有"品"字形和"井"字形堆码法，空气流通都比较畅通。另外，贮藏库的种类与空气流速和果品水分蒸发均有密切关系。如通风库比气调库的蒸发强度大。

（3）温度。高温促进蒸发，低温抑制蒸发。温度的变化影响空气湿度的改变，进而影响表面蒸腾的速度。饱和湿度和饱和差都随温度的升高而增大。当贮藏环境温度升高时饱和湿度增高，若绝对湿度不变，饱和差增加而相对湿度下降，果品失水增加。反之，温度降低，由于饱和湿度降低，同一绝对湿度下，饱和差减少，果品失水减少甚至结露。

保持温度恒定，相对湿度则随着绝对湿度的改变而呈正相关变动，贮藏环境加湿，就是通过增加绝对湿度来提高环境的相对湿度进而达到抑制果品水分蒸发的目的。

（4）包装。包装对水分蒸发的影响十分明显。包装是通过包装物的障碍作用，改变小环境空气流速及保持相对湿度，提高空气湿度来达到减少水分蒸发的目的。采用包装的果品，蒸发失水量比没有包装的小。果品包纸、装塑料袋、涂蜡、保鲜剂等都有防止或降低水分蒸发的作用。包装材料越不透水，失水越小。但包装越大，越不透水，影响果品体温的下降，易发生腐烂，所以包装要适中。包装中要注意干燥的木箱、筐等本身也要吸收水分，所以木箱、纸箱要先放入库内与潮湿空气相接触，以防吸收果品中的水分。

（5）气压。气压也是影响果品水分蒸腾的一个重要因素。在一般的贮藏条件下，气压是正常的一个大气压，对产品影响不大。采用真空冷却、真空干燥、减压预冷等减压技术时，水分沸点降低，蒸腾加速，要注意采取相应的措施以防止失水萎蔫。

三、抑制果品蒸腾的方法

控制贮藏中果品蒸腾失水速率的方法主要在于改善贮藏环境，采取各种措施来防止水分散失，生产上常从以下 4 个方面采取措施。

1. 湿度的管理
直接增大贮藏环境的空气湿度。

2. 温度的管理
采用低温贮藏。一方面，低温抑制呼吸等代谢，对减轻失水起一定的作用；另一方面，低温下饱和湿度小，果品自身蒸腾的水分能明显增加贮藏环境的相对湿度，失水速度减慢。但在低温贮藏时应避免温度较大幅度波动，否则容易引起果品腐烂。

3. 增加产品外部小环境的湿度
可利用包装等物理障碍作用减少水分蒸腾，最简单的方法是用塑料薄膜或其他防水材料等包装材料包装产品，也可将果品放入包装袋、箱子等容器中，在小环境中果品可依靠自身蒸腾出的水分来提高绝对湿度，起到减缓蒸腾的作用。注意用塑料薄膜或塑料袋包装后的果品需要低温贮藏时，在包装前，一定要先预冷，使果品的温度接近库温，然后在低温下包装。

4. 包装、涂膜

对果品进行适当的包装，有利于减缓库房温度与湿度变化带给产品的不利影响，减少失水；在产品表面人为地涂一层薄膜，堵塞产品表面部分皮孔、气孔，可以有效地阻止产品失水。

第三节　组织结构和生理

果品的表皮组织是指表皮和它周围的组织，它不仅对于外来的损伤和微生物的入侵等起到保护作用，而且有调节呼吸和抑制蒸发等生理作用。在果品的器官上各自的结构是不同的，但即使是同一器官，由于种类、成熟度和环境条件等也具有差异。

果品含水量较高，在贮藏期中之所以没有产生急剧的失重现象，完全由于表皮组织产生了积极的生理作用的结果。所以，贮藏果品不能损伤其果皮。

从表 2-3 可以看出，未剥皮的果品，抑制水分蒸发的效果理想。有报道，将苹果剥皮 1/4 后，组织内的气体组成，迅速地接近大气组成，说明了呼吸生理完全被破坏，证明表皮组织对调节生理机能是十分重要的。

表 2-3　果品剥皮与未剥皮水分损耗的区别

种类	损耗率（3d 内）		剥皮/未剥皮（倍）
	未剥皮（%）	剥皮（%）	
苹果	0.8	57.6	72.0
桃子	10.2	36.3	3.6
梨	1.9	29.6	15.6

一、角质层

角质层也称角皮，是一种高级脂肪酸。只有地上部分的表皮细胞壁上才有角质层，是极细密的一层膜，对于水分和气体的透过以及微生物的入侵，起着抵抗性作用。将水分透过角质层，称为角质层蒸发，与气孔的蒸发相比，是极其微小的。许多微生物都没有穿透角质层的力量。果品的角质层一般为 $3 \sim 8 \mu m$ 厚。保护好角质层不受损伤，有利于抑制水分蒸发，抵抗病害。

二、蜡质层

果品的蜡质层 $10 \sim 100 \mu m$ 厚，在角质层的表面上。角质与蜡质两者不同之处：角质不能溶于有机溶剂中，而蜡质能溶解在氯仿、醚和苯等有机溶剂。蜡质有硬蜡和软蜡两类，硬蜡主要分布在果品表皮上。随着果品的成熟，片状膜的蜡质变为颗粒状的蜡质，称为"果粉"，在果品表面上呈白色粉末状。蜡质和角质同样具有保护内部组织的作用。在果品商品化处理中，人工涂蜡与机械喷蜡处理，其效应与天然蜡的作用相同。

三、木栓层

木栓层是在去掉果品表皮后的表面上形成的质膜。果品表皮损伤后，其伤口愈合，产生木栓形成层，向外分化成木栓组织，向内分化为木栓层。通常，由于细胞壁木栓化，细胞死亡。木栓层与角质层一样，它也能抑制水和气体的透过，对微生物的侵害也有很强的抵抗能力。

四、孔隙

在果品的表皮组织中有气孔和皮孔两种孔隙。气孔是从表皮细胞分化后形成的一对细胞，它根据周围的情况而具有开闭的能力。有报道称，桃子果面上，平均每平方毫米有 $3 \sim 6$ 个气孔。皮孔是随着果品的成熟而逐渐形成的。果实的皮孔、茸毛和细小的裂缝，其上形成木栓组织时，一部分形成了充填细胞间隙的很多组织，变成为允许水分和气体透过的小孔，在苹果和梨上，称之为"果点"。据观察，苹果每个果实上的皮孔有 $450 \sim 2\,500$ 个。因品种不同，皮孔数有较大的差异。

可是，柿子、葡萄没有气孔和皮孔。据研究，这些无气孔和皮孔的果品，其气体交换部位 80% 以上都在蒂部进行，水分蒸发也同样靠近蒂部。因此，果蒂在生理上也起着重要的作用。

综上所述，在果品呼吸时的气体交换和水分蒸发，主要是通过表皮组织的小孔隙或果实的蒂部来进行的。水分在果品的细胞间隙内形成了水蒸气，在气体状态下，从开孔部移到大气中。一般是呼吸作用增强，蒸发量也大。

第四节　果品后熟和衰老

一、成熟和衰老的过程

果品采后仍然在继续生长、发育，最后衰老，直到死亡。果实在开花受精后的发育过程中，完成了细胞、组织、器官分化发育的最后阶段，形成果实，达到生理成熟，有的称为"绿熟"或"初熟"。果实停止生长后还要进行一系列生物化学变化，逐渐形成本产品固有的色、香、味和质地特征，然后达到最佳的食用阶段，称为完熟。我们通常将果实生理成熟到完熟达到最佳食用品质的过程叫作成熟。有些果实，例如巴梨、京白梨、猕猴桃等，其果实虽然已完成发育，达到生理成熟，但硬度高、风味不佳，并没有达到最佳食用阶段，直到完熟时果肉变软，色香味达到最佳实用品质，才能食用。达到食用标准的完熟过程既可以发生在采摘前，也可以发生在采摘后，采后的完熟过程称为后熟。生理成熟的果实在采后可以自然后熟，达到可食用品质，而幼嫩果实则不能后熟。如绿熟期番茄采后可达到完熟以供食用，若采收过早，果实未达到生理成熟，则不能后熟着色而达到可食用状态。

果品的衰老是指一个果实已走上它个体发育的最后阶段，开始发生一系列不可逆的变化，最终导致细胞崩溃及整个器官死亡的过程。在果品贮藏实践中如何防止衰老，延长果品的贮藏寿命，是果品贮藏和采后生理的重要课题。

二、乙烯与后熟

果品到底是因成熟而产生乙烯？还是外源乙烯影响果品的成熟？这个生理问题曾一度引起了很多专家的兴趣。布尔曾详细研究杧果、香蕉、菠萝、柑橘类及其他果实中乙烯气体的积累和二氧化碳的排除之间的关系。香蕉和杧果等在呼吸高峰前，组织内的乙烯浓度是极低的，但在即将产生呼吸高峰期，乙烯增加到 $0.01\sim3.0\mu L/L$，因而才产生了呼吸高峰期。总之，在产生呼吸高峰之前，就积累了一定浓度的乙烯，可见乙烯起了"成熟激素"的作用。

此后，乙烯被列为激素剂，在这种后熟果实中，呼吸的变化和乙烯之间有着密切的关系，如两者均高，就会加速果实的衰老，缩短贮藏期限。

跃变型果实成熟期间自身能产生乙烯，只要有微量的乙烯，就足以促进果实成熟，随后内源乙烯迅速增加，达到释放高峰，此期间乙烯累积在组织中的浓度可高达 10～100mg/kg。虽然乙烯高峰和呼吸高峰出现的时间有所不同，但多数跃变型果实表现出，乙烯高峰常出现在呼吸高峰之前，或与之同步，只有在内源乙烯达到启动成熟的浓度之前采用相应的措施，抑制内源乙烯的大量产生和呼吸跃变，才能延缓果实的后熟，延长产品贮藏期。非跃变型果实成熟期间自身不产生乙烯或产量极低，因此后熟过程不明显。

外源乙烯处理能诱导和加速果实成熟，使跃变型果实呼吸强度上升和内源乙烯大量生成，乙烯浓度的大小对呼吸高峰的阈值无影响，浓度大时，呼吸高峰出现得更早。乙烯对跃变型果实呼吸的影响只有一次，且只有跃变前处理起作用。对非跃变型果实，外源乙烯在整个成熟期间都能促进呼吸强度上升，在很高的浓度范围内，乙烯浓度与呼吸强度呈正比，乙烯除去后，呼吸强度下降，恢复原有水平，不会促进乙烯增加。

三、果品后熟的调节

为了保障果品采后的质量，掌握果品的生理和生化方面的各种特性，控制适当的运输和贮藏环境，果品后熟的调节具有重大意义。

如上所述，对于具有呼吸高峰期的果品，首先，抑制或推迟高峰期的出现就可控制后熟，如果提前出现高峰期就可促进后熟，但由于温度、空气组成和乙烯气体等贮藏环境条件的制约，使高峰期受到很大的影响。其次，是呼吸抑制剂和生长调节剂等化学物质的处理。另外，根据果品种类的不同，利用适当剂量的放射线照射，也可以调节后熟度。

1. 温度调节

温度影响着果品的后熟程度。贮存温度的高低结合果品本身的呼吸和蒸腾及其他生理作用以及微生物作用的盛衰，直接影响贮藏能力。温度越低，高峰上升期开始越迟，因而呼吸高峰期变长。但值得注意的是：无论果实后熟中的哪个阶段，在一定的低温或高温条件下，它的新陈代谢都会发生变化，引起所谓的低温冷害和高温病害，因而不能进行正常的后熟。例如香蕉后熟的适宜温度，大约为 20℃，30℃时会有高温伤害的危险性，而在 12℃以下又会产生低温冷害。

2. 气体组成调节

当氧的浓度减少，二氧化碳浓度增加时，会抑制或延迟果品高峰期的出现，这样可以抑制后熟；进行长时期的贮存，当二氧化碳浓度高时，呼吸便一时上升，出现与高峰期相似的现象。这样，在贮藏中，氧以及二氧化碳浓度给果实的生理作用所带来的影响，因有高峰期而有很大不同，所以在进行气调贮藏和塑料薄膜贮藏时，必须特别注意这一点。

3. 乙烯调节

如上所述，随着果品的成熟或后熟，在果品内将生成乙烯。因此，用适当浓度的乙烯处理果品时，可以增加呼吸量，促进后熟。乙烯人工处理香蕉、洋梨和番茄等，已应用于生产。用乙烯气体人工处理鳄梨，处理后，虽然高峰期的高峰大小没有任何变化，但是高峰期的开始时间提前了，乙烯的浓度越高，高峰开始越早。处理香蕉，也有这种趋势。在产生这种高峰上升期之后，即使进行乙烯处理，催熟的效果也不明显。所以，利用乙烯气体促进有高峰期果品的后熟，必须在高峰上升期以前进行处理。

对于没有高峰上升期的柑橘果实进行乙烯处理时，呼吸加强了，如同高峰期一样，叶绿素分解，果皮的绿色消失，但类胡萝卜素却没有被分解，所以绿色变成了黄色果。应用这个原理，乙烯在促进柠檬和早生温州蜜柑等果实的着色上，已被广泛采用。

第五节　激素调节与果实成熟衰老

植物激素是植物体内自然产生的对植物的生长发育起调控作用的化学物质。目前人们已经发现了 10 类植物激素，包括生长素（auxin）、脱落酸（abscisic acid，ABA）、赤霉素（gibberellin，GA）、细胞分裂素（cytokinin，CTK）、乙烯（ethylene）、水杨酸（salicylic acid，SA）、茉莉酸（jasmonic acid，JA）、油菜素内酯（BL）以及最近被认定的一氧化氮（NO）和独脚金内酯（strigolactone）。果实衰老阶段，生长素、细胞分裂素、赤霉素含量下降，乙烯、ABA 含量上升。

一、乙烯与果实成熟衰老调控

乙烯是一种植物激素，参与调节果实成熟、器官衰老及植物逆境反应。根据果实成熟时是否存在呼吸高峰和乙烯释放高峰，可将其分为跃变型果实和非跃变型果实。典型的跃变型果实包括番茄、香蕉、苹果、梨等。柑橘是非跃变型果实，成熟过程中没有典型的呼吸高峰和自发乙烯高峰，但其成熟期果皮色泽可受外源乙烯调控。在柑橘采后生产中乙烯常用来使果实褪绿。外源乙烯诱导柑橘黄皮层内类胡萝卜素合成基因和含量的积累，且提高果皮内源 ABA 的含量。除褪绿外，乙烯处理促进温州蜜柑果皮膨松，增强柑橘采后对冷害的抵抗能力，提高聚糖醛酸在白皮层中的溶解性，提高水溶性中性糖含量和半纤维素在细胞壁中的比例，增强白皮层细胞壁可溶性，减少非冷害果皮凹陷的发病率。转色程度稍大的果实褪绿后对青绿霉的敏感性增加，但不影响果实内在品质。

乙烯在呼吸跃变型果实中存在两种形式，即系统 I 和系统 II，系统 I 乙烯在未成熟的果实中少量合成，并受反馈抑制调节。系统 II 乙烯在果实成熟起始时自我催化并迅速大量合成。呼吸跃变型果实在不同阶段存在两种乙烯形式，由乙烯合成酶 ACS 和 ACO 的不同成员参与合成。番茄果实中系统 I 乙烯由 LeACSIA、LeACS4 和 LeACO1、LeACO3、LeACO4 合成。系统 I 向系统 II 转变时成熟调控转录因子 RIN、CNR、LeETR4、LeETR6 起了关键调控作用，诱导 LeACSIA、LeACS4 和 LeACO1、LeACO3、LeACO4 上调表达，系统 II 乙烯合成随之起始并被依赖乙烯的 LeACS2、LeACS4 和 LeACO1、LeACO4 持续合成。而非跃变型果实在发育至衰老过程中仅合成少量乙烯，且受自身的反馈性抑制调节，属于系统 I 型。但非跃变型果实采后对外源乙烯反应情况较复杂，可以分为两种，一种是对外源乙烯完全无响应，如草莓；另一种是响应外源乙烯或乙烯利刺激并诱发系统 II 型乙烯产生，如葡萄和柑橘。检测整个果实发育至采后衰老阶段乙烯合成规律发现，系统型 II 乙烯合成现象也存在于柑橘发育过程。柑橘幼果期至采收时存在乙烯自我催化合成高峰，*CsACS1* 和 *CsACO1* 以及乙烯受体 *CsERS1* 持续高表达且受外源乙烯和丙烯诱导。而采后柑橘果实乙烯释放量极低，*CsACS2* 和乙烯受体 *CsERS1*（系统 I）持续表达；*CsACS1* 在此阶段却不表达，外源乙烯和丙烯亦不能诱导其表达。乙烯信号传导途径的元件参与果实成熟调控。EBF（EIN3-binding F-box）通过介导 EIN3/ EIL 蛋白泛素化降解来负调控乙烯信号，乙烯和生长素处理均可诱导 EBF1 和 EBF2 表达，二者双突变后果实表现出成熟衰老状态。番茄 AP2a 是成熟负调控因子，参与调控正向成熟调控因子的活性。SlERF6（ethylene-response factor）转录因子是乙烯响应因子，参与番茄成熟转色，RNA 干涉 SlERF6 后成熟果实中的乙烯含量和类胡萝卜素均显著积累。

二、ABA 与果实成熟衰老调控

ABA 在生物体内有两条合成途径：C15 直接合成途径和 C40 氧化分解的间接合成途径。近年来研究表明，间接途径是高等植物中 ABA 合成的主要途径，C40 类胡萝卜素（八氢番茄红素、ζ-胡萝卜素、番茄红素和 β-类胡萝卜素）是其合成底物。类胡萝卜素转化为玉米黄质后在玉米黄质环氧化酶（ZEP）催化下经两步环氧化作用依次转化为环氧玉米黄素和全反式紫黄质。全反式紫黄质转化为9-顺式紫黄质或9'-顺式-新黄质后由9'-顺-环氧类胡萝卜素双加氧酶氧化剪切形成黄质醛，这一步是ABA合成的关键步骤。黄质醛经短正向重复序列（short-chain dehydrogenase/reductase，SDR）转化为脱落醛后，最终在脱落醛氧化酶的作用下氧化成ABA。细胞色素P450单加氧酶成员8'-hydroxylase（羟化酶）是参与降解的主要酶，将ABA的8'位置羟化后形成不稳定的8'-hydroxyABA，然后自发环化成红色菜豆酸（PA）。

ABA在调控非呼吸跃变型果实成熟和衰老过程中起重要作用。柑橘果实衰老时自由态和束缚态ABA均显著增加，*CsNCED1*持续上调表达，是合成ABA的主要基因。外源ABA加速贮藏草莓果实着色、软化，刺激乙烯合成，提高花青素和酚类物质含量以及PAL活性。葡萄在花后10周和采后6d分别出现合成高峰各自起始果实成熟和衰老过程，而此时ABA合成关键酶VvNCED1高表达，降解关键酶ABA8'-hydroxylase表达较低。当ABA合成缺失时，果实衰老受到影响。当抑制NCED1时，细胞壁代谢相关酶，如多聚半乳糖醛酸酶（PG）、果胶甲酯酶（PME）、β-半乳糖苷酶（TBG）、木葡聚糖内糖基转移酶（XET）、纤维素酶（Cels）和扩张蛋白（Exp）在转录水平下调，导致果实果胶积累，硬度增加，延长贮藏期。

ABA在调控跃变型果实衰老过程中常与乙烯相互作用。番茄果实破色时ABA含量开始增加，同时LeNCED1高表达。此后，LeACS2、LeACS4和LeACO1才上调表达，ABA的合成加速了果肉乙烯合成。LeNCED1起始ABA合成是番茄成熟的最初启动因子，它在激发乙烯合成和果实成熟衰老中起重要作用。而外源ABA诱导果肉中ABA合成，且诱导乙烯合成酶1-氨基环丙烷-1-羧酸合成酶（ACS）和1-氨基环丙烷-1-羧酸氧化酶（ACO）上调促进乙烯合成和果实成熟，相反ABA抑制剂处理后推迟果实成熟和软化。ABA识别及信号传导元件ABA受体（PYR/PYL/RCARs）、蛋白磷酸化酶（PP2CAs）参与ABA调控的果实衰老过程。ABI1负调控草莓成熟。研究表明ABA诱导的受体激酶RPK1也参与了果实的衰老调控。

三、生长素与果实成熟衰老调控

花后至成熟前生长素在果实内持续积累，成熟期果实生长素含量迅速下降并维持在低水平。果实成熟前外源施用低浓度的IAA（吲哚乙酸）和可以抑制呼吸跃变和乙烯释放量，但高浓度时加速果实呼吸跃变和乙烯释放量。外源 IAA 可降低香蕉 β-淀粉酶活性，抑制淀粉降解为葡萄糖和果糖，推迟果实成熟。生长素浓度改变在果实成熟起始中扮演重要角色，但有关生长素调控果实成熟衰老的分子机制目前研究相对较少。

IAA 在细胞内的水平受合成、转运和失活过程动态调控。柑橘黄皮层内源 IAA 的降解途径有两条：IAA—OxIAA—DiOxIAA—DiOxIAGlc 和 IAA—IAAsp—OxIAAsp，其中前者是果实衰老前 IAA 降解的主要途径，其终端产物为 DiOxIAGlc，说明柑橘果皮内源 IAA 以氧化降解为主，而这些氧化产物可能促进了果实成熟衰老和乙烯合成。在番茄、葡萄中，果实成熟时自由 IAA 含量降低，束缚态 IAA 含量增加。而与此同时 *GH3. 1* 基因在果实成熟过程中持续上调表达。*GH3. 1* 编码 IAA-氨基酸合成酶（IAA-amido synthesthase），催化自由 IAA 与氨基酸形成无活性的 IAA-氨基酸复合物。因此推测 *GH3. 1* 基因可能参与调控 IAA 浓度下降和果实成熟。在桃和番茄果实中生长素和乙烯在调控果实成熟过程中有信号重叠交叉。在软肉型桃果实衰老过程中，果肉 IAA 含量瞬时上调后下降，是系统Ⅱ乙烯爆发的诱因；乙烯合成关键酶 ACS1 上调，IAA 响应基因 *AUX/IAA*、*SAUR* 也有相同的上调表达趋势。

四、赤霉素类与果实成熟衰老调控

赤霉素是由 4 个类异戊二烯形成的双萜类化合物，迄今为止已经发现了上百种。赤霉素合成分为 3 个阶段：赤霉素前体内根-贝壳杉烯酸的合成；GA_{12}-醛及第一种形式的赤霉素 GA_{12} 的合成，该步骤是植物中形成各种形式赤霉素的相同步骤；GA_{12} 转化为其他形式的有活性的赤霉素，如 C20-GAs 和 C19-GAs。GA 合成依赖萜稀环化酶、细胞色素 P450 单加氧酶和酮戊二酸依赖的双加氧酶/脱氢酶，其中 GA20 氧化酶（GA20-ox）是赤霉素合成的关键酶。DELIA 蛋白是 GA 信号通路上的负调控因子，经泛素蛋白酶降解后，释放 GA 靶基因的转录表达。GA 响应基因的正向调控因子有 PHOR1 转录因子、DWARF1、GAMYB、SLEEPY1、PICKLE、gibberellin – insentive DWARF1；负向调控因子有 RGA/GA1、SPY、SHI 等。

与 ABA 和乙烯相反，赤霉素抑制果实成熟衰老。柑橘果实采前施用赤霉素，可增大果实，提高产量，推迟果实自然转色，减少浮皮，降低果皮厚度和重量，提高果皮硬度和甜橙出汁率。采后使用赤霉素可减少果实水分损失、抑制萼片脱落和乙烯诱导的褪绿减轻某些采后生理病害，如冷害、水渍病等。在糖和乙烯诱导果实成熟转色过程中 GA 扮演着负调控子的角色。抑制酮戊二酸脱氢酶GA合成受阻，番茄成熟提前。

GA可拮抗乙烯或ABA诱导的衰老。GA处理抑制柿果实软化和乙烯释放高峰，并抑制木葡聚糖内糖基转移酶（XTHs）基因表达。研究表明转录因子HB1与GA20-ox1形成复合体，介导了GA与乙烯或ABA之间的拮抗作用。

五、油菜素内酯与果实成熟衰老调控

油菜素内酯（BL）是一类甾醇类激素，迄今为止已经发现了40多种，它们参与植物生长发育以及逆境反应的调控，在花粉、种子和果实中合成较多。BL通过蛋白质磷酸化途径传递信号，其传导通路目前研究得比较透彻：BL分子与定位在细胞膜上的磷酸化受体蛋白BRI1结合，使其抑制子BKI1失活并从质膜上解离；受BL激活的BRI1与共受体BAK1结合并相互磷酸化以增强BRI1的磷酸激酶活性；活化了的BRI1依次磷酸化激活BSK和BSU1；BSU1将负调控因子BIN2去磷酸化使其失活，去除BIN2对BES1/BZR1的磷酸化抑制功能；未磷酸化的BES1/BZR1转录因子在PP2A的帮助下，在胞内积累并转移至细胞核内启动BL信号通路下游基因的转录。

BL促进果实成熟，但抑制采后衰老。曾有报道BR参与调控果实成熟过程中色素积累。对番茄乙烯不敏感nr突变体外源添加2,4-表油菜素内酯（2,4-epibrassinolide，EBR）时，番茄果实的类胡萝卜素显著积累；超表达BR信号通路上转录因子BZR1-1D时，成熟果实中的类胡萝卜素、可溶性固形物、可溶性糖、抗坏血酸显著积累。草莓和葡萄等非呼吸跃变型果实成熟起始时，BR含量增加且BR合成基因 *bfassinosteriod-6-oxidase* 和 *DWARF1*，以及受体BRI均上调表达。外源施加BR加速成熟，反之用BR合成抑制剂芸薹素唑处理时推迟成熟。BR处理跃变型果实，诱导系统Ⅱ乙烯高峰和提高果实呼吸速率。而5μmol/L的BR显著提高率果实PAL、PPO、CAT、SOD酶活性，抑制采后衰老和青霉菌造成的腐烂。

六、细胞分裂素与果实成熟衰老调控

植物体内细胞分裂素（CTKs）合成的主要途径为：腺苷酸异戊烯基转移酶（IPT）催化腺苷酸和二甲基丙烯二磷酸形成有活性的细胞分裂素。猕猴桃果实成熟和衰老过程中CTKs总体含量上升。利用双荧光素互补实验比较黄肉和绿肉猕猴桃中 CTKs 代谢和信号传导相关基因的表达量，发现在绿色猕猴桃果实中 CTKs 合成限速酶 IPT 持续高表达。糖基化后的 CTKs、糖基化相关基因以及响应 CTKs 的转录因子 RRA17 和 RRBI20 只在绿色品种中高表达。人工合成的细胞分裂素 N6－苄基腺嘌呤（6－BA）和激动素（kinetin）均可抑制乙烯诱导的柑橘果皮叶绿素降解，但不影响果实的自然转色。6－BA 处理后改变花菜叶绿素酶和脱镁螯合酶活性，延缓采后叶绿素降解速率；提高抗氧化酶 SOD、APX、CAT 活性；增加总酚、硫代葡萄糖苷、异硫氰酸盐含量；维持花菜采后品质并延缓采后衰老。

七、SA、JA 与果实成熟衰老调控

水杨酸（SA）和茉莉酸（JA）参与调控植物生长发育等多种生物学反应，尤其在植物抗生物逆境和非生物逆境中是重要的内源激素信号分子。诱导果实对采后病菌的本地抗性和系统获得性抗性形成。适当浓度的 SA 和 JA 处理可有效抑制病菌生长，控制果实腐烂率。采前用 2mmol/L SA 和 0.2mmol/L MeJA（茉莉酸甲酯）可显著降低樱桃褐腐病病斑直径，采前 SA 或 MeJA 处理诱导樱桃贮藏早期 β-1，3-葡聚糖苷酶和 PAL 和 POD 酶活；2mmol/L SA 具有直接杀菌作用，抑制病菌生长和病原孢子萌发；MeJA 对 β-1，3-葡聚糖苷酶和 PAL 活性诱导高于 SA。采前或采后外源添加 SA 可维持果实品质，延缓采后衰老。采前 10d 对柑橘树体喷施 8mmol/L 的 SA，可有效降低果实采后腐烂率、减少冷害发病率、果实质地硬度增强、长期维持 SSC、TA 以及各种可溶性糖和有机酸含量。采后用低浓度的 SA 处理提高梨果实内 SOD 和 POD 酶活；降低丙二醛 MDA 含量，延缓衰老。用 10mmol/L 及以下浓度的甲基茉莉酸以促进机械采收时哈姆林甜橙和夏橙果实脱离树体，超过 10mmol/L 时甲基茉莉酸造成落叶。SA 参与调控乙烯生物合成。SA 抑制 ACC 向乙烯转化，显著抑制采后乙烯合成，延缓果实衰老。

八、新激素

NO 和独脚金内酯与果实成熟衰老调控 NO 可显著抑制果实采后衰老。外源 NO 处理可抑制果实呼吸强度和乙烯释放量。NO 抑制 ACO 和 LOX 活性，降低乙烯合成。NO 对果实成熟衰老的调控依赖乙烯途径，一方面 NO 信号分子可抑制乙烯合成基因在转录水平上的表达量；另一方面 NO 通过 S-亚硝基化在蛋白水平上修饰甲硫氨酸酰基转移酶（MAT），使 MAT 转甲基活性降低，从而降低乙烯合成速率。此外，NO 还与 SA、JA 以及逆境响

应信号网络中的次生代谢信号分子如 cADP（环腺苷二磷酸）核糖、cGMP（环鸟苷酸）和钙离子相互作用，从而调控果实衰老进程。独脚金内酯由类胡萝卜素转化而来，磷酸饥饿情况下促使其合成。目前几乎查阅不到有关独脚金内酯与果实发育成熟衰老相关研究。但人们发现独脚金内酯可以与生长素、细胞分裂素、ABA 等激素相互作用调控植物分枝，而生长素、细胞分裂素和 ABA 均参与果实成熟衰老调控，因此独脚金内酯与果实衰老之间的关系值得关注。

第三章　果品营养与品质的关系

植物生长中的营养物质，一方面来自光合作用，另一方面从土壤中吸收。凡是影响养分吸收、转移、分配和最后代谢利用的因素，都应当看作是植物营养的一部分。果实生长期间的营养状态，会影响果品贮藏运输的商业寿命。贮藏性是受遗传基因控制的，但是这种特性并非固定不变，也会受环境条件的影响，尤其是在生长期间影响更为显著。果品的贮藏运输，主要受采后因子的影响，涉及采前因子的少，本章内容重点讨论采前营养与采后贮藏的关系。

第一节　矿质营养与采后生理失调

关于矿质营养对果实品质的影响，生理学家已进行过深入的研究，其涉及的领域包括果实大小、色彩和质地，果皮的结构、糖酸比、抗坏血酸含量等方面，采前营养状态不适宜，导致果品采后生理失调，果实组织不能保持正常生命活动，从而降低果实品质，缩短贮藏寿命。影响果品采后生理的矿质成分有许多种，主要有氮、钙等，分别叙述于下。

一、氮

施肥是补充氮源的主要方法，施用过量会引起不良后果，一是不利于果实的着色和内部结构；二是高氮有加强代谢的作用，促进果肉崩溃。在果实的整个发育期中，氮以均一的速度转移到果肉内，其浓度虽比叶子中低得多，但其增长率则远比叶子高。

增加氮的供应能影响果品的贮藏状态，但关于氮对果实呼吸作用的影响还存在分歧，其原因是氮同其他矿质元素之间能相互作用，例如氮与磷、氮与钙，因而得出不同的结果。磷可以抵消高氮对呼吸的影响，施用氮肥又能降低果品组织中磷的含量。由于氮含量改变磷含量的结果，从而影响果实的呼吸速率及贮藏性。

二、钙

植物进行生理变化过程中包括细胞和酶的活性，钙离子起着主要的作用。果实中钙的含量依赖于生长期间的吸收和积累。钙能影响果实的成熟、贮藏和采后代谢。果实的采后代谢失调表现为各种生理病症，品质劣变，不耐贮藏。缺钙是造成代谢失调的重要因素。果品因缺钙而造成的生理病有许多种类，发生的病状亦不相同。

据采后生理研究证明，呼吸作用与果实中钙浓度之间呈负相关。果实中钙的含量高，呼吸效率低，贮藏寿命较长；果实中钙含量低，则贮藏寿命较短。高水平的钙能抵消高水平氮的有害影响。钙浓度低时，增加果实氮含量，能加强呼吸效率。钙含量高的苹果在跃变前期、跃变期和跃变后期的呼吸作用均被抑制。所以钙被视为一种代谢调节物质。

钙在植物体内的移动主要由韧皮部输送，亦可由木质部输送。前者依赖于代谢活性，受生长调节物质的影响；后者依赖钙的浓度，并为蒸腾作用所影响，如水分缺乏则钙的输送缓慢。在植物体中钙的存在相对稳定，不易从较老的组织转移到较幼的组织。施肥时植物对钙的吸收又受氮肥的影响，而且吸收和转移的数量不多，往往导致同株树的果实含钙水平有差异，因而成熟不均，采后的生理活动也不同。

三、其他元素

磷对呼吸的影响与钙相似，也可以抵消因氮而引起的呼吸加强。因为磷是磷脂中的重要组成部分，如果磷缺乏就不能满足细胞壁的需要。钾和镁的含量与苹果发生内部崩溃呈正相关。以前的研究结果表明缺硼是导致苹果内部软木化的原因，实际上并非硼的直接作用，施用硼可以防止此病，是由于硼能刺激叶片薄膜细胞的代谢活性，提高钙的活动能力，从而防止内部软木化。肉质软木化又与水分缺乏有关。缺水能阻碍钙向果内移动，也可以说明钙与软木化的关系。

综上所述，影响采后代谢失调的化学物质均与氮有关联，表明氮在采后生理上的重要性。

第二节 采前因素对果品贮藏特性的影响

果品贮藏效果的好坏，与采收后的处理措施、贮藏设备和管理技术所创造的环境条件有关。然而，果品采收后的生理性状，包括耐藏性和抗病性等是在田间生长条件下形成的，不同果品的生育特性、田间气候、土壤条件和管理措施等都会对果品的品质及贮藏特性产生直接或间接的影响。因此，只注重于贮藏或流通过程中的技术环节，而忽视田间生长因素这一先决条件，也可能导致贮藏不好。本节主要讨论有关采前因素对果品贮藏性状的影响问题。

一、生物因素

1. 起源

通常，起源于热带、亚热带地区或高温季节成熟的果品，呼吸旺盛，失水快，体内物质成分变化快，消耗快，采后不久便迅速丧失其风味品质。例如浆果中的草莓、无花果、杨梅。温带地区或低温季节收获的果品，则大多具有较好的耐藏性，特别是低温季节形成贮藏器官的果品，新陈代谢过程缓慢，体内有较多的营养物质积累，贮藏寿命长，效果好。

2. 果品的种类和品种

不同种类的果品其贮藏能力差异较大，一般规律是：晚熟品种耐贮藏，中熟品种次之，早熟品种不耐贮藏。

果品中仁果类如苹果、梨、海棠、山楂等耐贮藏。核果类如桃、杏、李等不耐贮藏。浆果类的草莓、无花果不耐贮藏，但葡萄、猕猴桃较耐贮藏。苹果因品种不同贮藏能力差异较大，最耐贮的是一些优质而晚熟的品种。

综上所述，果品的贮藏效果在很大程度上取决于果品品种本身的耐藏性能。选用耐藏和抗病品种，可达到高效、低耗、节省人力和物力的目的。

3. 砧木

有研究报道，砧木类型影响果实的耐藏性。海滩沙地条件下，嫁接在当地不同砧木上的国光苹果，苦痘病发病程度显著不同。了解砧木对果实贮藏性状的影响，可以在果园规划、苗木选择时，将栽培品种和砧木类型同时加以考虑，实行砧穗配套，以利于解决果实的贮藏质量和寿命等问题。

4. 果品田间发育状况

果品的年龄阶段、长势强弱、营养水平、果实大小和负载量等都会影响果品采后贮藏。

（1）树龄和树势。一般幼龄树生长旺盛，所结果实不如中年果树所结的果实耐藏。这主要是幼龄树的果实较大，含钙少，氮和蔗糖含量高，贮藏中水分损失较大，供呼吸用的干物质消耗多，在整个贮藏期间的呼吸强度都较高，大多易得生理病害和寄生病害。

（2）果实大小。果实大小也影响贮藏性。大果由于具有幼树果实性状类似的原因，所以贮藏性较差。大果产生的苦痘病、虎皮病、低温病害较中等大小果实严重。Martin等研究发现，许多苹果品种的生理病害，如苦痘病等，与果实直径呈正相关。这种情况不仅表现在苹果上，国内报道的鸭梨、冬果梨等也有类似情况。研究表明，这与果实含钙量有关，大果在形成中所含有的一定钙量，被果实体积增大所稀释。柑橘中的大果蕉橘，皮厚、汁少，在贮藏中水肿和枯水出现早且多。

（3）结果部位和负载量。果实在树体上分布位置不同，由于受光照影响，果实的组成成分和成熟度及耐藏性也有差别。光照充足、色泽鲜艳的果实，比背阴处果实的虎皮病和萎缩病轻。因此，供贮藏用的果实最好按其生长部位分层次采摘，并将采收的上层和下层果实分别贮藏。

植株有合理的负载量，可以保证果品有良好的营养供应，强化而又平衡其生长和发育过程，从而有较好的抗病性和耐藏性。负载量过大，果个小而色泽不佳，等级率低；负载不足时，会使一些不耐贮的特大果实比例增加。

二、非生物因素

果品的非生物因素包括温度、光照、水分、土壤以及地理因素，如经纬度、地势、海拔高度等。

1. 温度

与其他的生态因素相比，温度对果品品质和耐藏性的影响更为显著。每种果品在生长期内都有一定的适温和积温，温度过高或过低都会对其生长发育、产量、品质和耐藏性产生影响。在适宜温度范围内，温度高，作物生长快，产品组织幼嫩，营养物质含量低，可溶性固形物含量低，表皮保护组织发育不好，有时还会产生高温伤害。温度过低，尤其是在开花期连续出现数日低温，会使苹果、梨、桃等授粉受精不良，落花落果严重，最终导致产量降低，形成的苹果果实易患苦痘病和蜜果病，降低品质和耐藏性。昼夜温差大，作物生长发育良好，可溶性固形物高。

2. 水分

土壤和空气中水分过多时，对果品品质，采收期果品的耐藏性有不利的影响。多数果品的耐藏性降低，果实发生一系列生理病害，如苹果苦痘病、果肉褐变、水心病等。

在水分缺乏的情况下，果实色泽不佳，平均果个较小，成熟期提前。福田博之指出，果实含钙量低，多是水分不足引起。主要是钙的供给与树体内液流有关，液流减少，钙的供应也随之减少。低钙果实贮藏时，对某些病害，如苦痘病等的抗病性很弱。一切偏离果品正常发育的水分条件，都会降低果品品质和贮藏性能。

3. 光照

光照对果树的影响较大，尤其是果实、叶球、鳞茎、块根、块茎的形成，必须有一定的光照强度和足够的光照时间。而且果品的一些最主要的品质，如含糖量、颜色、维生素 C 含量等，均与光照条件密切相关。

有学者对 21 个苹果品种的维生素 C 进行了分析，发现果实接受阳光的多少与维生素 C 含量呈正相关。经研究，暴露在阳光下的柑橘果实与背阴处果实比较，大多数发育好、皮薄、可溶性固形物含量高，酸和果汁量则较低。

4. 土壤

土壤的营养成分和含量在一定程度上决定果品的化学成分。浅层砂地和酸性土壤中缺乏钙素，栽培的果品容易引起一些低钙的生理病害。

一般情况下，在中等密度、施肥适当、湿度合适的土壤产出的果实，比较容易贮藏。黏质土壤中栽培生产的果实，往往成熟较晚，色泽较差，但果实硬度高，贮藏时受病害侵染的时间晚，具有一定贮藏能力。在疏松的砂质轻壤土上栽培生产的果实，成熟较早，贮藏时容易过早发生低温生理病害。

5. 地理因素

一般栽培果品的地理因素，如经纬度、地势、地形、海拔高度等，对果品的影响是间接的，主要是由于地理条件区别，引起一些如温度、光照、水分等生存因子的改变，而影响果品的生长发育及耐藏性等。同一品种的果品，在不同地理分布和气候条件下，就表现出不同的品质。实践中，一些果品的名特产区大多由于该地区具有某些有利于果品生长的自然生态条件，而适应于这些果品优良品质的形成。

我国柑橘的纬度分布为北纬 20°~33°，将栽培在不同纬度柑橘品种的平均化学组成作比较，得到与气候之间的相互关系。一般从北到南含糖量逐渐增加，含酸量逐渐减少，因而糖酸比也随之增加。

我国苹果的地理分布为北纬 30°~41°，在我国长江以北的诸多地区均有栽培，其中以中、晚熟苹果的品质好，也较耐贮藏。在我国长江以南地区，由于温度偏高，品质不佳，限制了苹果的发展。但在我国云南、贵州、四川等地的高海拔地区，气候凉爽，苹果品质较佳。

海拔高度对果实品质、贮藏性的影响表现突出。海拔高的地带日照强，尤其是紫外光增多，昼夜温差大，有利于红色苹果花青素的形成和糖分的积累，维生素 C 的含量也高。

三、栽培管理因素

农业技术因素对果品的影响，主要是决定果品既定的遗传特性表现到什么程度。良好的贮藏材料，应该是贮藏的优质果品品种与合理的农业技术相结合，即良种和良法相结合，才能获得理想的供贮藏用的果品。

1. 施肥

（1）氮。氮是果品正常生长和获得高产的必要条件。果品中氮过剩提高了叶绿素的积累，抑制花青素合成，酚类物质和酚类氧化酶活性降低，增加果品对某些病害的敏感性。如增施硝态氮的番茄果实，对细菌性软腐病变得敏感，苹果则发生裂果或内部崩解，苦痘病增多。高氮促使果实个头大，也导致贮藏中呼吸强度增高。有关苹果的试验分析表明，在树叶含氮量绝对干重达 2.2%~2.6%的情况下，果树正常生长发育，超过这个范围就会对果实贮藏不利。

（2）磷。树体缺磷时，一般表现为器官衰老、脱落，而发生落花、落果等现象。据测定，苹果易着锈斑的品种或果实着锈部分含磷均较低。着锈是苹果幼果期果皮角质层自行脱落引起的，这种脱落可能是由于缺磷而导致机能衰退的结果。

磷是植物体内能量代谢的主要物质，近年研究表明，磷对细胞膜结构有重要的意义。低磷往往会造成贮藏中果实的低温崩溃。冷害主要因为是膜的物理相改变，而磷对膜结构有重要作用，因而膜结构破坏与磷缺乏有关。另有研究指出，果实抗生理病害的稳定性与果实中磷的含量存在一定的关系。较低含量的磷，提高呼吸强度提高，促进果实腐烂，果肉褐变。

（3）钙。果树组织内钙的含量与呼吸作用、成熟变化及抗逆性关系密切。钙影响与呼吸作用有关的酶，从而使呼吸作用受到抑制。缺钙往往使细胞膜的结构削弱，自由空间较大，果胶酶活性降低而抗衰老的能力减弱。钙含量低，氮钙比值大影响苹果发生苦痘病、鸭梨发生黑心病。以苹果为例，缺钙影响组织的呼吸率与衰老率，原生质和液胞膜崩解，质膜破裂，核膜囊泡化，表皮下细胞的切向壁网状化，该处的中层断裂。其症状常常是心部发褐或变黑，或者局部细胞松软变褐坏死。

钙在果实中的分布因部位不同而异。果皮和果心中含钙比果肉中高

2~4 倍；果实梗端含钙比萼端多。一般生理病害多出现在钙分布最少的部位。果实采后钙自核心区向外部果肉转移，使果肉细胞中保持钙的一定浓度梯度。

（4）其他矿质元素及微量元素。果树缺钾，果实着色差，易发生焦叶现象。但土壤中钾含量过高，会与钙的吸收相对抗，加重果实的苦痘病。有研究表明，镁在调节碳水化合物降解的酶的活化过程中起着重要作用。高镁含量与钾一样会引起苦痘病的发生。钙与镁参与果实褐变，起初是着生斑点的部位发生褐变，这可能由多酚氧化酶（PPO）造成的，PPO 被组织中镁/钙不平衡所活化，据此提出，苹果苦痘病的发生，与其说是缺钙，倒不如说是由镁中毒所致。微量元素硼、锌、铜等有时会影响果实中钙的吸收。如喷硼可提高果实的含钙量；缺硼时常表现为不耐贮藏，发生果肉褐变，降低果实硬度。

综合各种元素对果品贮藏品质的影响，主要集中到与果实钙水平的关系上。提高果品钙含量，平衡各元素组成，来改善果品贮藏品质，提高耐藏性，是贮藏中保持品质的一条重要途径。

2. 整形修剪和疏花疏果

整形修剪的任务之一是调节果树枝条密度，增加树冠透光面积和结果部位。按一般规律，树冠主要结实部位在自然光强的 30%~90% 范围内。对果实品质而言，40% 以下的光强不能产生有价值的果实；40%~60% 光强产生中等品质的果实；60% 以上光强才产生最佳果实。据报道，元帅苹果随树冠深度增加，叶面积指数增加，光强下降，果实品质降低。从树形上讲，主干形所结果实不如开心形好；圆形大冠不如小冠和扁形树冠好。树冠中光的分布愈不均匀，形成果实的等级率差别就愈大。

修剪会影响果实的大小和化学组成，也间接影响其贮藏性。对果树实行重剪，枝叶旺长，使叶片与果实比值增大，枝叶与果实生长对水分和营养的竞争突出，使果实中钙贫乏，发生苦痘病的概率增加。重剪也造成树冠郁闭，光照不良，果实着色差。相反，修剪太轻的果树结果多，果个小，品质差，也不利于贮藏。

合理进行疏花疏果，可以保证适当的叶、果比例，获得一定大小和品质的果实。一般在果实细胞分裂之前进行疏果，可以增加果实中的细胞数；较晚疏果则主要是对细胞的膨大有所影响，疏果太晚则对果实大小就无效了。因为疏花疏果影响果实细胞数量和大小，也就决定着果实形成的大小，在某种程度上决定着果实贮藏的性能。

3. 化学药剂的应用

果树在田间生育期喷布植物生长调节剂、杀菌剂等，除了达到栽培目的之外，有时也对果品的贮藏产生影响。有的对采后贮藏是有利的，有的则不利。

（1）植物生长调节剂。植物生长调节剂根据其使用效果，可分为 4 种类型。

①促进生长、促进成熟的药剂。包括生长素类的吲哚乙酸、萘乙酸、2,4-D 等。能促进果品的生长，防止落花落果，同时也促进果实的成熟。例如使用萘乙酸 20~40mg/kg，于苹果采前一个月喷布，可有效地防止采前落果，促使苹果着色，但果实容易过熟而不利贮藏。

②促进生长、抑制成熟的药剂。赤霉素（GA_3）具有强烈促进细胞分裂和伸长的作用，但也有抑制果品成熟的作用。如喷施赤霉素的柑橘、苹果、山楂等，果皮着色晚，延缓衰老，同时减轻某些生理病害。

③抑制生长、促进成熟的药剂。苹果、梨、桃等采前 1~4 周喷布 200~500mg/kg 的乙烯利，可促进果实着色和成熟，使实呼吸高峰提前出现，但不耐贮藏。B_9（二甲胺基琥珀酸酰胺）属于生长延缓剂，但对于桃、李、樱桃等则可促进果实内源乙烯的生成，可使果实提前成熟 2~10d，还有增强黄肉桃果肉颜色的作用。

④抑制生长延缓成熟的药剂。包括 B_9、矮壮素（CCC）、青鲜素（MH）、整形素、PP333（多效唑）等一类生长延缓剂。目前使用普遍的为 B_9、CCC、PP333。B_9 对果树生长有抑制作用，喷布 1 000~2 000mg/kg B_9 的苹果，果实硬度大，着色好。对红星、元帅等采前落果严重而果肉易绵的一类苹果品种，有延缓成熟的良好作用。

（2）保护剂。田间使用的杀菌剂、杀虫剂，既能保护果实免受病虫为害，又可增强贮藏效果。柑橘、香蕉、瓜类贮藏期间的炭疽病、苹果的皮孔病等，大多在生长期潜伏侵染。在采前病菌侵染阶段（花期或果实发育期），喷施杀菌剂，不仅可以预防潜伏侵染，而且可以减少附着在果实表面的孢子数量。对于潜伏性侵染的为害，采后用药效果不理想。

除了喷施农药防止果实病虫外，近年也在寻求对果实保护的预防措施。据国外报道，英国剑桥大学生物学家提出，在果实表面喷施含有蔗糖、脂肪酸和复合糖的混合物，干燥后在果实表面形成薄膜，可以减少空气中氧气进入果实，却允许果实在成熟中产生的 CO_2 逸出，也能保持果实中的水分。

目前，许多新型杀菌剂和乙烯抑制剂的使用，更有效地控制田间和采后有害微生物和生理病害，延长果品的贮藏寿命。

第三节　果品采后损耗与止损

采收前果实生长发育期间，因受病菌、虫、鸟、兽的侵害，使果实不能正常发育或成熟，丧失商品价值；采收后的损耗主要是果品发生霉烂变质。

一、果品采后损耗的影响因素

果品采后损耗可以分为两类：非寄生性损耗和寄生性损耗。非寄生性损耗包括自然损耗和人为损耗。因果品内部水分蒸发，进行呼吸时基质的分解，使果实重量减轻，品质下降，是自然损耗。由于贮藏条件不合理，尤其是温度不适，管理不善，促使果品变质，组织损伤，则属于人为损耗。寄生性损耗是由病菌引起的，破坏果实的组织结构及其化学成分。从损耗严重情况看，寄生性损耗大于非寄生性损耗，而且常因机械损伤和生理病变的影响而加速腐烂。但也存在果品内部生理败坏的现象。

1. 水分损失

果品采收后，所含水分继续向大气中蒸发，是造成果品质量损失的重要原因。贮藏时要注意库内大气湿度，减少水分损失。果品在贮藏中水分的蒸发强度，依种类和品种不同，又受环境条件的影响。果皮厚度、蜡被数量、细胞间隙的大小、细胞液浓度等，均关系水分蒸发的难易。早采的果品由于果皮的保护作用差，容易造成失水过度，导致萎缩，不仅质量减轻，而且影响了外观品质，减弱了抗病能力。

在相同的环境条件下，水分的蒸发强度决定于果实的含水量和暴露面，并与之呈正比。环境条件不同时，蒸发强度依空气的相对湿度、温度、流速以及果品包装状况等而变化。根据空气饱和差的大小，可以监测水分蒸发的速度。饱和差是指饱和空气所含的水汽重与大气实际含有的水汽重的差数。饱和差愈大则水分蒸发愈快。不同温度下空气的饱和水汽重与饱和差见表3-1。由表可知，饱和差随着温度和相对湿度的变化而改变，与温度呈正比而与相对湿度呈反比。所以贮藏时应保持低的饱和差，以减少果实中水分的损失。

2. 低温伤害

低温是贮藏果品的主要方法，因为低温能削弱果品的呼吸强度，抑制微生物活动，减少水分的蒸发。但应用低温要合理，否则也会导致伤害。低温伤害通常表现为两种类型：一是冻伤，一是冷害。冻伤是由于温度过低，组织内结冰而造成的损害，破坏了细胞的完整性和正常生理活动，直至死亡。此种低温伤害易于发现，可及早处理，及时止损。冷害则不然，它是在高于冰点但低于贮运适温的条件下发生的，在贮藏中不易察觉，置于室温下则症状突显，并不断延伸。因此，一些果品不能在接近0℃的条件下贮藏。果品的种类和品种不同，对冷害有不同的易感性或冷敏性。此种特性决定于受冷后对寒冷所引起的生理生化变化的抵抗能力。不能抵抗这些变化的称为冷敏种类，反之称为抗冷种类。温带果品和热带、亚热带果品均会发生冷害，而以后者更易发生，因此这类果品不能久贮。致成冷害的温度在种类或品种之间有差异，一般温带种类较低而热带、亚热带种类较高。暖热季成熟的种类或品种高于寒冷季成熟的种类或品种。冷害的临界温度热带、亚热带果品为9~17℃，温带果品为0~5℃。冷害的程度与在低温中持续的时间呈正比，时间愈长则损害的程度愈严重（表3-1）。

表3-1　空气的饱和水汽重与饱和差

温度（℃）	饱和空气的水汽重（g/m³）	实际水汽重（g/m³）					饱和差（g/m³）				
		不同相对湿度									
		95%	90%	80%	70%	60%	95%	90%	80%	70%	60%
0	4.85	4.60	4.36	3.88	3.39	2.91	0.25	0.49	0.97	1.46	1.94
1	5.19	4.92	4.67	4.15	3.63	3.11	0.26	0.52	1.04	1.56	2.08
2	5.56	5.28	5.00	4.45	3.89	3.34	0.56	1.11	1.67	2.22	
3	5.95	5.65	5.35	4.76	4.16	3.57	0.30	0.60	1.19	1.79	2.38
4	6.36	6.04	5.72	5.09	4.45	3.82	0.32	0.64	1.27	1.91	2.54
5	6.80	6.46	6.12	5.44	4.76	4.08	0.34	0.68	1.36	2.04	2.72
6	7.26	6.90	6.53	5.81	5.08	4.36	0.36	0.73	1.45	2.18	2.90
8	8.27	7.86	7.44	6.62	5.79	4.96	0.41	0.83	1.65	2.48	3.31
10	9.41	8.94	8.47	7.53	6.59	5.65	0.47	0.94	1.88	2.82	0.76

3. 高温

果品都有各自可耐受的最高温度，超过最高温度，果品会出现热伤，细胞内的细胞器变形，细胞壁失去弹性，细胞迅速死亡，严重时蛋白质凝固，其表现常产生凹陷或不凹陷的不规则形褐斑，内部全部或局部变褐、软化、出水，也会被许多微生物侵入，发生严重腐烂。尤其是汁液含量高的果品对高温反应敏感，极易发生日灼斑，影响贮运。

4. 缺钙

缺钙病是果品贮藏中的另一种生理病变，也能造成果品贮藏的损耗。果实在生长发育期中如钙的供应不足，果实的钙含量低于维持正常代谢所需要的水平，则发生生理或代谢失调，导致各种病症，出现斑点，果肉崩溃，促进衰老，不耐贮藏，还会导致腐烂。果品中以苹果最易发生缺钙病，洋梨、杧果等亦有发现。

5. 病菌侵入

微生物在果品上寄生为害是造成贮藏损耗最重要的因素，为害程度严重。果品贮运中发生的病害，种类甚多，以真菌类的霉菌为主。受害的果品生霉腐烂，其表现的病状依病菌种类和寄主而不同。

病菌侵入果实，有些种类在采收前，有些种类在采收后。前一类如苹果的皮孔腐病、柑橘类的蒂腐病、桃的褐腐病、草莓的灰腐病、番木瓜和杧果的炭疽病等；后一类如苹果的青霉病、柑橘类的青霉和绿霉病、桃的根霉病、香蕉的冠腐病、凤梨的黑腐病等。采收前病菌侵入果实一般不形成明显的病症，采收入库后，在适宜的条件下，发芽生长繁殖，造成损害。果实采收以后侵入的病菌，多从伤口进入果内。现将部分常见的腐烂病及其寄主列于表3-2。

表3-2　常见的腐烂病及受害的果品

病害名称	受害的果品
青霉病	柑橘类、苹果、梨、李、樱桃、葡萄
绿霉病	柑橘类
根霉病（软腐病）	草莓、桃、李、樱桃、香蕉
灰腐病（灰霉病）	葡萄、梨、苹果、樱桃、草莓
湿性软腐病	梨
黑腐病	柠檬、苹果
凤梨黑腐病	香蕉、凤梨
黑星病	葡萄、核果类
炭疽病	桃、杧果、油梨、香蕉、番木瓜、板栗
褐腐病	柑橘类
桃褐腐病	梨

（续表）

病害名称	受害的果品
蒂腐病	柑橘类
轮纹病	梨
酸腐病	柑橘类
凤梨软腐病	凤梨
实腐病	板栗
镰刀菌病	板栗
皮孔腐病	苹果
冠腐病	香蕉

二、减少果品采后损耗的方法

针对上述与采后损耗有关的几种主要因素，提出以下减少或防治的方法。

1. 非寄生性损耗的防治

重点介绍缺钙和冷害的防治措施。

（1）缺钙病的防治。此类病变是因为缺钙而造成生理或代谢失调，所以防治措施以补充钙为主。人工增补果实钙含量可采用根部施肥、叶面喷施和采后浸果，尤以采后浸果最为常用。因其效果好，简单方便。通常用4%的氯化钙溶液，浸果30~60s。果实采收后要立即处理，否则效果差。浸后最初钙被果皮吸收，然后逐步向果内转移。影响吸收的主要因素为钙盐浓度，浓度适中，过高引起药害。苹果品种对钙盐浓度的耐力有差异，一般4%左右。为了促进钙盐渗入果内，还可以辅以其他处理如加用增稠剂，使果面黏附更多的溶液。又如浸果时施用部分抽真空，可以增加吸收速度。于钙盐溶液中加入卵磷脂，能加强处理效果，卵磷脂的存在有促进钙吸收的作用，并推迟乙烯产生和跃变，改变果实果皮的气体交换。为了保持果实有良好的吸收作用，浸钙后在贮藏中应注意维持适宜的相对湿度，勿过高或过低，以85%~87%为宜。

（2）冷害的防治。防治冷害首先要了解种类或品种对低温反应的特性，采用适宜的温度条件。所谓防治冷害实际是如何减轻冷害的影响。减轻果品贮藏运输中发生的冷害，可采用下述各种措施。

①贮藏前的处理。对冷害敏感的果品，在贮藏前先用略高于冷害发生的温度处理，以加强果品对以后冷害温度的抗性。例如用晚生种葡萄柚做试验，贮藏前置于温度为16℃、相对湿度为85%~90%的室内预处理7d，然后置于1℃中冷藏21d，未发现有冷害。同样果实用21℃和27℃预处理的有11%发生冷害，未做处理的对照则有23%的果实表现冷害。

②中途加温。中途加温亦称间歇加温或中途暖处理。即在冷藏期间定期进行一次或数次短时间的升温，其间隔一般为1~4周，可以减少冷害。此种处理已证明对苹果、柑橘、油桃、桃、李等均有效。中途加温的机制可能是：通过代谢消除受冷时积累的有害物质；恢复受冷损坏的细胞器超微结构，保持酶的活性能力；使被影响的代谢作用迅速重新调整，引起脂肪酸饱和度的改变（减饱和）。

③化学处理。关于用化学药剂处理以减少冷害，有不少文献报道，效果较好的有乙氧喹和氯化钙。乙氧喹是一种抗氧化剂和游离根接受体，是苹果表面烫伤病的抑制剂。它的作用可能是通过游离根接受体的特性，保持较高的不饱和脂肪酸的比例，减少不饱和脂肪酸的损失。油梨用氯化钙处理可减少因冷害引起的维管束变色。组织中含有的钙水平可以测定对冷害的敏感性。

④其他处理。气调贮藏、减压贮藏、薄膜包装、涂蜡、培育抗性品种等，均可达到防止冷害的效果。如果能获得有实用价值的技术措施，避免或减轻冷害，则对延长果品的贮藏寿命，保证品质，减少损耗，将有很大的益处。

2. 寄生性损耗的防治

（1）加强栽培管理。防治果品贮藏中的寄生性病害，主要是杜绝病原菌的感染。采收前和采收后均应进行适宜的处理措施。充分利用果品的天然抗病性和耐藏性。在果实生长期间注意耕作管理，增强抗病力，喷施药剂使果实保持健康状态。杧果在生长期间每隔14d喷施一次苯雷特，对防止炭疽病效果显著。桃在采前一周喷施二氯硝苯胺，可减少采后感染根霉病，采前2~3周喷施苯雷特可防止发生褐腐病。综上所述，采前管理对采后减少损耗也很重要。

（2）库房及用器消毒。贮藏果品入库之前，库房和用器均需进行消毒处理。贮藏库及各种用器每使用一次后，均有病菌残留，应将其清除干净，库房用药剂消毒，容器洗涤清洁，并用热碱水漂烫处理，降低果品贮藏后感染的概率。

（3）热处理。果品入库前，用热水浸果以消灭表面所附着的病原菌。水温略低于伤害果实的温度界限。此法成本低，方法简单，无残留药剂问题。柑橘类用48℃的热水浸2~4min，桃用51.5℃水浸2~3min或46℃水浸5min。亦可用51.5℃热水喷洗3min。热处理可使腐烂减少70%~80%，对防治褐腐病比对根霉病更为有效。苹果用45℃水浸果10min可有效地防治皮孔腐病。使用热水进行果实消毒，注意勿使果皮损伤，否则会引起其他病害。

（4）化学防腐。利用化学药剂处理果品以防止腐烂，是贮运中最常用的技术手段。刚采收的果品为了消除果面上的病菌，除利用热水处理外，也可采用含有药剂的冷水洗果，如次氯酸或次氯酸盐、邻苯酚钠、氨基丁烷等，既能杀菌和除去污物，又有预冷作用。

果品的种类不同，产生的病害类型也不同，因此采用的化学药剂有差异（表3-3）。现将主要药剂的性质和用法简述于下。药剂处理的方法通常有熏蒸和浸果两种，熏蒸用于气体或挥发性药剂，浸果则用水溶液、悬浮液或乳剂。

表3-3　主要果品的化学防腐常用药剂

果品种类	使用药剂
苹果	邻苯酚钠
洋梨	噻苯唑、苯雷特
葡萄	二氧化硫（熏蒸）
油桃	二氯硝苯胺
樱桃	苯雷特
香蕉	噻苯唑、苯雷特
柑橘类	碳酸钠、硼砂、邻苯酚钠、噻苯唑、苯雷特、氨基丁烷、联苯、2,4-D、三氯化氮（熏蒸）
凤梨	邻苯酚钠、水杨酰苯胺
杧果	苯雷特

①二氧化硫（SO_2）是一种气体熏蒸剂，因二氧化硫易于挥发，故在使用过程中定期进行重复操作。用亚硫酸盐，例如亚硫酸氢钠作为二氧化硫来源时，可加入包装容器内或与包装填充物混合，令其缓缓释放二氧化硫。葡萄采收后及在贮运中均可进行二氧化硫熏蒸。此法亦可用于树莓。二氧化硫的最大缺点是对金属有腐蚀作用。

②三氯化氮（NCl_3）也是一种熏蒸剂，多用于防止柠檬在贮藏中腐烂。因其对金属也有腐蚀作用，所以应用受限。制取三氯化氮是将氯气引入硫酸铵中，即可释放出三氯化氮，产生的气体浓度范围为 17.6~24.5mg/m³。在潮湿的环境中三氯化氮水解为氯氧化氮（$NOCl$），成为防腐的有效成分，也会造成金属构件和木箱受损。三氯化氮气体不稳定，在高浓度状态下易爆炸，应加注意。

③联苯（$C_6H_5 \cdot C_6H_5$）是无色片状，不溶于水，易溶于酒精、醚等有机溶剂，用以处理包果纸、箱板和其他包装材料。使用时联苯自然升华到果实周围大气中。此种药剂主要用于柑橘类果实，对青霉病、绿霉病防治效果比对蒂腐病好。联苯能抑制青霉菌的孢子形成，不致传播到邻近的果实上。甜橙和红橘果皮每单位面积吸收的联苯量大于柠檬和葡萄柚。甜橙和红橘的联苯残留量最大限，美国为 110mg/kg，欧洲为 70mg/kg。在运输或贮藏条件不良时，往往会超限。柠檬和葡萄柚的残留量一般不致超过规定限量。

联苯对微生物的生长有抑制作用而无杀伤作用。对青霉菌、蒂腐病菌、灰霉菌、曲霉菌、褐腐病菌、根霉菌等均有效。联苯的使用剂量以一张 25cm×25cm 的包果纸计，按重量应含有联苯 25%~33%。一箱重约 35kg 的柑橘果实，需用联苯晶体或粉 7~9g。

④邻苯酚（$C_6H_5 \cdot C_6H_4OH$）及邻苯酚钠（$C_6H_5 \cdot C_6H_4ONa$）。邻苯酚为白色晶体，易溶于水，可用于处理包装纸，又能与蜡乳剂混合使用。邻苯酚钠为白色粉末，水溶性，通常用作浸洗液，对于防止桃、梨、苹果、柑橘等的腐烂，有良好的效果。邻苯酚浓度达到 0.2%~0.4%时，可造成果实的药害，而邻苯酚盐阴离子浓度可以比这个浓度大 10~20 倍，也不会造成药害。邻苯酚钠的浓度和溶液的 pH 值是控制未离解的酚水平的两个重要因子。邻苯酚钠溶液对病菌的毒性和对植物组织的毒性，依赖于未离解的邻苯酚浓度。为了减少药害的发生，此类药剂常与其他药物例如六胺〔$(CH_2)_6N_4$〕、氢氧化钠等混合使用。

⑤二氯硝苯胺（$Cl_2 \cdot NH \cdot C_6H_3NO_2$）。此种药剂主要用于防治核果类的根霉病。樱桃、桃等采后用二氯硝苯胺处理能有效地防止根霉病的发生，但对其他侵害核果类的病菌如青霉菌、褐腐病菌以及对此药有抗性的病菌和品系则效果不好。不论是采前还是采后处理，其残留药剂在 2mg/kg 以上即足以阻止根霉病为害。对于防治褐腐病残留量至少达到 10mg/kg。

为了加强防治核果类褐腐病的效果，可以在药剂配方中增加二氯硝苯胺的浓度，升高处理温度，延长处理时间，增加药剂的残留量，或与其他药剂如噻苯唑、苯雷特等混合使用。

⑥苯并咪唑及其衍生物。苯并咪唑，有许多种衍生物应用于果品的采后防腐。最常用的有噻苯唑、苯雷特、多菌灵等。使用此类药剂最多的果品为柑橘类和香蕉，此外如凤梨、杧果、苹果和核果类也用此作采后处理，对减少运输贮藏中的腐坏，效果显著。

此类药剂能防治很多种类病原菌，但对根霉菌和黑腐病菌效果不理想。噻苯唑不溶于水，易溶于稀酸和碱液中。苯雷特在水中缓慢分解为苯并咪唑氨基甲酸甲酯，后者活性略低于苯雷特，对病害防治起主要作用。噻苯唑和苯雷特均可做成浮悬液、蜡乳剂或溶液（用烃类溶剂）。苯雷特只有在中性的蜡乳剂中可稳定存在。防治柑橘类的青霉病和蒂腐病可用噻苯唑浮悬液或苯雷特水液，喷布或浸洗。此类药剂对防治柑橘黑腐病无效。噻苯唑和苯雷特均宜在采收后装运前随即施用，贮藏后再包装的果品不能用这些药剂处理。

防治香蕉的各种病害，可用噻苯唑的浮悬液或苯雷特处理，浸果或喷用。防治凤梨软腐病，可在切口处涂噻苯唑或苯雷特的浮悬液，但其效果不及水杨酰苯胺，而且成本较高。防治杧果炭疽病可于贮藏前用55℃的噻苯唑或苯雷特浮悬液浸果。

核果类的桃、油桃、樱桃等用此类药剂的液剂或蜡乳剂进行浸果或喷施处理，对防治褐腐病有良好效果，但对根霉病和黑腐病没有作用。用液剂处理时如将药液加热到46~52℃，则防腐的效果更好。苯并咪唑类杀菌剂与二氯硝苯胺两种配合使用，可同时防治褐腐病和根霉病。

此类药剂还可以防治苹果和洋梨的青霉病和灰霉病。为了减少苹果烫伤病，用二苯胺和乙氧喹处理时，常加重贮藏中果实的腐烂。在抗烫伤病药剂中加用噻苯唑或苯雷特可减轻之。防治草莓的灰霉病可用此类药剂进行田间喷布。

⑦氨基丁烷（$C_4H_{11}N$）亦称仲丁胺，为无色液体，溶于酒精、水或乙醚，能防治几种造成采后病害的微生物，通常用以处理柑橘类，以减少贮运中或人工着色中的腐坏。氨基丁烷的沸点只有63℃，易于汽化，可以作为熏蒸剂应用。经处理过的柑橘类果实，其青霉菌腐烂可降到很低。

⑧其他可以作为果品防腐的化学药剂还有许多种，例如碳酸钠、二氧化碳、一氧化碳、硼酸或硼砂、碘、硫菌灵等。

化学防腐是消灭微生物最有效的方法，但其效果和适性因种类而不同，使用时应注意选取杀菌效果好、不损害果品品质和人体健康、价廉而易得、用法简而易行的药剂。还有一点要注意的就是微生物的抗药品系问题。一种药剂使用后，经过一段时间，往往产生抗药性的微生物品系，而使杀菌效果下降。已发现柑橘蒂腐病菌有抗联苯品系，青霉菌的某些品系能抗邻苯酚、联苯和苯并咪唑，对氨基丁烷有部分抗药性。遇有此种情况，应采取适当措施，改变处理方法，以免影响防腐效果而造成损失。

（5）物理防治指应用辐照处理。用 γ-射线破坏微生物，即电离粒子穿过或接近微生物细胞的敏感部分而使之致死。有多少微生物被破坏，主要依赖用于辐射的电离粒子和被击中的靶子的数量及大小。完全灭菌需要高剂量辐射，这将远远超过果品的耐受力。应用低水平的辐射可使大部分微生物致死而无损于产品的品质。

现今世界上已有一些果品许可使用辐射处理以加强贮藏。辐射除杀灭微生物、防止腐烂以外，还有阻止后熟、杀虫等作用。已证明经辐射处理的草莓、柑橘类、杧果、番木瓜等在贮运中收效良好。灰霉菌和根霉菌是造成草莓采后腐烂损耗的两种主要病害，用 2 000Gy 辐射处理，可以获得良好的防腐效果。柑橘类的主要病害蒂腐病、绿霉病、青霉病和黑腐病，通常采用化学药剂防治。用辐射处理也能有效地减少腐坏，其适宜剂量为 2 000Gy。不过辐射易使甜橙和葡萄柚的果皮受损害，表现斑痕，这是辐射处理存在的一个问题。此外又能减弱果实的结构强度，降低对穿刺的抗力。杧果用热水浸果和 1 050Gy 剂量的辐射联合处理，可使炭疽病感染显著减少。番木瓜应用辐射处理主要是为了消灭果蝇，其剂量为 250Gy。

第四章　采收与分级

第一节　采　收

采收是果品生产上的最后一个环节，也是采后商品化的第一个和关键环节。其目标是使果品产品在适当的成熟度时转化为商品，采收时力求做到适时、迅速、损伤小、花费少。

联合国粮食及农业组织的调查报告显示，发展中国家在采收过程中造成的果品损失达 8%~10%，其中，主要原因是采收成熟度不当，田间采收容器使用不当，采收方法选择不当等造成机械损伤严重，此外，采后的果品从贮运到包装处理过程中缺乏有效的保护也是重要原因。

果品的采收成熟度与其产量、品质有着密切的关系。采收过早，不仅产品的大小和质量未达标准，且风味、色泽和形状等品质性状均较差，达不到贮藏、加工的要求，使生产和销售受损；采收过晚，产品过熟、衰老而不耐贮运或纤维素增加等而丧失商品价值。

在确定果品的成熟度、采收时间时，应该考虑果品的采后用途，结合其本身的品种特点、贮藏时间、贮藏方法和设备条件、运输距离、销售期及产品的类型等因素。采收工作具有很强的时间性和技术性，必须及时迅速，作为鲜销的产品应由经过培训的工人采收，才能有效减少损失，利于贮藏。采收之前，必须做好人力、物力上的安排和组织。因产品而异，选择适当的采收期和采收方法。

果品产品的表面结构是其天然的保护层，当其被破坏后，组织就失去了天然的抵抗力，易被病菌感染而造成腐烂。采收过程中产生的机械损伤在以后的各环节中无论如何进行处理也不能修复，并且会加重采后运输、包装、贮藏和销售过程中的产品损耗，以及降低产品的商品性，大大影响贮藏保鲜效果，降低经济效益。因此，果品产品的采收过程应尽量避免一切机械损伤。果品产品采收的原则是及时而无伤、保质保量、减少损耗、提高贮藏加工性。

一、采收期

果品的采收期取决于它们的成熟度和果品采收后的用途。一般当地销售的产品，采收后立即销售，可适当晚采收；需长期贮藏和远距离运输的产品，应适当早采收；具有呼吸高峰的果实应该在达到生理成熟时（果实离开母体植株后可以完成后熟的生长发育阶段）或发生呼吸跃变以前采收。不同果品品种其供食部位不同，判断果品成熟度的标准也不同。判别果品产品采收期的方法有以下5个方面。

1. 产品表面色泽变化

许多果实在成熟时果皮都会显示出特有的颜色变化，一般未成熟果实的果皮中含有大量的叶绿素，随着果实成熟逐渐降解，而类胡萝卜素、花青素等色素逐渐合成，使果实的颜色显现出来，因此，色泽是判断果品产品成熟度的重要标志。根据不同的目的采收期的选择有差异，以番茄果实为例，作为远距离运输或贮藏的，要在绿熟时采收；就地销售的，应在粉红色时采收；加工用的，则在红色时采收。目前，生产上大多根据颜色变化来决定采收期，此法简单可靠且容易掌握。

2. 饱满程度和硬度

饱满程度一般用来表示发育的状况。一般来说，许多果品的饱满程度大，表示发育状况良好、成熟充分或已达到采收的质量标准。

有些果实合适的采收成熟度常用硬度表示。果实硬度是指果肉抵抗外界压力的强弱，抗压力越强果实的硬度就越大。一般来说，未成熟的果实硬度较大，达到一定成熟度时才变得柔软多汁。这是由于果实成熟和完熟时，细胞壁间的原果胶分解，硬度也逐渐下降。因此，生产中可根据硬度判断果实的成熟度，可参照不同果品的硬度要求确定成熟度。

3. 果实形态与大小

果品产品成熟后，产品本身会表现出其固有的生长状态（品种性状），可以根据经验来判别成熟度和采收期。例如香蕉未成熟时果实的横切面呈多角形，达到完熟时，果实饱满、浑圆，横切面呈圆形；黄瓜在膨大之前就应采收。有时果实的大小也可成为成熟的判定依据，但其适用范围比较有限，如同一品种和产地的瓜类，大的表示成熟、小则表示未熟。

4. 果梗脱离的难易程度

有些种类的果实，其成熟时果柄与果枝间常产生离层，稍稍振动果实就会脱落，因此常根据其果梗与果枝脱离的难易程度来判断果实的成熟度。离层形成时，成熟度较高，果实品质较好，此时应及时采收，以免大量脱落，造成经济损失。对于需要贮运的果实来讲，当形成离层时采收已过了最佳采收期，故以此法来判断采收期有一定的局限性。

5. 化学成分

果品产品在生长、成熟过程中，其主要化学物质如糖、淀粉、有机酸、可溶性固形物和抗坏血酸等物质的含量都在不断发生变化。这些物质含量的动态变化和比例情况可以作为衡量果品品质和成熟度的标志。可溶性固形物中主要是糖分，其含量高低与含糖量和成熟度均呈正比。可溶性固形物与总酸的比值称为"固酸比"，总含糖量与总酸含量的比值称为"糖酸比"，它们均可用于衡量果实的风味及判别果实的成熟度。猕猴桃果实在果肉可溶性固形物含量 6.5% ~ 8% 时采收较好。苹果糖酸比为（30 ~ 35）∶1 时采收，果实酸甜适宜，风味浓郁，鲜食品质好。四川甜橙以固酸比不低于 10∶1 作为采收成熟度的标准，美国将甜橙糖酸比 8∶1 作为采收成熟度的低限标准。

果品产品成熟过程中体内的淀粉不断转化成为糖，使含糖量增高，但有些产品的变化则正好相反。因此，掌握各种产品在成熟过程中糖和淀粉变化的规律，就可以推测出产品的成熟度。已在生产实践中广泛应用的典型案例：根据淀粉遇碘液会呈现蓝色，观察果肉变色的面积和程度，初步判断果实的成熟度。苹果淀粉含量会随着成熟度的提高而下降，果肉变色的面积会越来越小，颜色也逐渐变淡；不同品种的苹果成熟过程中淀粉含量的变化不同，因此其相应的成熟采收标准也有所不同。

果品产品由于种类、品种繁多，特性各异，其成熟采收标准难以统一，在生产实践中应根据产品的特点、生长情况、气候条件、采后用途等方面进行全面的评价，从而判断出最适的采收期。在获得良好产品品质同时，达到长期贮藏、加工或销售的目的。

二、采收方法

果品产品的采收方法可分为 2 种：人工采收和机械采收。

1. 人工采收

鲜销和长期贮藏的果品产品最好采用人工采收，原因有四。一是人工采收灵活性很强。可以针对不同的产品、不同的形状、不同的成熟度，及时进行分批分次采收和分级处理；且同一棵植株上的果实，因成熟度不一致，分批采收可提高产品的品质和产量。二是可以减少机械损伤，保证产品质量。

三是便于调节控制。只要增加采收工人就能加快采收速度。四是便于满足一些种类的特殊要求。

具体的采收方法要根据果品产品的种类而定。苹果和梨成熟时，果梗与果枝间产生离层，采收时以手掌将果实轻轻向上一托，果实即可自然脱落，进行带梗采收。葡萄、荔枝应带穗采收。桃、杏等果实成熟后果肉特别柔软，容易造成伤害，人工采收时应剪平指甲或戴上手套，小心用手掌托住果实，左右轻轻摇动使其脱落。采收香蕉时，应先用刀切断假茎，紧护母株让其轻轻倒下，再按住焦穗切断果轴，注意不要使其擦伤、碰伤。柑橘、葡萄等果实的果柄与枝条不易分离，需要用采果剪采收。为使柑橘果蒂不被拉伤，此类产品多用复剪法进行采收，即先将果实从树上剪下，再将果柄齐萼片剪平。同时在一棵树上采收时应按从外向内、由下向上的顺序进行。

为达到较好的果品产品采收质量，采收时应注意以下 4 点。

（1）选用适宜的采收工具。针对不同的产品选用适当的采收工具如采收刀等，防止从植株上用力拉、扒产品，可以有效减少产品的机械损伤。

（2）戴手套采收。戴手套采收可以有效减少采收过程中人的指甲对产品所造成的划伤。

（3）用采收袋或采收篮进行采收。采收袋可以用布缝制，底部用拉链做成一个开口，待袋装满产品后，把拉链拉开，让产品从底部慢慢转入周转箱中，这样就可大大减少产品之间的相互碰撞所造成的伤害。

（4）周转箱大小要适中。周转箱过小，容量有限，加大运输成本；周转箱过大容易造成底部产品的压伤。一般 15～20kg 为宜。同时周转箱应光滑平整，防止对产品造成刺伤。我国目前采收的周转箱以柳条箱、竹筐为主，对产品伤害较重。国外主要用木箱、防水纸箱和塑料周转箱。今后应推广防水纸箱和塑料周转箱在果品产品采后处理中的应用。

目前国内果品的采收绝大部分采用人工采收，也存在许多问题，主要表现为工具原始、采收粗放、缺乏可操作的果品产品采收标准。需要对采收人员进行认真管理，对新上岗的工人需进行培训，使他们了解产品的质量要求，尽快达到应有的操作水平和采收速度。

2. 机械采收

机械采收适于那些成熟时果梗与果枝间形成离层的果实，一般使用强风或强力振动机械，迫使果实从离层脱落，在树下铺垫柔软的帆布垫或传送带承接果实并将果实送至分级包装机内。目前，用于加工的果品产品能一次性采收且对机械损伤不敏感的产品多选用机械采收。机械采收前常喷洒果实脱落剂如乙烯利、萘乙酸等以提高采收效果。此外，采后及时进行预处理可将机械损伤减小到最低限度。

机械采收较人工采收效率高，节省劳动力，减少采收成本，在改善采收工人工作条件的同时减少因大量雇佣和管理工人所带来的一系列问题。第一，机械采收需要可靠的、经过严格训练的技术人员进行操作，以防设备损坏和大量机械损伤的发生。第二，机械设备必须进行定期的保养维修。第三，采收机械设备价格昂贵，投资较大，因此必须达到相当的规模才能具有较好的经济性。第四，机械采收不能进行选择采收，造成产品的损伤严重，影响产品的质量、商品价值和耐藏性，因此大多数新鲜果品产品的采收，目前还不能完全采用机械采收。

三、采收时间

采收时间对产品的品质和贮藏性具有重要影响。新鲜果品采收尽可能避免在高温（高于27℃）和高光照下采收，防止过多的田间热和呼吸热的产生。最佳采收时间是在清早进行，使果品保持较低的温度，利于贮运。

采收时及采收后应避免将产品直接暴露于太阳下。太阳直射下，产品会吸收热量，温度升高和伤口的呼吸加强，会加速产品的失水和衰老。如产品不能立即从田间运走或进行预冷。应在现场使用一些遮阳物或运送到树阴下。

采收时还要注意，要在露水、雨水或其他水分干燥后再进行采收，尤其是采后失水快和用于长期贮藏的果品要特别注意。刚下雨后果皮太脆，果面水分高，极易被病菌侵染，如在此时进行采收，表皮细胞易开裂，腐败的概率增大。因此，采收不要在雨天进行，且采收前37d不要灌溉。

第二节 分 级

随着科技发展和社会进步，我国果品产业生产能力得到了极大提高，已经基本解决了果品的数量问题，人们对果品的需求也从过去的重数量转向现在的重质量。果品分级是根据果品质量标准，将不同质量的果品进行归类，果品分级既是一个产品分类过程，也是一套包括质量标准、类别定义、检测办法、标识规则在内的语言体系。果品分级过程一般由3个步骤组成：首先是对不同等级的果品质量特征进行定义，主要是可定量化的等级标准；其次是通过质量检测，将具体产品划归为不同的等级；最后是对不同等级的果品进行认证和标识，让购买者确信所购产品的质量符合其等级标准。

一、分级的需求

1. 分级是果业标准化的需求

果品质量等级规格评定是果业标准化的重要组成部分。标准化要求按照统一、简化、协调、优选的原则，对果业生产全过程通过制定标准和实施标准，促进先进科技成果和经验的推广普及，提升果品质量，促进果品流通，规范果品市场秩序，指导生产，引导消费，提高效益，提高农业竞争力。对果品质量进行分级，就要根据建立的果品质量标准体系，进行果品质量等级手动、自动或智能分级。

2. 分级是果品消费多样化和层次性的要求

果品大部分作为鲜食产品，不仅应具备营养、安全等内在品质，而且其新鲜程度、色泽、形状及可食用部分的大小等外在品质规格也十分重要，这是果品商品属性的具体体现，也是影响消费者购买决策的重要因素。随着我国城乡居民收入的增长，消费者购买果品呈现出多样化趋势，果品消费出现了明显的层次性。果品分级是适应消费多样化发展趋势、满足消费者不同层次需求的技术基础。生产者按照分级标准组织生产，并按照市场对不同等级、规格要求进行果品包装和出售，明确反映果品功能用途及其相应的费用与价格，体现了市场对果品预期质量要求，保证高质量产品的市场销售，从而促进果品的优质优价。

3. 分级是提高果品市场竞争力和促进市场流通现代化建设的客观要求

建设社会主义新农村，推进现代农业建设，需要进一步推进产销衔接，发挥流通对生产的引导作用，促进农业增效、农民增收。我国是果品生产与消费大国，果业是农民增收的重要来源。但是，由于多年来大部分果品没有实施质量等级规格标准化，农民出售果品时大多混装、散装，外观质量差，卖不出好价钱，不能实现优质优价，影响果业的增产增收。目前，果品流通的主渠道是遍布全国城乡的农贸市场和批发市场，参与收购运销的市场主体多为个体经销商或私营小企业，流通方式比较粗放，流通秩序不够规范，流通效率不够高，其中一个重要原因就是在流通中没有普遍推行果品质量分级。

4. 分级是应对技术壁垒和扩大出口的需求

当前我国果品出口遭遇到国外的技术性贸易壁垒，主要表现形式有3种：一是技术性法规和技术标准；二是标签要求；三是合格评定程序。没有经过指定机构认证的产品，不准进入市场销售。而这三方面均与果品精选分级有着密切关系。发达国家根据本国果品优势产区的生产地域、生产工艺、消费口味和饮食结构制定分级标准，确定质量等级指标和规格级别，并与其他检验检疫措施一起，成为别国农产品进口必须达到的质量要求。而我国由于传统农业的生产方式和农户分散经营的现状，导致果品规格不一、品质不均，产品质量达不到进口商的分级标准要求而不能以合理价格销售的情况时有发生。即便进入进口国市场，也会因与其质量分级标准不统一，效益损失巨大，出口效益不高，产业优势难以有效发挥。

基于以上需求，果品分级势在必行，将果品分级包装上市，提高果品质量等级化、包装规格化程度，树立农产品的整体形象，引导优势产业做大做强，提高国际竞争力，这是提升我国果品质量、扩大果品出口的战略选择。

二、果品分级要素

果品质量等级是指产品的优劣程度，也可以说，质量是一些有意义的、使产品更易于被接受的特征的组合。果品质量特征包括内在特性和外在特性，从国内外比较成熟的果品质量分级标准来看，果品质量等级的划分主要依据人体感官可以感知的一些品质要素，如外观、质构、风味等方面，这些要素共同构成了果品质量分级的依据。

1. 外观

外观要素包括大小、形状、色泽、光泽、完整性、损伤程度等，可以直观地反映果品的外在品质。

（1）大小和形状。大小和形状是指果品的长度、宽度、厚度、几何形状等，从一定意义上可以说明果品质量的优劣。大小和形状均易于测量，是果品等级划分的重要因素之一。圆形果品可以根据其所能通过自动分离分级设备的孔径大小来进行分级，如超市中红富士80/85两级就是按照苹果的直径来划分的等级。粗分级后的产品大小也可以按照重量进行估算，如通过测定一箱苹果的重量来决定苹果的平均重量。果品的形状除了具有视觉上美观的效果外，如果在机械化生产中要使用某种机械装置来代替手工操作，就有必要对果品形状进行标准化规定。

（2）色泽和光泽。果品表面的色泽和光泽程度对提高吸引力非常重要。色泽是物体反射自然光后所呈现的结果。当一束自然光线照射到产品上，一部分光线被产品吸收，一部分光线在产品表面发生反射，一部分光线透射过产品，其中反射的光线部分就呈现为产品的颜色。目前果品中存在的天然色素有 4 类，分别为花青素、甜菜红色素、类胡萝卜素和叶绿素。色泽是影响消费者选择的主要因素之一，也是果品成熟度和新鲜度的重要标志。果品表面颜色受果品品种、气候、土壤环境等因素的影响，个体差异较大，对果品商品品质的影响也较大。在苹果生产中，果农为满足消费者感官需求，经常使用套袋技术，使苹果表面颜色均匀一致。水果颜色与果实成熟度密切相关，比如红富士成熟时表皮和果实颜色由绿色逐渐向红色转变，红色着色面积越大，成熟度越高，所以对于果品而言，颜色往往是判断成熟程度的重要依据。

依据果品的色泽不仅能判断产品成熟度和质量优劣，还能在一定程度上说明新鲜度、卫生等方面的问题。桃子表面如果有棕色斑点，就很容易判断出桃子有腐烂迹象，而且依据色泽变化的面积还可判断桃子腐烂程度。

色泽通常可以通过产品与标准比色板进行比较来判定。在质量评价时，评价人员需要找到与产品色泽匹配或最为相近的比色板，对产品色泽进行规范描述。比如在评定红富士产品颜色时，利用绿色和红色的比色板进行判定。同时，色泽的测量还可以利用亮度、色调和彩度等指标进行详细的量化测定，用于推测产品在成熟和贮藏过程中发生的变化。

（3）完整性和损伤程度。果品的完整性和损伤程度也是判定农产品质量的重要依据。损伤程度对果品质量有着十分重要的意义，产品受病虫害侵蚀往往使果实不具备食用价值，采收或采后处理过程中受到机械损伤也容易导致果品变质或腐败。

2. 质构

果品质构是果品品质的重要参数，是指被手指、舌头、上颚或牙齿所感觉到的产品结构特性，被广泛用来表示产品的组织状态、口感。果品质构特性参数的范围极其广泛，包括硬度、弹性、塑性、黏性、紧密性、黏结性、黏着性等。果品质构特性由植物组织的微观结构所决定，也受到某些质构调节剂的影响。果品的质构与色泽一样，不是一成不变的，它的变化能有效反映产品的质量差异，偏离期望的质构就是质量缺陷。

果品的鲜食特性决定了果品产品质地对于质量评价的重要性。影响果品质地的因素很多，包括果品类型、品种、成熟度、大小、栽培条件和贮藏等，不同因素对不同产品的作用也是不同的。果肉细胞形态与其质地关系较大。果肉细胞小、密度大、细胞壁厚、细胞间隙率低的品种果肉硬，反之较软；果肉细胞大、细胞壁薄、细胞间隙率低、果肉内外结构一致性强的品种果肉脆度高；果肉细胞大小中等、密度高、细胞壁薄、细胞间隙率较低的品种果肉韧性高。梨果中特有的实细胞是由大量木质素组成的厚壁细胞，对梨果肉的食用品质有严重影响。新鲜果品存放一段时间后，细胞壁破裂，水分就会流失，发生松弛现象，吃起来口感自然就不新鲜。果品损失更多水分时会变得干燥、坚韧、富有咀嚼性，这也是果品干制品的生产原理。在实际测定中，评价果品质地特性的参数主要包括成熟度、坚实度、果皮或果壳的硬度、果实的脆性及果皮或果肉的弹性等。

3. 风味

风味包括口味和气味，是食品本身和人体感官体验共同作用的结果。人有4种基本的口味，即甜、咸、酸和苦，除这4种基本味觉外，人的舌头还能感觉另外两种味觉，即鲜味和涩味。风味非常复杂，任何特定的风味不仅取决于咸、酸、苦、甜的组合，还取决于无数能产生特征香气的化合物，并且还与个人的喜好、文化和生理等密切相关。不同地区、不同人群对不同口味和气味的喜好程度不同，不同人对特定风味的敏感程度也不同，因而风味具有比其他质量要素更浓厚的主观色彩。

糖度和酸度是决定果品滋味和口感的重要指标。果实在生长过程中不断地积累有机物质，大量碳水化合物首先以淀粉的形式贮藏于果肉细胞中，果实无甜味。随着果实的成熟，一方面，淀粉在酶的作用下水解为蔗糖、葡萄糖或果糖等可溶性糖类；另一方面，果实内所积累的有机酸也部分地转化成糖类，果实酸味消减，口感甘甜。通常当糖度和酸度达到一定比例时，才具有最佳的适口性。因此，在果实品质评价时往往将糖酸比作一个重要的判定指标。还有些果实，在未成熟时，由于果肉细胞中含有单宁而使果实有很强的涩味。果实成熟时单宁被过氧化物酶和过氧化氢酶氧化或者是凝结成不溶性物质而使涩味消失。对于这类果实，涩味也是评价果实口味的指标之一。除了口味以外，香气也是果品风味的重要特征，形成香气的主要原因是果实在成熟过程中由于中间代谢而产生了一些酯类、醛类和酮类等物质，果品香气成分随着果实的成熟而增加，因此成熟的果实香味四溢。

有时色泽和质构会对风味的评判产生影响。尽管产生风味的物质往往并没有颜色，但是这些物质却通常存在于具有特征色泽的食品中。比如人们经常将橙子或橘子与橘黄色、樱桃或草莓与红色、黄瓜清香与绿色等联系在一起。这也是为什么在食品加工中会赋予不同口味的产品以不同的特征颜色，草莓味道的酸奶和饮料常常使用粉红色进行着色和包装，消费者似乎通过感官就能感受到草莓的芳香。为尽量减少色泽对风味的干扰，风味评价中常采用"暗室"尝评。

外观、质构和风味属于感官性质或感觉性质范畴，除了这3种质量要素外，还有一些不能被感官察觉的质量要素，如营养质量和耐藏性。营养质量成分包括蛋白质、脂类、碳水化合物、矿物质和维生素五大类主要营养元素，还包括具有保健功能的活性成分，如活性低聚糖、活性多糖、活性脂、活性肽和活性蛋白等。营养质量要素可以用化学分析方法进行测定，也可以用仪器分析方法进行测定。耐藏性是指产品在一定贮藏及搬运条件下的稳定性，对产品鲜度和确定保质期具有重要意义。

三、果品分级方法

1. 感官评价方法

感官评价就是以心理学、生理学、统计学为基础。凭借人体感觉器官（眼、耳、鼻、口、手等）的感觉（视觉、听觉、嗅觉、味觉和触觉等）对果品的感官性状（色、香、味、形等）进行综合性鉴别和评价的一种分析检验方法，并且通过科学、准确的评价，使获得的结果具有统计学特性。

感官评价是目前应用较多的果品质量主观评价方法，有着仪器分析所不可替代的特性。人们在挑选果品时，会用感觉器官，包括视觉、触觉、嗅觉、味觉甚至听觉去判断产品的质量，根据感觉判断的结果作出选择。人的视觉系统可以对果品的色泽等外观特性进行评价。

果品感官评价一般分为两大类型，即分析型感官评价和偏爱型感官评价。分析型感官评价指用人的感觉器官作为一种分析仪器，来测定果品的质量特性或鉴别物品之间的差异等。偏爱型感官评价依赖人的感觉程度和主观判断评价是否喜爱或接受所试验的产品及喜爱和接受的程度。果品感官评价的方法包括差别检验、灵敏度检验、排序检验、描述型和评估检验、嗜好性检验等。

感官评价作为一种产品质量评价方法，具有不稳定性和易受干扰的特点。由于作为质量评价的工具是人，感官评定难免带有主观片面性。如不同品尝人员对风味的敏感程度不同，个人喜好也不同，因而评定结果也有所不同。人的视觉系统只能看到物体表面，不能看到物体内部，并且个人感官长时间进行同样的评定容易造成视觉疲劳，甚至遗忘，降低工作效率或造成判别错误。因此，感官评定是一种模糊评判，不能进行准确量化。

2. 化学分析方法

果品中的碳水化合物、矿物质和维生素等营养品质，还有保健功能的活性成分，如活性低聚糖、活性多糖等要素可以用化学方法进行分析测定。

测定果品中糖类物质的方法很多，可分为直接法和间接法两大类。直接法是根据糖的一些理化性质作为分析原理进行的各种分析方法，包括物理法、化学法、酶法、色谱法、电泳法、生物传感器及各种仪器分析法。间接法是根据测定的水分、粗脂肪、粗蛋白质、灰分等含量，利用差减法计算出来，常以总碳水化合物或无氮抽提物来表示。

物理法包括相对密度法、折光法、旋光法和重量法等，可用于测定糖液浓度，糖品的蔗糖糖分，谷物中淀粉及粗纤维含量等。化学分析法是应用最广泛的常规分析方法，包括直接滴定法、高锰酸钾法、铁氰化钾法、碘量法、蒽酮法等。食品中还原糖、蔗糖、总糖和果胶物质等的测定多采用化学分析法，但所测得的多是糖类物质的总量，不能确定混合糖的组分及其每种糖的含量。

利用纸色谱法、薄层色谱法、气相色谱法、高效液相色谱法和糖离子色谱法等可以对混合糖中各种糖分进行分离和定量，其中薄层色谱法和高效液相色谱法被确定为测定异麦芽低聚糖的国家标准方法。用酶分析法测定糖类也有一定的应用，如用酶-电极法和酶-比色法测定葡萄糖、半乳糖、乳糖和蔗糖含量，用酶水解法测定淀粉含量等。电泳法可对食品中各种可溶性糖分进行分离和定量，如葡萄糖、果糖、乳糖、棉籽糖等常用纸上电泳法和薄层电泳法进行检验。近年来，毛细管电泳法在一些低聚糖和活性多糖方面的测定越来越广泛，但尚未作为常规分析方法。生物传感器简单、快速，可实现在线分析，如用葡萄糖生物传感器可在线检测混合样品中葡萄糖的含量，是一种具有很大潜力的检测方法。

3. 仪器测定方法

果品品质评价可以借助仪器进行定量分析，以辅助感官评定，使质量评价更具客观性。色泽测定可以用色差仪进行颜色参数量化，可以将有色果品颜色量化为3个数值——亮度、色调和彩度，也可利用明-暗、黄-蓝、红-绿3种属性的三维坐标系统来描述。与色泽类似，一些光学测量仪器能够定量测定沙尘暴表面的光泽程度。

果品质地可以用质构仪进行测定。营养品质要素除了可以用化学方法分析外，也可以借助仪器手段进行分析，果品中维生素的含量传统上使用微生物分析法、荧光法和分光光度法。现代分析方法主要有化学发光分析法、电化学分析法、毛细管电泳法、超临界流体色谱法、高效液相色谱法。通过建立化学发光反应，可以检测叶酸、核黄素和维生素 C 含量等；电化学分析法可以测定多种维生素等；毛细管电泳法可以同时分离多种水溶性维生素；

超临界流体色谱法可以测定多种对光、氧、热和 pH 试纸比较敏感的维生素；高效液相色谱法可以测定营养强化剂中维生素含量等。矿物质可以用原子发射光谱仪、原子吸收光谱仪、原子荧光光谱仪、电感耦合等离子体发射光谱及质谱联用仪等仪器进行测定。

4. 机械分级技术

机械分级技术主要是根据农产品的大小、尺寸、密度、硬度等物理特性参数进行果品品质的评定。

筛选法所依据的参数就是果品的大小和尺寸，让不同大小、尺寸的果实通过不同尺寸网格的分级筛，使大小不同的果实分开，可以同时处理许多物料，效率较高。复式分级机根据果品的最小尺寸分级。

密度分级法是利用重力、气流和水的浮力将不同相对密度的物料区分开。硬度分级法是根据物料的硬度将物料区分开。果品的成熟度大多与硬度有关，总的来说随着成熟度的增加其硬度逐渐下降。已有多种果品硬度测量方法，如变形力、冲击力、弹性碰撞等。但目前，我国果品产业只有 20% 采用机械分级，80% 仍是手工分级。

5. 可见与近红外光谱技术

果品的光学特性是指果品对光的吸收、散射、反射和透射等特性。近红外光是电磁波，具有光的属性，近红外法又可分为穿透法、反射法和部分穿透法。当近红外光照射到由一种或多种分子组成的物质上时，如果物质分子为红外活性分子，则红外活性分子中的键与近红外光子发生作用，产生近红外光谱吸收。近红外光谱分析技术就是利用上述性质，根据各含氢基团的近红外光吸收特点来检测果品中水分、糖、酸等成分的含量。此外，当近红外光源发出的近红外光照射到研究对象后，由近红外摄像机接收被研究对象反射回来的近红外光，形成研究对象的近红外图像，对该图像进行光谱转换和亮度增强，可得到研究对象的可见光图像。近红外图像技术可用于果品外部品质检测和内部虫害检测。

近红外光对物质的穿透能力较强，近红外分析不需对样品作任何处理，可以进行非破坏性检测及活体分析等，不但适用于实验室分析，而且可用于现场分析和在线实时分析，并且近红外光子的能量比可见光还低，不会对人体造成伤害。

检测的品质涉及糖度、酸度、可溶性固形物、维生素、坚实度、色泽及单果重量、褐变、模式识别等。

6. X 射线与激光技术

X 射线的检测原理主要是基于其具有穿透能力的性质，射线穿透被检测对象时，由于检测对象内部存在的缺陷或者异物会引起穿透射线强度上的差异，通过检测穿透后的射线强度，按照一定方法转化成图像，并进行分析和评价以达到无损检测的目标。

农产品机械损伤、内部生理失调和病虫害的侵入，给农产品质量带来严重的问题，并且这些问题很难通过农产品外部视觉进行判断和剔除，已经成为影响农产品内部品质的主要因素。X 射线检测技术目前被广泛应用于诸多领域，在农产品无损检测中应用更有潜力。该技术可以对农产品的表面缺陷、密度、内部病变等基本物理性质和内、外部品质进行无损检测。

7. 声学特性技术

果品的声学特性是指果品在声波作用下的共振频率、反射特性、散射特性、透射特性、吸收特性、衰减系数、传播速度及其本身的声阻抗与固有频率等，它们反映了声波与果品相互作用的基本规律。果品声学特性的检测装置通常由声波发生器、声波传感器、电荷放大器、动态信号分析仪、微型计算机、绘图仪或打印机等组成。检测时，由声波发生器发出的声波连续射向被测物料，从物料透过、反射或散射的声波信号，由声波传感器接收，经放大后送到动态信号分析仪和计算机进行分析，即可得出果品有关声学特性。

利用果品声学特性进行无损检测和分级是现代声学、电子学、计算机、生物学等技术在果品生产和加工中的综合应用，是近 30 年发展形成的新技术。用果品的声学特性进行果品无损检测和分级具有适应性强、检测灵敏度高、对人体无害、使用灵活、设备轻巧、成本低廉、可在野外及水下等各种环境中工作和易实现自动化等优点。国外已有部分学者对果品声学特性应用做了一些基础研究工作，主要有对果品成熟度、硬度和内在品质缺陷等的无损检测。

8. 电磁特性技术

电磁特性技术是利用果品本身在电场和磁场中的电、磁特性参数的变化来反映果品品质，测定果品的综合质量。主要包括涡流、漏磁、磁记忆、微波等多种检测方法，可用于果品的密度、硬度、新鲜度、成熟度等基本物理性质和内在品质的无损检测。

电磁特性技术作为一项无损检测技术具有适应性强、检测灵敏度高、无公害、使用方便、设备简单、成本低廉和自动化程度高等优点，是一项发展迅速的新技术。今后，电磁检测设备将朝着小型化、多功能化、智能化方向发展，并将结合超声检测、涡流三维成像、阵列涡流、磁光涡流及视频等诸多功能，使电磁检测技术在预测应力集中程度与寿命评估方面发挥更大的作用。

9. 计算机视觉技术

计算机视觉技术即机器视觉技术，主要用计算机来模拟人的视觉功能，从客观事物的图像中提取信息，进行处理并加以理解，最终用于实际检测、测量和控制。

机器视觉技术的出现解决了人工方式存在的很多问题，具有广泛的发展潜力。农产品分级分选的传统工作方式是人工肉眼识别，有很大的主观性，长时间的观测容易使人产生疲劳，检测效率低，缺乏客观一致性。随着计算机图像处理技术、机器视觉技术的发展和成熟，农产品分级分选已由人工分级、机械式分级、电子分级发展到机器视觉分级。利用机器视觉技术实现农产品分级分选检测具有实时、客观、无损的优点，因此成为国内外自动化检测领域中研究的热点，并取得了一定的成果。近年来，对农产品检测的研究主要集中在果品（苹果、柑橘、桃子、梨）等农产品。果品在其生产过程中由于受到人为和自然等复杂因素的影响，果品品质差异很大，如形状、大小、色泽等都是变化的，很难整齐划一，故在果品品质检测与分析时要有足够的应变能力来适应情况的变化。机器视觉不仅是人眼的延伸，更重要的是具有人脑的部分功能，其在果品品质检测上的应用正是满足了这些应变的要求。目前，国内外对利用机器视觉进行果品品质检测分级的技术主要针对其外部品质（如大小、颜色、形状、表面缺陷、纹理等）和内部品质（硬度、坚实度、酸度、可溶性固形物等），针对果品病虫害、损伤和综合品质的分级分选研究相对较少。

机器视觉技术在果品品质自动检测与分级领域中的应用越来越具有吸引力。计算机视觉技术可同时利用大小、形状、颜色、表面损伤等参数对果品进行检测分级。

10. 电子鼻技术

电子鼻检测技术是通过气味检测得到的数据与果品各质量指标建立关系，从而能够做到在线检测果品等所散发气味的同时，对产品进行质量判别和成熟度分级。

11. 高光谱图像技术

高光谱成像技术作为新一代的光电无损检测技术，结合了光谱技术和图像技术的主要优势，可以同时获得光谱和空间信息，在果品品质的无损检测方面具有非常大的应用前景。高光谱成像技术可以同时获得果品外部特征、物理结构和化学成分等，作为检测和分析果品质量安全的可靠工具已经得到广泛关注。国内外已经有许多研究利用高光谱成像技术对果品品质无损检测，涉及的果品品质主要包括缺陷、损伤、农药残留、表面污染、病虫害、水分、糖度、酸度、可溶性固形物及硬度等，研究对象大多集中在苹果、梨、番茄、草莓等小型果品。

12. 多传感器信息融合技术

目前，对果品品质的分级检测多限于单一的无损检测方法，得到的信息片面，经常导致等级误判，甚至冲突，无法真正满足果品分级的要求。而果品品质的评价是多方面的，既包括成熟度、坚实度、可溶性固形物等内部品质，又包括大小、形状、色泽、表面缺陷等外部品质。单一检测技术无法满足果品内外部品质同时检测的要求，因此，有必要结合多种无损检测技术的优势实现果品综合品质的评价。如何准确有效地对果品多个特征进行融合是解决果品分级检测问题的难点。采用多传感器信息融合技术能同时获取表征果品品质的多种不同信息，对来自多个传感器的信息进行多方面、多层次、多级别的处理，利用特征提取、模式识别和决策准则等方法得到融合模型，融合多源信息后能够实现更加准确的识别与判断。

四、分级标准

果品分级的标准和要求，依种类和品种而有不同。外销的果品更应严格要求，要符合国际市场的规格。国内的收购与分配应采用统一标准。

1. 品质分级

果品按优劣分级。根据质量划分为"等"。优质品或头等品应具备以下各项条件。

（1）有良好的一致性（包括大小、色彩、形状、成熟度等）。

（2）无任何病虫和机械伤害。

（3）品种真确，名实相符。

（4）成熟适度，质地良好。

凡是在上述各方面有缺陷的，则按照其程度依次降低其等级。

果品的品质分级一般用眼力从外表进行判断，因此必须有丰富的经验，了解各品种的特性，能分辨不同的品种。对于内部质量的好坏，例如受冻害的柑橘类果实，不能用肉眼来检查，需借助于其他方法如比重法（用流水漂浮）或 X 射线透视。为减少因上下翻动而使果实致成损伤的机会，提高选果的工作效率，宜采用适宜的选果装置如选果台、选果运输带等。

2. 大小分级

进行品质分级之后，将属于同一等的果实，再按大小分为不同的级别。大小分级通常以果实的横径为准，果形不整齐的种类亦可用重量来分级。柑橘类、苹果、梨、桃等大型果，每一品种以分为 3～4 级为宜，最多可达 6～7 级，依果体大小而增减。小型而柔软的果实如樱桃、葡萄、草莓等，只需分为 2 级。葡萄的分级系以果穗为单位，但果穗大小和果粒大小均需考虑。

果品的大小分级用肉眼区分，误差较大，需采用器械。简便的分级器械有分级板、量果器等。因其效率太低，不适用于大量果品分级，因此现代果品生产上普遍使用机械化和自动化的分级机。分级机的种类繁多，构造各异，效率高而分级准非人工分级所能比。一切不能入选的果品（包括劣果和小果）均作为废果，另行处理。

3. 分级标准

在国外，果品等级标准分为国际标准、国家标准、协会标准和企业标准。我国把果品等级标准分为 4 级：国家标准、行业标准、地方标准和企业标准。

我国对鲜苹果、鲜梨、鲜柑橘、香蕉、鲜龙眼、核桃、板栗、红枣等都已制定了国家标准。此外，还制定了一些行业标准，如《香蕉等级规格》（NY/T 3193—2018）、《鲜柑橘》（GB/T 12947—2008）、《宽皮柑橘》（NT/T 961—2006）、《柠檬》（GB/T 29370—2012）等。我国果品的分级标准是在果形、新鲜度、颜色、品质、病虫害和机械损伤等方面已符合要求的基础上，根据果实横径最大部分直径分为若干等级。我国鲜苹果的质量等级要求见表 4-1。

表 4-1　鲜苹果质量等级要求

项目	等级		
	优等品	一等品	二等品
果形	具有本品种应有的特征	允许果形有轻微缺点	果形有缺点，但仍保持本品基本特征，不得有畸形果
色泽	具有本品种成熟时应有的色泽		

（续表）

项目	等级		
	优等品	一等品	二等品
果梗	果梗完整（不包括商品化处理造成的果梗缺省）	果梗完整（不包括商品化处理造成的果梗缺省）	允许果梗轻微损伤
果面缺陷	无缺陷	无缺陷	允许下列对果肉无重大伤害的果皮损伤不超过4项
①刺伤（包括破皮划伤）	无	无	无
②碰压伤	无	无	允许轻微碰压伤，总面积不超过1.0cm²，其中最大处面积不得超过0.3cm²，伤处不得变褐，对果肉无明显伤害
③磨伤（枝磨、叶磨）	无	无	允许不严重影响果实外观的磨伤，面积不超过1.0cm²
④日灼	无	无	允许浅褐色或褐色，面积不超过1.0cm²
⑤药害	无	无	允许果皮浅层伤害，总面积不超过1.0cm²
⑥雹伤	无	无	允许果皮愈合良好的轻微雹伤，总面积不超过1.0cm²
⑦裂果	无	无	无
⑧裂纹	无	允许梗洼或萼洼内有微小裂纹	允许有不超出梗洼或萼洼内有微小裂纹
⑨病虫果	无	无	无
⑩虫伤	无	允许不超过2处0.1cm²的虫伤	允许干枯虫伤，总面积不超过1.0cm²
⑪其他小疵点	无	允许不超过5个	允许不超过10个
果锈	各本品种果锈应符合下列限制规定		
①褐色片锈	无	不超出梗洼的轻微锈斑	轻微超出梗洼或萼洼之外的锈斑
②网状浅层锈斑	允许轻微而分离的平滑网状不明显锈痕，总面积不超过果面的1/20	允许平滑网状薄层，总面积不超过果面的1/10	允许轻度粗糙的网状果锈，总面积不超过果面的1/5

（续表）

项目		等级		
		优等品	一等品	二等品
果径(最大横切面直径)(mm)	大型果	70		65
	中小型果	60		55

注：参考《鲜苹果》（GB/T 10651—2008）。

五、分级方法

1. 人工分级

人工分级是最常用的分级方法，有感官分级（目测分级）、选果板分级两种。感官分级是以人的视觉判断作为分级的定性标准，没有分级设备或以比色卡为参考设备，视觉误差大，有很大的人为性和灵活性；选果板分级利用带有不同孔径的选果板进行，是一种将分级标准实物化的分级方法，分级比较规范、严谨，人为性较小，适合于多种球形果实。

2. 机械分级

采用专门的分级机械进行，是先进的分级方法，常与选别、清洗、干燥、打蜡、包装等同时进行。然而，由于产品外形存在一定差别，同时完成多项操作的自动化处理有困难，因此，常采用人工分级与机械分级相结合的方法进行。

目前，分级机械主要有以下3种。

（1）形状分级机。按照产品大小分级，形状分级机有机械式和光电感应式两种。机械式分级机是当产品通过由小逐渐变大的缝隙或筛孔时，小的产品先被分选出来，大的产品后分选出来的一种装置。机械式分级机构造简单，机械故障小，工作效率高，但对产品形状有一定要求，如产品为规则的圆形、球形或粗细均匀的长方形，有时也会出现精度不高以及产品磨损大的问题。光电感应式分级机有多种类型，有的利用产品通过光电系统时的遮光，测量产品外径大小；有的利用红外线扫描、数码摄像拍摄产品照片，用三维图像处理技术计算出产品的面积、直径、弯曲度和高度等外观指标，进行产品分级。光电感应式分级机是一种智能化分级设备，不易为普通操作者掌握。

（2）质量分级机。质量分级机有机械秤式和电子秤式两种。机械秤式分级机是将产品放在固定在传送带上可回转的托盘里，当托盘移动到装有不同质量等级固定秤的分口处时，称重，如果托盘内产品质量达到固定秤设定的质量，托盘翻转，卸下产品，产品进入下面的接收装置；如果产品质量小于第一次遇到的固定秤，托盘随传送带继续前进，直到达到与其质量一致的固定秤并被卸下产品。这种机械秤式分级机虽然精度较高，但不断卸下产品会对其产生伤害。电子秤式分级机的工作原理与机械秤式分级机基本相似，仅将一次只能分选一种质量的固定秤换成了一次可分选多个质量的固定秤，节约了安装在传送带上的电子秤，简化了装置，提高了工作效率。质量分级机仅适合球形产品，如苹果、梨、杏、桃、番茄、西瓜、甜瓜等。

（3）颜色分级机。颜色分级机又称为色选机，已广泛地用在大米的分级中，在果品产品分级上的应用历史不长。色选机的分级原理是利用彩色摄像机和计算机处理 RG（红绿）二色型装置进行分级，是以色泽和成熟度为标准的一种分级。目前，颜色分级机在番茄、柑橘和柿子的分级上有一定的应用。

第五章 北方特色果品的贮藏与保鲜

第一节 果品的贮藏原理

果品的贮藏就是应用一切可行的手段和技术，抑制采后果品的后熟，延迟果品的衰老速度，降低果品的腐烂率，使果品能保持较长的贮藏期（贮运期为采后果实在贮藏环境中保持良好品质所持续的时间）和食用价值。

采收后的果实不能从母株获得养料，新陈代谢中同化作用基本停止，异化分解作用成为主导方面，其中，呼吸作用可作为异化分解作用的标志，一方面在水果的生命活动中提供能量及多种中间代谢产物，参与体内物质的相互转化过程，并参与调节控制体内酶的作用和抵抗病原微生物的侵害，另一方面又不断地在体内氧化分解有机物，致使果实衰老变质。因此，为使果品处于缓慢的、正常的生命活动中，调控呼吸作用就成为贮藏保鲜的关键。而蒸发作用、激素作用、环境因素等又直接或间接地影响呼吸作用的进行。人们可以通过控制各种贮藏条件，利用某些化学方法或物理方法使果实充分发挥其本身的耐藏性和抗病性，尽量延缓果实耐藏性和抗病性的衰降，以延迟果实的衰老速度，减少其腐烂变质率。

第二节 果品的主要保鲜技术

影响水果的贮存期主要是与温度、湿度、氧气浓度及二氧化碳气体成分关系密切。保鲜手段多种多样，依据保鲜机理将水果保鲜技术从物理保鲜技术、化学保鲜技术和生物保鲜技术三方面分别进行论述。

一、物理保鲜技术

1. 低温保鲜

作为决定水果贮藏保鲜周期的重要条件，温度对水果的组织代谢活动、微生物活动等都会产生巨大作用。低温保鲜主要是通过低温抑制微生物的生长繁殖以及降低水果的呼吸作用中需要的酶的活性，从而保持采后水果品质，延缓细胞衰老以及果实腐烂。在不影响水果品质的前提下，贮存水果的温度越低保鲜效果越好，通常水果贮存温度控制在 0~5℃。不同的水果有不同的贮存温度。

2. 气调保鲜

植物细胞的呼吸作用维持其生命活动，降低其周围的氧气含量可以减慢其新陈代谢的运行，从而起到保鲜的效果。气调保鲜依据调节气体方式的不同，可分为被动气调保鲜和主动气调保鲜。

被动气调保鲜是采用具有一定气体透过性的薄膜包装，在建立起预定的调节气体浓度后不再调整。通过水果自身的呼吸消耗氧气产生二氧化碳，从而调节环境中氧气与二氧化碳比例的保鲜方法。二氧化碳可以抑制需氧菌和霉菌的繁殖，氧气能够维持新鲜水果的吸氧代谢作用。水果采摘后过快的有氧呼吸和无氧呼吸都会使水果发生老化或腐烂。氧气的降低可以有效地抑制呼吸作用，过低则容易转为无氧呼吸，加速水果有机质的消耗，无氧呼吸产生的乙醛及乙醇对水果有毒害作用，影响水果品质。

主动气调保鲜是依据水果的最佳贮存条件，通过机械作用，人为地调节气调贮藏环境中的气体成分，从而达到保鲜的目的。气调库需要精确调控不同水果所需的气体组分浓度并严格控制温度和湿度。主动气调保鲜的成本高、技术比较复杂，但是贮藏条件容易控制。通常将气调保鲜与低温相结合，保鲜效果更好。

3. 辐照保鲜

辐照保鲜是采用一定剂量的射线辐射果品，消灭害虫、微生物和病原菌。水果经过辐射处理，有助于延缓果实的后熟，辐射不会破坏外部形状，能够保持果实原有的营养成分以及颜色、味道，具有杀菌、杀虫、防腐的作用。现阶段经常使用的用于辐射源有加速电子、X 射线和 γ-辐射源（^{60}Co），其中以 ^{60}Co 最为常见。

4. 减压保鲜

减压保鲜是将水果置于密闭的室内，抽出大部分空气，降低内部压力，整个系统不断地进行气体交换，以维持贮藏容器内压力的动态恒定和保持一定的湿度环境。减压贮藏具有冷藏和类似气调贮藏的效果，造成一个低氧的环境（氧气的浓度可降到 2%）。减压保鲜通过降低氧气的浓度，抑制果实的呼吸作用及乙烯的生成速度，减缓果实的成熟及衰老。

5. 臭氧保鲜

臭氧既是一种强氧化剂，又是良好的消毒剂和杀菌剂，能抑制甚至消除水果中乙烯的产生，消除异味，氧化新陈代谢产物，诱导水果表皮气孔收缩，降低水果的蒸腾作用。人们利用臭氧的强氧化和杀菌特性，快速分解果品贮藏环境中的乙烯，杀灭贮藏环境中的微生物及其分泌的毒素，以达到延长果蔬保鲜期的目的。利用臭氧发生器产生臭氧的同时，也产生大量的负氧离子，负氧离子有助于抑制果蔬新陈代谢的作用，臭氧与乙烯发生化学反应过程中的中间氧化物还是霉菌等微生物的有效抑制剂，从而达到防腐保鲜目的。

二、化学保鲜技术

化学保鲜就是利用化学药物使水果保持新鲜的状态，是水果保鲜中不可缺少的保鲜技术，价格低廉、操作简便，已广泛应用于葡萄、柑橘、草莓等水果的贮藏中。根据使用方法的不同，可以分为涂膜型保鲜、吸附型保鲜、浸泡型保鲜和熏蒸型保鲜。常用的水果保鲜剂有涂膜保鲜剂、乙烯处理剂、植物生长调节剂以及杀菌防腐保鲜剂。

1. 涂膜保鲜剂

水果采摘后呼吸作用仍在进行，体内还会发生生理代谢，因此限制水果的呼吸作用是保鲜的重要手段。将涂膜剂如糖类、蛋白质、淀粉、多糖类蔗糖酯等通过包裹、浸渍等方式均匀涂覆在水果表面，形成一层高分子薄膜，从而抑制水分蒸发及呼吸作用，减少营养物质的消耗，抑制水果表面微生物的生长繁衍，防止细菌侵袭，改善外观，从而保持食品的新鲜度。

2. 乙烯处理剂

乙烯能够激活水果软化的各种水解和转化酶，加速水果的呼吸作用，促进果实的软化衰老，改变水果的外观、物理性结构、香味物质和营养成分等，从而降低水果的耐藏性，因此抑制乙烯的合成可以延缓水果成熟，起到保鲜的效果。乙烯处理剂通常有两种：一种是使用环丙烯类抑制剂，它能与乙烯受体结合，抑制果实的成熟和衰老；另一种是乙烯吸收剂。

乙烯生物合成抑制剂有 1-MCP（1-甲基环丙烯）、氨基乙氧基甘氨酸（AVG）、氨基氧乙羧酸（AOA）等。1-MCP 是一种环丙烯类化合物。当植物进入成熟期时，大量的乙烯产生，与细胞内的相关受体结合，激活一系列的生理生化反应，加速果实的成熟、老化。而由于 1-MCP 的结构与乙烯类似，因此可以与乙烯受体竞争性的结合，减缓了果实的成熟与衰老。

3. 植物生长调节剂

使用植物生长调节剂提高水果内的激素含量或降低抑制型激素含量，从而起到水果保鲜的效果。根据生理功能的不同，可分为植物生长促进剂、植物生长抑制剂和植物生长延缓剂。植物生长促进剂如 2,4-D、6-BA、保甲灵、吲哚乙酸、萘乙酸等，可以抑制水果的后熟。植物生长抑制剂有水杨酸，其可以延缓如苹果、猕猴桃的后熟。人工合成的植物生长抑制剂主要用于采后抑芽上。植物生长延缓剂如 B_9，能抑制内源赤霉素和生长素的合成，从而延缓水果的保鲜时间，但是有研究称其有致癌风险，因此许多国家限定在食用作物上使用。

三、生物技术保鲜

生物技术保鲜是从动物、植物、微生物中提取出来的或利用生物工程技术改造发酵而获得的绿色、天然、安全的防腐保鲜方法，能够有效抑制有害菌的繁殖。常见的保鲜手段主要有生物拮抗菌、遗传工程保鲜。

生物拮抗菌保鲜：生物拮抗菌保鲜原理是微生物种群产生抗生素、细菌素和溶菌酶等抗菌物质，这些物质与水果中病原菌互相排斥，能够抑制水果病原菌对水果的腐败作用。

遗传工程保鲜：遗传工程保鲜是通过抑制产生乙烯的基因，减慢乙烯产生的速度，从而延缓果实的成熟。以 ACC 合成酶、ACC 氧化酶等酶的基因为切入点减少内源性乙烯的生成，并通过对多聚半乳糖醛酸酶进行操作而实现延缓水果后熟软化。美国科学家用植物细胞壁中的一种天然糖——半乳糖注射尚未成熟的番茄，使其产生连锁反应，生成催熟激素，促使番茄成熟，并不破坏番茄品质和味道，可大幅度降低番茄在收获、运输、销售和贮存时的损耗，使番茄长期保鲜。

四、水果保鲜技术的展望

将几种保鲜方法联合起来，或将保鲜剂与保鲜方法结合使用是目前水果保鲜的有效手段。交替或混合使用也可以解决由于长期使用某种药剂而出现的抗药性问题。据报道，马来西亚的某公司研发出一种可以延长水果保鲜的贴纸，只要将一小片贴纸贴在水果表面上，就可以将水果的保鲜期延长14d，同时确保水果果肉紧实而多汁。贴纸内含有氯化钠及蜂蜡，可有效去除水果内的乙烯，从而延长水果的成熟过程，同时又可以防止果实上霉菌的生长，这款贴纸适用于大多数水果。相信随着科技的发展，更多方便、高效的新技术会不断涌现，现代化食品保鲜剂将向着安全、环保、无害的新型保鲜技术发展，水果保鲜技术的应用也将有更加广阔的前景。

第三节 北方特色果品贮藏与保鲜技术

一、苹果

苹果属温带水果，主要在我国北方栽培，果肉清脆香甜，富含矿物质和维生素，为人们最常食用的一种果品。全国分为四大优势区：渤海湾苹果产区、西北黄土高原苹果产区、黄河故道苹果产区和西南高地苹果产区。

1. 贮藏特性

苹果属于仁果类果品，较耐贮藏，但受品种、产地、栽培技术、气候条件、采收成熟度等因素的影响，贮藏特性差异较大。按果实的成熟期可分为早熟品种、中熟品种和晚熟品种，各品种之间由遗传性所决定的贮藏特性和商品性存在显著差异。

苹果耐贮藏性顺序为：晚熟品种>中熟品种>早熟品种。早熟品种（6—7月成熟），由于生长期短，果肉组织不够致密，采后呼吸作用旺盛，果实内养分消耗速度快，后熟衰老变化快，所以一般只进行周转贮藏。中熟品种（8—9月成熟），硬度较早熟品种高，在贮藏过程中易后熟发绵，一般作为中、短期贮藏，辅以机械冷藏库和气调贮藏技术可贮藏至翌年1—3月。晚熟品种（10月以后成熟），生长周期长，干物质积累丰富，质地致密，保护组织发育良好，呼吸代谢低，乙烯积累晚且含量低，故其耐藏性和抗病性都较强，在适宜的低温条件下，贮藏期可达8个月以上，并保持良好的品质。

苹果属于典型的呼吸跃变型果实，成熟时乙烯含量高，呼吸高峰时一般可达到 $200\sim800\mu L/L$，导致贮藏环境中有较多的乙烯积累。一般采用通风换气或者脱除技术降低贮藏环境中的乙烯。在贮藏过程中，通过降温和调节气体成分，可推迟呼吸跃变的发生，延长贮藏期。

贮藏过程中不同品种易出现不同的问题，金冠苹果果皮易失水皱缩，应注意相对湿度的保持；红富士苹果易遭受高 CO_2 伤害，采用气调或塑料薄膜小包装简易气调贮藏时要谨防 CO_2 伤害。苹果贮藏过程中最主要的病原性病害是由青霉菌和绿霉菌引起的青霉病和绿霉病，轮纹病也是贮藏期间较常见的病害。生理病害主要是低 O_2 和高 CO_2 伤害以及贮藏后期发生的虎皮病。

2. 贮藏条件

（1）温度。大多数苹果品种的适宜贮藏温度为-1~0℃，而一些对低温比较敏感的品种，如红玉，在0℃贮藏时易发生生理失调现象，故红玉苹果的适宜贮藏温度为2~4℃。苹果的气调贮藏温度应较冷藏温度高0.5~1℃，有助于缓解气体伤害。

（2）相对湿度。苹果失水不仅影响外观，而且促使酶的活性增强，加快果实的衰老速度，降低果品质。苹果适宜的相对湿度为85%~95%，对于果皮较薄的果实，采用塑料薄膜进行包装，防止因相对湿度较小而产生皱皮收缩现象。

（3）气体。贮藏环境中的O_2、CO_2和C_2H_4的含量对于苹果的贮藏效果有显著影响。对于大多数苹果品种而言，2%~5%的O_2和3%~5%的CO_2是比较适宜的气体组合，个别品种如红富士对CO_2十分敏感，贮藏时要将CO_2的浓度控制在1%以下。C_2H_4浓度控制在10μL/L以下。

3. 主要贮藏方法及管理

（1）通风库贮藏。通风库的隔热保温条件较好，具有灵活的通风换气系统，可基本保持库内稳定和适宜的贮藏温度，是商业上应用最广泛的苹果贮藏方式之一。由于通风库贮藏前期温度偏高，中期又较低，一般也只适宜贮藏晚熟品种的苹果。

果实入库前要对库房进行清扫和保温消毒。库房消毒方法为：将10g/m³硫黄与锯末混合后点燃，使其产生SO_2，密封2d后打开通风，或者使用福尔马林（含甲醛40%）消毒液，3kg/m²喷施地面及墙壁，密封24h后通风换气（消毒液比例，一份福尔马林加40份水）。入库时需要分品种、分等级码垛堆放，堆码时，垛底要垫放枕木（或条石），垛底离地10~20cm，在各层筐或几层纸箱间应用木板、竹篱笆等衬垫，以减轻垛底压力，便于码成高垛，防止倒垛。码垛要牢固整齐，码垛不宜太大，为便于通风，一般垛与墙、垛与垛之间应留出30cm左右空隙，垛顶距库顶50cm以上，垛距门和通风口（道）1.5m以上，以利通风、防冻。

贮期主要管理是根据库内外温差来通风排热。贮藏前期，多利用夜间低温进行通风降温。也可在通风口加装轴流风机，并安装温度自动调控装置，以自动调节库温，尽量符合其贮藏要求。贮藏中期，减少通风，库内应在垛顶、四周适当覆盖，以免受冻。通风库贮藏中期果实易遭受冻害。贮藏后期，库温会逐步回升，需要每天观测记录库内温度、湿度，并经常检查苹果质量，检测果实硬度、糖度、自然损耗和病、烂情况。出库顺序最好是先进的先出。

（2）冷库贮藏法。大多数中晚熟品种的果实的适宜冷藏温度为−1～0℃，相对湿度90%左右。果实入库前要对库房进行清扫、晾晒和保温消毒。库房消毒方法同通风库贮藏方法。

贮藏时最好单品种单库贮藏。采后经分级、装箱、预冷，入库温度−1～0℃。码垛应注意留有空隙。尽量利用托盘、叉车堆码，以利于堆高，增加库容量，一般库内可利用堆码面积70%左右。

冷库贮藏管理主要也是加强温度与湿度调控。一般在库内中部、冷风柜附近和远离冷风柜一端挂置1/5分度值的棒状水银温度表，挂一支毛发温湿表，每天最少观测并记录3次温度、湿度。通过制冷系统经常供液、通风循环，调控库温上下幅度不超过1℃，安装电脑遥测，自动记录库内温度，指导制冷系统及时调节库内温度，力求稳定适宜。冷库贮藏苹果，往往相对湿度偏低，所以应注意及时人工喷水加湿，保持相对湿度在90%～95%。冷库贮藏元帅系苹果可到春节，金冠苹果可到3—4月，国光、青香蕉、红富士等可到4—5月，仍较新鲜。但若想保持其色泽和硬度，最好是利用聚氯乙烯透气薄膜袋来衬箱装果，并加防腐药物，有利于延迟后熟、保持鲜度、防止腐烂。

（3）气调贮藏。气调贮藏适合于中熟品种，如金冠、红星、红玉等，其控制后熟效果十分明显，国际和国内的气调库基本上都用于贮藏金冠苹果。气调冷藏比普通冷藏能延长贮期约一倍时间。可贮至翌年的6—7月，果品质量仍新鲜如初。可供远距离运输，调节淡季，并供出口。

有条件的地方可建立气调库，安装气调机整库气调贮藏苹果，也可在普通冷库内安装碳分子筛气调机来设置塑料大帐罩封苹果，调节其内部气体成分，塑料大帐可用0.16mm左右厚的聚乙烯或无毒聚氯乙烯薄膜加工热合成，一般帐宽1.2～1.4m，长4～5m，高3～4m，每帐可贮苹果5～10t。还可在塑料大帐上开设硅橡胶薄膜窗，自动调节帐内的气体成分。一般帐贮每吨苹果需开设硅窗面积0.4～0.5m²。因塑料大帐内湿度大，不能贮藏用纸箱包装的苹果，只能贮藏木箱或塑料箱包装的苹果，以免纸箱受潮倒垛。气调贮藏的苹果要求采收后2～3d内完成入贮封帐工作，并及时调节帐内气体成分，使O_2降至5%以下，以降低其呼吸强度，控制其后熟过程。一般气调贮藏苹果，温度在0～1℃，相对湿度95%以上，调控O_2在2%～4%，CO_2 3%～5%。气调贮藏苹果应整库（帐）贮藏，整库（帐）出货，中间不能随便开库（帐）检查，一旦解除气调状态，即应尽快调运上市供应。

塑料小包装气调贮藏技术多用 0.04～0.06mm 厚的聚乙烯或无毒聚氯乙烯薄膜密封包装，一般制成装量 20kg 左右的薄膜袋，衬筐、衬箱装。果实采收后，就地分级，树下入袋封闭，及时入库，最好是冷库贮藏。在贮藏过程中，如果出现氧含量过低或二氧化碳含量过高时，应敞开袋口换气。

在没有冷藏条件的情况下，还可以利用通风库或一般贮藏所，采用塑料大帐封贮金冠、红星等苹果，在温度不超过 15℃ 条件下，贮藏初期采用 12%～16% 较高含量的二氧化碳、2%～4% 较低含量的氧做短时间处理，以后随温度的降低，逐渐调控至低氧、低二氧化碳气调贮藏，可以利用入贮初期的高二氧化碳抑制后熟褪绿，起到直接进入低温冷藏的效果。

（4）其他贮藏与保鲜技术。常用的苹果保鲜方法还有：利用臭氧、1-甲基环丙烯对果实进行处理，保持果实硬度，抑制呼吸强度、乙烯的释放，较长时间的维持果实品质，延长贮藏时间；纳米级保鲜材料具有稳定的透气性、可有效调节包装内湿度、防霉等一些独特的功能，已逐渐被引入到食品贮藏保鲜领域。微生物保鲜是利用某些微生物菌体能够在被保鲜物表面形成一层非常致密、可隔离空气的膜，能够延缓氧化作用；抑制有害微生物的生长，甚至将其杀死，从而达到苹果保鲜的目的。

4. 物流保鲜技术要点

我国是世界上最大的苹果生产国和消费国，苹果种植面积和产量均占世界总量的 40% 以上，在世界苹果产业中占有重要地位。远销和内销都需要进行保鲜运输。主要操作要点有以下 7 种。

（1）采收。采收期要依据品种特性、当年气候状况、贮藏期确定。采收过早，色泽、风味等品质特性不显著，影响贮藏效果，同时容易发生病害；采收过晚，会影响其耐藏性和抗病性，达不到贮藏目的。

（2）分选。目前国内的苹果分选主要是在果形、新鲜度、颜色、品质、病虫害和机械伤等方面进行人工筛选，在已符合要求的基础上，再按大小进行分级，即根据果实横径最大部分直径，分为若干等级。

（3）打蜡。在果实表面涂一层薄而均匀的果蜡，用以保护果面，抑制呼吸，减少营养消耗和水分蒸发，延迟和防止皱皮、萎蔫，抵御致病微生物侵袭，防止腐烂变质，从而改善苹果商品性状。更重要的是增进果面色泽，提高商品价值。

（4）包装。苹果果实在运输中通常采用纸箱包装，为了避免车厢底部和下层的果箱受压变形，所使用的纸箱必须是内外木浆纸的优质瓦楞纸箱。纸箱有 7kg、8kg、9kg、12.5kg、15kg、20kg 等各种规格，相应地配备有同等规格的纸板衬垫和隔挡，市场上也有用泡沫塑料托盘代替纸板包装。

（5）运输。出口运输一般用冷藏货柜，整个货柜一般直接运送到产地加工厂或是冷库装货，国内运输一般采用普通汽车运输，而机械伤是运输中最容易产生的问题。运输工具必须清洁卫生，无异味。不得与有毒有害物品混运。

（6）预冷与贮藏。若产地的外界温度在10℃以下时，鲜销的果实不需要预冷，可直接进行运输销售。若产地外界温度高于10℃，果实采收后要及时送入冷库预冷至0℃，以保证产品质量。

（7）销售。一般的产品会在销售地进行10d左右的短期贮藏，以保证产品的供应，经营方式也从大宗的模式批发转向经营者个体建立销售中心的模式。

二、梨

梨，落叶乔木或灌木，属于被子植物门双子叶植物纲蔷薇科苹果亚科。果实形状有圆形的，也有基部较细、尾部较粗的，即俗称的"梨形"；不同品种的果皮颜色大相径庭，有黄色、绿色、黄中带绿、绿中带黄、黄褐色等。在我国有"百果之宗"的称谓，分布广，栽培数量大，产区遍及全国各地，尤其在我国北方，种质资源丰富，优良品种繁多。

1. 贮藏特性

作为经济栽培的有白梨、秋子梨、沙梨和西洋梨四大系统，各系统及其品种的商品性状和耐藏性差异显著。

白梨系统主要分布在华北和西北地区，果实多为近卵形，果柄长，果皮黄绿色，皮上果点细密，肉质脆嫩，汁多渣少，采后即可食用，均具有商品性状好、耐贮运的特点，因而成为我国梨树栽培和贮运营销的主要品系；秋子梨系统大多不耐贮藏；沙梨系统各品种的耐藏性较差，采后即上市销售或者只进行短期贮藏；西洋梨系统一般具有品质好但不耐贮藏的特点，因而通常采后就上市。梨属于呼吸跃变型果实。果实成熟时乙烯释放量大，同时对外源乙烯较为敏感，不能和释放乙烯较多的果品同库贮藏。

根据果实成熟后的肉质硬度，可将梨分为硬肉梨和软肉梨两大类。白梨和沙梨系统成熟后的肉质硬度大，属硬肉梨；秋子梨和西洋梨系统属软梨。一般来说，硬肉梨较软肉梨耐贮藏，但对CO_2的敏感性强，气调贮藏时易发生CO_2伤害。

2. 贮藏条件

（1）温度。大多数品种梨的最适贮藏温度为 0~3℃，越接近冰点温度（梨的冰点温度为-2.1℃），贮藏效果越好。

（2）湿度。梨果皮薄，表面蜡质少，并且皮孔非常发达，贮藏中易失水萎蔫。在低温条件下的适宜相对湿度是 90%~95%，在常温下，空气湿度可相对降低，通常保持在 85%~90%。

（3）气体。低 O_2 浓度（2%~3%）几乎对所有品种的梨都具有抑制成熟衰老的作用。但是不同品种对 CO_2 浓度的要求却各不相同，除少数品种能适应较高的 CO_2 浓度（2%~5%）外，大多数品种对 CO_2 比较敏感，当环境中的 CO_2 浓度高于1%时，鸭梨会出现果心褐变现象，影响果实品质。因此，贮藏时要根据果实的品种决定贮藏环境中的各种气体含量。梨中有一些品种对贮藏环境中的二氧化碳和氧含量极为敏感，不适合气调贮藏。

3. 主要贮藏方法及管理

（1）冷库贮藏。冷库贮藏也称机械冷藏。果实入贮前要对库房进行清扫、消毒，可每平方米库容熏蒸硫黄 5~8g，并关闭库门 24h，也可用 1% 的甲醛喷淋消毒，所有包装、运载工具也要同时进行消毒。消毒后通风，直到无异味。入库前一周开机，将库内温度稳定在 0℃ 左右。

果实入库前要对梨果进行质量、数量统计抽查，防止腐烂、霉变的果实进入库内。入库后果箱要按品种、等级堆垛，并保持垛形整齐。垛与垛之间要留有 0.5m 的空间，箱或筐之间要留有 1~2cm 的空隙，不要紧贴。堆垛要离墙面 20cm，低于库内通风管 0.5m，垛底要垫 15cm 高的木料，还要留有 1.2m 宽的通道。果实入贮前需要进行预冷处理，晚熟品种入贮前可在露天放置一夜，第二天清晨入库。当入库果量多时，要将果实放在预冷间预冷，或将果箱单层摆放在库内，待果温降到 10℃ 时再行堆垛。每天入库量为设计量的 1/10~1/8，入满库后要在 2d 内使库温降到规定温度。正常贮存时，库内温度变化不应超过 1℃，要尽量减少库门的开关次数，防止门旁的果垛温度波动过频，而靠近冷风机处要用帆布或草帘覆盖，防止果实发生冷害、冻害。一旦库内发现异味，如梨的香气时，要及时在夜间进行通风。

梨果冷库贮藏一般采用塑料膜包装袋包装，袋内相对湿度可达 90% 以上，因此不会产生干耗。如采用普通纸包装，为避免果实干耗，则须通过向地面洒水、蒸气发生器喷蒸或门口加挂湿帘等方法，控制库内相对湿度保持在 90% 以上。梨的品种不同，冷藏的适宜温湿度有差异。如鸭梨，冷库贮藏要求相对湿度保持在90%以上，降温要分段进行，即果温降到10℃并稳定3d后，每隔3d再降温1℃，降到4℃后每2d降1℃，直至降到0.5℃，温度不能低于0℃，否则，梨黑心严重。雪花梨，冷藏最佳温度0~1℃，相对湿度要求90%~95%。秋白梨，适宜贮藏温度为0℃，相对湿度90%以上。酥梨，最佳贮藏温度为1~5℃，不得低于0℃，相对湿度90%。巴梨，最佳冷藏温度为0℃，相对湿度90%~95%。

（2）气调贮藏。气调贮藏可以推迟梨果肉、果心的变褐，推迟褪绿，保持梨的脆性和风味。气调贮藏除了可采用大帐和塑料袋小包装的简易气调贮藏外，还可利用气调库、气调机进行贮藏。其气调贮藏方法与苹果相似，不同之处是必须严格控制二氧化碳浓度，使二氧化碳浓度控制到最低的程度。梨的气调贮藏可采用2%~3%氧和1%以下的二氧化碳。但要预防二氧化碳的累积，否则会导致果肉或果心褐变。

（3）塑料薄膜袋自发气调贮藏。品种要求：丰水、圆黄、阿巴特等对二氧化碳有一定忍耐力，可采用厚度≤0.03mm专用PE或PVC保鲜袋扎口贮藏。使用方法及管理：果实采后带袋或发泡网套包装直接装入内衬薄膜袋的纸箱或塑料周转箱，每袋不超过10kg，敞开袋口入库预冷，待果实温度降至0℃后扎口，−1~0℃环境下贮藏。贮藏过程中，袋内二氧化碳浓度应<3%。

（4）1-甲基环丙烯（1-MCP）辅助保鲜。使用浓度：丰水、圆黄等二氧化碳不敏感品种采用1μL/L；黄金、鸭梨、八月红等二氧化碳敏感品种，则采用0.5μL/L。使用方法：密封性较好的库房或塑料大帐内密封熏蒸处理12~24h，之后在0~1℃条件下贮藏。

4. 物流保鲜技术要点

以玉露香梨为例，介绍梨的物流保鲜技术。

（1）采收。贮藏果应适期采收，遵循晚采先销、短贮，早采晚销、长贮的原则。采前两周内梨园应停止灌水，选择晴天气温凉爽时分期分批采收，采收时操作人员应剪短指甲、戴手套操作，轻采、轻放、轻装、轻卸。采收后及时套网套并立即入冷库，待运的果实应放在阴凉处。发育异常的果实、初果期树的果实、施肥比例不当尤其是施氮肥过多的树的果实、树冠内膛的果实，耐藏性较差，不宜进行长期贮藏。适宜采收成熟度指标见表5-1。

表5-1　用于不同贮藏期限的玉露香梨适宜采收成熟度指标

指标	短期贮藏	中、长期贮藏
果肉硬度（kg/cm^2）	3.5~4.0	≥4.0
可溶性固形物含量（%）	≥12.5	≥12.0
果实生长发育期（d）	140~150	135~140

（2）分选。应选择品质新鲜，色泽呈浅绿色，果形端正，无机械伤，无病虫害的梨果。分级依据我国 2008 年颁布的《鲜梨》（GB/T 10650—2008），该标准包括质量等级要求、理化指标和卫生指标 3 个方面。

（3）包装。果实单果外套高密度发泡网套，发泡网套规格为 1.3~1.4g，24 目。包装容器采用纸箱、塑料箱等进行分层分隔包装，应坚实、牢固、干燥、清洁卫生，无不良气味，对产品应具充分的保护性能。内外包装材料及制备标记所用的印色与胶水应无毒性。纸箱不得有受潮、离层现象。

（4）入库与码垛。入库时按采期、等级分开码垛，垛底垫木（石）高度 0.10~0.15m，果箱码垛注意层排整齐稳固，货垛排列方式、走向及垛间隙应与库内冷风机出风方向一致。库内堆码应距墙 0.20~0.30m；距冷风机不少于 1.50m；距顶 0.50~0.60m；垛间距离 0.30~0.50m；库内通道宽 1.20~1.80m。堆码密度按库间容积计算，不应超过 250kg/m^3。入满库后应及时填写货位标签和平面货位图。

（5）贮藏。玉露香梨贮藏可选择冷藏库贮藏、气调库贮藏、其他辅助保鲜措施。冷藏库贮藏的适宜温度为 -1~2℃，其中短期贮为 0~2℃，中、长期贮藏为 -1~0℃，库温波动<±1℃。库房和包装箱内果实温度以不同测温点的平均值来表示，误差 ≤±0.5℃。库内相对湿度应保持在 90%~95%。相对湿度测量仪器误差应 ≤5%，测点的选择与测温点一致。在库门相对方向一侧安装换气扇。入贮初期，在清晨气温最低时进行通风，2~3d 通风一次，根据库房大小确定通风时间，时间在 10~30min，库温稳定后，可延长通风间隔时间。气调库贮藏：气调贮藏温度为（0 ±0.5）℃。管理同冷藏库贮藏，库内相对湿度应保持在 90%~95%。相对湿度测量仪器误差应 ≤5%，果实适宜气调冷藏氧气气体组分为 3%~5%、二氧化碳气体组分 2%~3%。其他辅助保鲜措施，塑料薄膜袋自发气调贮藏：果实采后带袋或发泡网套包装直接装入内衬薄膜袋的纸箱或塑料周转箱，敞开袋口入库预冷，待果实温度降至 0℃后扎口，-1~0℃ 环境下贮藏。所用内衬薄膜袋厚度为 0.02~

0.03mm PE 保鲜袋，每袋果实重量不宜超过 10kg。1-甲基环丙烯（1-MCP）辅助保鲜：把称好的 1-MCP 粉末放入可以密封的小瓶中，再按 1∶16 的比例加入约 40℃ 的温水，然后立即拧紧瓶盖，充分摇匀。用 0.10mm 厚的 PVC 薄膜制作成塑料帐，把需处理的果实放在塑料帐内，除留有一个操作孔外，其他部分先密封好，再把上述配制好的药剂放入塑料帐内，打开瓶盖，然后尽快将塑料帐封闭，让气体迅速从瓶中释放到密封的塑料帐内。密封熏蒸处理 12~24h，熏蒸温度 0~20℃，之后在 0~1℃ 条件下贮藏。

（6）出库。气调库贮藏结束时，打开库门，开动风机 1~2 h，待氧气浓度达到 18% 以上时，方可入库操作。应轻装轻卸，快装快运，平稳行车，减少颠簸和剧烈振动。果实应套加厚网套，带袋或包纸，箱内宜采用瓦楞纸板分层分格包装，箱与箱应码实，以防相互磕碰。宜采用 0~5℃ 冷链运输。

三、桃

桃，蔷薇科桃属植物，果实近球形，表面有茸毛，果肉有白色和黄色的。桃的品种及贮藏特性按生态条件、用途和形态特征可分为北方桃、南方桃、黄肉桃、蟠桃和油桃 5 个品种群。北方品种群肉质较韧而致密，汁液较少，较耐贮运，南方品种群耐藏性比北方品种群差。

1. 贮藏特性

根据成熟期的早晚，可将桃分为极早熟品种、早熟品种、中熟品种、晚熟品种和极晚熟品种。桃属于呼吸跃变型果实，跃变峰出现越早越不耐贮。研究中发现，在常温下第一次呼吸跃变前后，果实一直保持较高的硬度和良好的风味，随着第一次呼吸高峰期的结束，果实硬度开始下降，完全软化之前出现第二次呼吸跃变，随后果实风味丧失，果肉组织崩溃，果皮皱缩，腐烂。

贮藏期限：冷藏方式贮藏期限 10~20d；自发气调（MA）方式贮藏期限 20~30d；气调（CA）贮藏或大帐气调贮藏方式贮藏期限 30~50d。早熟品种宜短期贮藏，晚熟品种一般可长期贮藏；贮藏期限应以保证果实品质为前提。

2. 贮藏条件

（1）温度。温度对桃的生理代谢有很大的影响，一般最适贮藏温度为 0~3℃。不同的品种对低温的敏感性不同，有些桃，如大久保、北京 33 等对低温比较敏感，在贮藏过程中易发生冷害，有些桃在 4~7℃ 下比在

0℃下更易发生冷害，而京玉、燕红桃等在0℃下连续贮藏60~90d，未发生冷害。

（2）湿度。桃果实极易失水皱缩，因此对贮藏环境的湿度要求较高，相对湿度应达到90%~95%。并且结合有效的包装措施，控制水分损耗。

（3）气体成分。降低贮藏环境的氧气含量，提高二氧化碳的含量，有利于保持桃的品质，延长贮藏期。一般认为桃对低氧的忍耐力比对二氧化碳的忍耐力高，如大久保和燕红桃在低温条件下，控制气体成分为 O_2 1%~3%、CO_2 3%~8%，贮藏60d以上未发生伤害症状。目前商业上推荐的气调贮藏条件为0℃、1%~2%的 O_2、5%的 CO_2，在此条件下贮藏期可比普通冷藏增加一倍。

3. 主要贮藏方法及管理

桃果实一般采用快运快销的策略，只进行短期贮藏。

（1）常温贮藏。桃在贮藏期间，常常因为褐腐病而引起腐烂变质。在贮藏前，通常采用化学保鲜剂或者天然保鲜剂浸果、涂布或者缓释，延长贮藏保鲜期。

①植物生长调节剂和化学保鲜剂。在桃采后对果实施用植物生长调节剂赤霉素（ GA_3 ）、2,4-D、多效唑等，也可以用质量分数为0.1%的苯菌灵悬浮液在40℃的温度条件下浸泡25min，或用多菌灵、甲基硫菌灵等化学保鲜剂来降低果实腐烂率。

②蜡型被膜。目前，蜡型被膜的商业应用非常广泛。1.0%壳聚糖涂膜处理桃果后，在4℃的条件下贮藏；可降低桃果褐腐病的发生，同时可抑制桃贮藏期间的呼吸强度，延长桃的货架期。

③乙烯吸附剂。在常温下将水蜜桃放入含有保鲜剂的纸箱中，保鲜剂可吸附乙烯，延长水蜜桃后熟期。通常用的保鲜剂有：HCF保鲜剂、ClO_2（二氧化氯）、1-MCP（1-甲苯环丙烯）、BTH（苯并噻二唑）。

④钙处理。果肉中的钙既能稳定果实细胞膜和细胞壁结构，也参与果实成熟衰老过程中的代谢调节，所以适当浓度的外源钙可以抑制果实呼吸作用，推迟桃果实的成熟和衰老，提高果实的贮藏性。通常采用3% $CaCl_2$ 浸果，可降低果实褐变和腐烂率。

（2）冷库贮藏。果实入库前，库房应进行消毒和预冷，消毒方式同苹果贮藏，预冷温度为4℃。集中入库时，每天入库量不超过库容的25%~30%，果箱的码放形式同苹果。贮藏温度为0~3℃，入库后应迅速降至贮藏温度。贮藏的适宜相对湿度为85%~90%，贮藏期间如相对湿度不足，可采用地面喷水给予补偿；湿度过高可采取通风换气的方法加以控制。

贮藏的桃果实能基本保持其固有的风味和新鲜度，果实不会有明显的失水现象，贮藏期可达2~5周。

国外将0℃贮藏的桃，每隔2周升温至18~20℃，保持2d，再转入低温贮藏，如此反复进行。另一种较为简单的方法是，每隔10d将产品从库中取出，于常温（26~28℃）下，放置24~36h，再放回冷库中，期间将腐烂的果实剔除，防止腐烂蔓延，称为间歇升温冷库贮藏。

（3）气调贮藏。国外推荐采用0℃、1% O_2 加5% CO_2 的条件贮藏油桃，贮藏期可达45d，比普通冷藏延长1倍。通常采用桃保鲜袋，加气调保鲜剂进行简易气调贮藏（MA）。具体做法为：桃采收预冷后装入冷藏专用保鲜袋，附加气调。扎紧袋口，袋内气体成分保持在 O_2 0.8%~2%、CO_2 3%~8%，大久保、燕红、中秋分别可贮藏40d、55~60d、60~70d，果实仍保持正常的后熟能力和商品品质。

（4）减压贮藏。利用真空泵抽出库内空气，将库内气压控制在-100Pa以下，并配置低温和高湿的环境，再利用低压空气进行循环，桃果实就不断地得到新鲜、潮湿、低压、低氧的空气，一般每小时通风4次，就能够去除果实的田间热、呼吸热及代谢产生的乙烯、二氧化碳、乙醛、乙醇等，使果实长期处于最佳休眠状态，这不仅使果实中的水分得到保存，而且使维生素、有机酸和叶绿素等营养物质也降低了损耗，同时贮藏期比一般冷库延长了3倍，产品保鲜指数大大提高，出库后货架期也明显延长。

4. 物流保鲜技术要点

基本流程为：适时采收→采后处理及分级→防腐保鲜处理→包装预冷→堆垛贮藏→运输→后熟→销售。

（1）采收。用于贮藏和运输的桃果应在果实生长充分、基本呈现本品种固有的色香味且肉质尚紧密时采收，即桃的果实达到七八成熟时采收，此时，果皮由绿转向该品种特有颜色，表面有一层果粉，果肉应较硬实。采收时要带果柄，减少病菌入侵机会。果实成熟度不一致时要分批进行采收。采收在晴天气温较低时或阴天进行，避开雨天、露（雨）水未干和高温时段。应人工采摘，果柄处果皮完好，避免机械损伤。采收后的桃果实宜当天就地或就近尽快分选、预冷，未及时运输的桃果实应摆放在树阴下或其他阴凉通风处，避免日晒或雨淋。采收后运输的包装宜采用木箱或塑料周转箱，运输过程中注意轻搬轻运，避免磕碰损伤。

（2）采后处理及分级。采收后的桃果，经过分选，剔除病虫害果、机械伤果、过熟果和成熟度低的果实，然后按果实大小分级，一般分三个级别。中型桃一级果每千克 8 个以内，二级果每千克 10~14 个，三级果每千克 14 个以上；大型桃每级减 2 个。有些名优产品设优级产品，每个桃质量必须在 0.3kg 以上，有色泽的桃必须要有一定的着色度。选果方式，用于鲜食桃需用人工挑选，用于加工的桃可用自动分级机进行分级。

（3）防腐保鲜处理。桃在贮藏过程中易发生褐腐病、软腐病、绿霉病，可用仲丁胺系列防腐保鲜剂杀灭。常用的有克霉唑 15 倍液（洗果）、100~200mg/L 的苯菌灵和 450~900mg/L 的二氯硝基苯胶混合液（浸果）。采收后也可进行热处理，杀死病原菌孢子和阻止初期侵染的发展，在 52~53.8℃ 的热水中浸泡 2~2.5min。

（4）包装预冷。桃在贮运过程中易受机械损伤，尤其是成熟后的桃柔软多汁，不耐压，因此，包装容器不宜过大，一般装 5~10kg 为宜。采用瓦楞纸箱包装，箱内加纸隔板或塑料托盘。若用木箱或竹筐装，箱内要衬包装纸，每个果要用软纸单果包装，避免果实摩擦挤伤。包装材料应符合《食品包装用纸与塑料复合膜、袋》（GB/T 30768—2014）相关规定。

桃果采收后果温很高，在贮运前先进行预冷，抑制后熟软化，腐烂。一般采用冷风冷却和水冷却两种方法预冷。

（5）堆垛贮藏。垛的走向、排列方式应与库内空气循环方向一致，垛底加厚度为 10~20cm 的垫层（如叉车托盘等）。垛与垛间、垛与墙壁间应留有 40~60cm 间隙，码垛高度应低于蒸发器的冷风出口不少于 60cm。应避免靠近蒸发器和冷风出口的部位的果实发生冻害，必要时可遮盖防冻。每垛应标明品种、产地、采收及入库时间、质量等级等。

（6）运输。运输工具必须清洁卫生，无异味。不得与有毒有害物品混运。装卸时必须轻装轻卸。待运时，必须批次分明、堆码整齐、环境清洁，通风良好。桃对运输中的振动、挤压、碰撞的忍耐力很低，越位于包装上层的桃果的忍耐力越差，受到的损伤越多，因此桃果运输时不能堆叠多层。同时运输时要做好防震工作。

贮藏前运输：采收后直接上市销售的，可在分选、包装后直接运输，近距离（500km 以内）的可采用常温运输，运输期间应保持通风，且做好覆盖以防失水。中远距离（500km 以上）运输的，宜在运输前进行预冷（预冷至 8℃），然后进行保温运输或冷藏车低温（0~3℃）运输。贮藏后运输：经冷藏或气调贮藏后出库的果实，近距离运输可采用保温运输，中远距离运输销售的宜采用冷藏车低温（0~3℃）运输。

（7）后熟。贮藏的桃在销售或加工前，需将果实从贮藏库内取出，转入温度较高的室内进行后熟，一般后熟温度为 18~25℃，后熟时间 3~4d。

（8）销售。常温货架上，桃果的货架期很短，一般为 2d 至一周，因此桃果后熟后要尽快售出。

5. 不同品种桃果实成熟期特征（表 5-2）

表 5-2　不同品种桃果实成熟期特征

类别	品种	果实发育期（d）	单果重（g）	果形	底色	果肉颜色	肉质	可溶性固形物（%）
桃	春蕾	56	90	卵圆	乳白	红	软溶	7.30
	早霞露	58	95	椭圆	乳白	红	软溶	7.17
	春花	62	105	圆	乳白	红	软溶	8.71
	霞晖1号	70	130	圆	乳白	红	软溶	5.47
	晖丽露	72	110	圆	乳白	红	软溶	6.88
	朝霞	75	150	圆	乳白	红	硬溶	9.47
	雨花露	75	120	圆	乳白	红	软溶	8.15
	布目早生	76	120	圆	乳白	红	软溶	8.90
	砂子早生	77	150	椭圆	白	红	硬溶	9.81
	庆丰	78	120	圆	绿白	红	软溶	7.75
	五月鲜	86	140	卵圆	绿白	红	硬脆	8.43
	仓方早生	88	140	圆	乳白	红	硬溶	8.00
	白凤	100	110	圆	乳白	红	硬溶	8.40
	朝晖	103	180	圆	乳白	红	硬溶	10.70
	大久保	108	200	圆	乳白	红	硬溶	10.07
	明星	113	150	圆	橙黄	红	不溶	9.68
	丰白	115	220	圆	乳白	红	硬溶	9.21
	京玉	115	200	卵圆	绿白	红	硬溶	10.05
	玉露	121	150	圆	白	红	软溶	9.16
	燕红	130	200	圆	绿白	红	硬溶	10.42
	白花	124	175	椭圆	绿白	红	硬溶	9.21
	深州蜜桃	127	200	卵圆	绿白	红	硬溶	13.98
	肥城桃	135	230	椭圆	绿白	红	硬溶	12.21
	西农18号	141	150	卵圆	绿白	红	硬溶	10.35
	迎庆	142	150	圆	绿白	红	硬溶	12.20
	晚蜜	165	210	圆	乳黄	红	硬溶	8.51
	中华寿桃	190	250	圆	绿白	红	硬溶	14.60

（续表）

类别	品种	果实发育期（d）	单果重（g）	果形	底色	果肉颜色	肉质	可溶性固形物（%）
油桃	五月火	65	90	卵圆	黄	红	硬溶	7.18
	华光	65	95	圆	绿白	红	软溶	9.50
	曙光	68	100	圆	黄	红	硬溶	8.20
	早红珠	68	95	圆	乳白	红	软溶	9.02
	丹墨	68	85	圆	黄	红	硬溶	9.56
	艳光	72	110	椭圆	绿白	红	软溶	9.40
	瑞光2号	90	135	圆	橙黄	红	硬溶	9.44
	早红2号	90	130	圆	橙黄	红	硬溶	8.12
	瑞光3号	90	145	圆	绿白	红	软溶	7.55
	瑞光5号	90	145	圆	绿白	红	软溶	7.02
	瑞光7号	94	140	圆	乳黄	红	硬溶	8.06
	瑞光18号	104	180	圆	乳黄	红	硬溶	8.70
	丽格兰特	119	150	椭圆	黄	红	硬溶	7.76
蟠桃	早露蟠桃	68	90	扁平	乳白	红	软溶	8.10
	早硕蜜	68	95	扁平	乳黄	红	软溶	12.22
	瑞蟠2号	90	130	扁平	乳白	红	硬溶	7.68
	早魁蜜	95	130	扁平	乳黄	红	软溶	13.87
	农神	100	110	扁平	乳白	红	硬溶	8.85
	玉露蟠桃	109	150	扁平	乳黄	红	软溶	10.71
	撒红花	111	150	扁平	乳白	红	软溶	9.22
	瑞蟠4号	134	200	扁平	绿白	红	硬溶	9.67

注：1. 凡未包括的品种，可根据品种特性参照表中同类品种执行。

2. 果实发育期，极早熟为≤70d；早熟为71～90d；中熟为91～120d；晚熟为121～160d；极晚熟为≥161d。

四、杏

杏树在我国分布广泛，西北、华北、华南及东北地区的广大山区、黄土高原、戈壁、沙漠均有分布，其栽培种主要分布于秦岭、淮河以北的黑龙江、吉林、内蒙古、辽宁、河北、河南，山东、山西、北京、天津、陕西、甘肃、青海、宁夏和新疆等地。这些地区冬天冷凉、夏季炎热、日照充足、气候干燥，是杏树的原生区和优生区。但由于杏的生产具有较强的季节性、区域性及果实本身的易腐性，造成杏果实的腐烂率较高。

1. 贮藏特性

在我国，杏资源丰富，品种繁多，栽培比较广泛，品质优良的品种就有150种以上，但杏通常不耐贮藏。杏果按成熟期、果实颜色、肉质、肉核黏着度、茸毛有无等分类。以肉质分，有水杏类、肉性类、面杏类，水杏类果实成熟后柔软多汁，适于鲜食，不耐贮运；面杏类成熟后果实变面，呈粉糊状，品质较差；肉杏类成熟后果肉有弹性、坚韧、皮厚、不易软烂，较耐贮运，且适于加工。以果实茸毛分，无毛杏果果面光滑无毛，有蜡质或少量果粉，擦之有光泽，果肉坚韧，较耐贮运。杏属于呼吸跃变型果实，要掌握适当的采收期，防止呼吸高峰的提前到来，用于贮藏的杏果应在果实达到品种固有大小，果面由绿色转为黄色，向阳面呈现品种固有色泽，果肉仍坚硬，营养物质已积累充分，略带品种风味，大致八成熟时采收。

2. 贮藏条件

适宜贮温为 0~2℃；相对湿度为 90%~95%；气调指标为氧浓度 2%~3%，二氧化碳浓度 2.5%~3%；贮藏期为 1~3 周。

3. 主要贮藏方法及管理

杏很少在商业上大量贮藏，生产上可进行短期贮藏。

（1）冰窖贮藏。将杏果用果箱或筐包装，放入冰窖内，窖底及四周开出冰槽，底层留 0.3~0.6m 的冰垫底，箱或筐依次堆码，间距 6~10cm；空隙填充碎冰，码 6~7 层，上面盖 0.6~1m 的冰块，表面覆以稻草，严封窖门。贮藏期间要定期抽查，及时处理变质果实。

（2）低温气调贮藏。由于气调贮藏的杏果需要适当早采，采后用 0.1% 的高锰酸钾溶液浸泡 10min，取出晾干，这样既有消毒、降温作用，还可延迟后熟衰变。将晾干后的杏果迅速装筐，预冷 12~24h，待果温降到 20℃ 以下，再转入贮藏库内堆码。堆码时筐间留有间隙 5 cm 左右，码高 7~8 层，库温控制在 0℃ 左右，相对湿度 85%~90%，配以 5%CO_2；另加 3%O_2 的气体成分。平均贮藏期 2~3 周，耐藏品种可达 1 个月之久。贮藏后的杏果出库后应逐步升温回暖，在 18~24℃ 下进行后熟，有利于表现出良好的风味。但这种贮藏条件对低温敏感的品种不宜采用。

（3）化学辅助常温贮藏。

①熏蒸处理。当前，国内外许多学者都采用 1-甲基环丙烯（1-MCP）对杏果实进行贮藏保鲜。一般使用 0.35μg/L 浓度的 1-MCP 熏蒸处理 12h，能较好地保持果实的硬度，降低果实腐烂率，降低呼吸强度，对于维生素 C、可滴定酸、可溶性固形物等理化指标的保持也有较好效果。

②保鲜剂。$KMnO_4+CaCl_2$ 和保鲜剂 6-BA 浸泡处理的杏果在（0±1）℃环境下能够长久保存，保持果实新鲜。

（4）减压贮藏。杏果用减压贮藏，可以使在硬熟阶段收获的果实推迟其软化，用此方法存放 3 个月仍能保持杏果的商品价值。

五、葡萄

葡萄，属落叶藤本植物，浆果多为圆形或椭圆形，色泽随品种而异，有白、青、红、褐、紫、黑等不同果色，其营养价值很高，可制成葡萄汁、葡萄干和葡萄酒。新疆、河北、山西、山东、陕西等地均是主产区。葡萄的生物学特性和其他浆果类不同，有较好的贮藏性，近年来，葡萄通过控温、控湿、调气加防腐保鲜剂的应用，可贮藏到翌年 3—5 月。

1. 贮藏特性

葡萄是以整穗体现其商品价值的，故耐贮藏性应由果实、果梗和穗轴的生物学特性所共同决定。在葡萄采后呼吸代谢过程中，其果粒属于非呼吸跃变型，而果穗与果梗则属于呼吸跃变型。葡萄采后呼吸时，穗轴与果梗呼吸强度是果粒的 10 倍以上，并具有呼吸高峰，在 >25℃ 条件下贮藏时，由于穗轴与果梗呼吸的影响，整穗葡萄呼吸代谢为跃变型。

葡萄品种不同，耐藏性有较大的差异。晚熟品种最耐贮藏，中熟品种次之，有色品种比无色品种耐贮藏，含糖量高、果梗穗轴易木质化及具较长果刷的品种耐贮藏。同一品种不同结果次数，耐藏性也有较大差异，一般第二、第三次果就比第一次果耐贮藏。

2. 贮藏条件

（1）温度。在 0℃ 以下的冰点温度贮藏可有效抑制果实的呼吸强度、酶的活性、乙烯的释放及霉菌的生长，葡萄的冰点为 -3℃ 左右，葡萄浆果可耐低温，但穗梗则容易受害，如果温度过高则可能引起霉菌滋生导致果实腐烂。因此，葡萄在 -1~0℃ 贮藏效果最佳。

（2）湿度。葡萄在贮藏期失重的主要原因是失水严重。高湿度有利于葡萄保水、保绿，但穗梗容易受害；低湿度果实易失水干梗和脱粒。因此在纸箱或木箱包装、内封塑料袋的条件下，袋内的空气相对湿度为 90%~95%。

（3）气体成分。降低 O_2 的含量，提高 CO_2 的含量，葡萄果实的呼吸作用和酶活性都受到抑制，从而延长了葡萄的贮藏期。有研究表明，8% 以上的 CO_2 都能明显抑制葡萄贮藏过程中真菌的生长与繁殖，减少腐烂与脱粒。一般情况下，CO_2 的浓度在 10% 左右，O_2 的含量控制在 3%~5%，均能有效地抑制葡萄贮藏过程中的腐烂。

3. 主要贮藏方法及管理

（1）冷库贮藏。葡萄采收预冷后放入 0.04~0.06mm 厚的薄膜压制成的贮藏袋，每袋 10~15kg，袋内放 1 片二氧化硫防腐剂，封扎袋口，放入果箱，果箱的底板和四周需衬上 3~4 层软纸，然后将果箱码在库内。也可在库内竖柱搭架，架上每隔 30cm 穿担搭竿，竿上铺细竹帘或草席，把果穗挨串平放帘上，每层放一层果穗，以免压伤果粒。入库后尽快降低温度，适宜贮藏温度为 0~1℃、相对湿度 85%~95%。

（2）气调贮藏。气调贮藏是目前公认的较为先进的果品贮藏方法。葡萄成熟后，有选择地进行采摘，然后果梗朝上装入内衬 0.03~0.05mm 厚的PVC 袋的果箱内，PVC 袋敞口，经预冷后放入保鲜剂，扎口后码垛贮藏。贮藏期间气调库温为−1~0℃，相对湿度 90% 以上。在相对湿度高、温度较低的条件下，整个贮藏过程均可保持葡萄的新鲜度，而且穗梗未见枯萎，仍为绿色。

（3）涂膜保鲜。涂膜保鲜是在果品的表面涂上一层无味、无毒和无臭的薄膜。葡萄经涂膜处理后，可以阻止空气中的氧气和微生物进入，有效地控制果品的呼吸强度，减少水分的蒸腾损失，防止果实失水干皱，增加果实光泽，延缓成熟过程，延迟葡萄的腐败及氧化变质。在涂膜过程中加入适当的防腐保鲜剂，可以保持葡萄新鲜状态，降低腐烂损耗。改性魔芋葡甘聚糖、壳聚糖对葡萄等贮藏保鲜效果明显，研制成功的涂膜保鲜剂还有虫胶、淀粉膜、蔗糖酯、复方卵磷脂、果品保鲜脂以及可食保鲜剂等。

（4）化学防腐剂保鲜。

①SO_2保鲜剂。当前国内外葡萄贮藏中使用的保鲜剂最多的是 SO_2，SO_2气体对葡萄上常见的致病真菌如灰霉菌、芽枝霉菌、黑根霉菌等有强烈的抑制作用，同时还能抑制氧化酶的活性，降低呼吸速率，增强耐藏性，可有效防止葡萄酶促褐变。SO_2处理成为当前世界范围内防止葡萄贮藏腐烂普遍采用的有效方法，现在常用 SO_2缓释剂——葡萄保鲜剂进行保鲜，但随人们对食品安全的意识越来越强，SO_2熏蒸后葡萄内亚硫化物的残留问题使得 SO_2作为果品防腐保鲜剂将会逐渐被淘汰。而臭氧以其广谱杀菌能力及分解乙烯的能力，大有可能取代 SO_2，被广泛地应用于果品的贮藏保鲜中。

②仲丁胺防腐剂。龙眼葡萄用仲丁胺防腐剂处理后，放入聚乙烯塑料袋中密封保鲜效果良好。具体用法是：每 500kg 葡萄用仲丁胺 25 mL 熏蒸，然后用薄膜大帐贮藏，在 2.5~3℃ 低温下贮藏 3 个月，好果率达 98%，失重

率2%，果实品质正常，果梗绿色，符合要求。此剂使用方便，成本低廉。

③过氧化钙保鲜剂。将巨峰葡萄20串（穗），分别放入宽25 cm和长50 cm的塑料袋内，把5g过氧化钙夹在长10cm、宽20 cm、厚1mm的吸收纸中间，包好放入塑料袋后密封，置于5℃条件下，贮藏76d，损耗率为2.1%；浆果脱粒率4.3%。过氧化钙遇湿后分解出氧气与乙烯反应，生成环氧乙烷，再遇水又生成乙二醇，剩下的是消石灰（氢氧化钙）。可以消除葡萄贮藏过程中释放的乙烯，从而延长贮藏期。药剂安全、有效，若与杀菌剂配合使用，效果更为显著。

4. 物流保鲜技术要点

基本流程为：采收→采后处理及分级→包装预冷→贮藏→运输→销售。

（1）采收。选择晚熟耐贮的品种，成熟度好、品质高的果实，注意轻拿轻放，避免碰破果粒和擦掉果粉。

（2）采后处理及分级。采收的果穗，剔除损伤果和病虫果，处理不整齐的穗尖和副穗。分级标准如下。穗重，特级果550～850g；一级果500～800g；二级果450～750g；三级果<450g。着色率，特级果≥96%；一级果≥94%；二级果≥92%；三级果≥90%。可溶性固形物，特级果≥18%；一级果≥17%；二级果≥16%；三级果≥15%。

（3）包装预冷。葡萄采用整穗装箱，用于贮藏葡萄必须一次性田间装箱，禁止二次装箱，用于鲜销的葡萄可进行分级装箱。选用板条箱、多孔硬塑料箱或纸箱，以单层、单穗方式进行包装。

（4）贮藏。北方接近霜期采收的葡萄，如果没有预冷设备，允许采后在树下或距冷库很近的干燥通风处于夜间室外预冷10h左右，机械制冷库每次预冷葡萄量，仅限平铺冷库地面一层，若冷库有支架，应控制在2～3层。针对不耐二氧化硫保鲜剂的贮藏品种，提倡建立预冷库进行预冷。在葡萄果品品温未达到0℃以前，允许冷库温度为-2～0℃，但要注意将冷风机附近的果品适当遮盖，以防冻果。

（5）运输。运输工具必须清洁卫生，无异味。不得与有毒有害物品混运。装卸时轻装轻卸。待运时，批次分明、堆码整齐、环境清洁、通风良好。

（6）销售。葡萄的贮藏期一般为4~6个月，发现有裂果、漂白、霉变、干梗、腐烂情况之一者应及时处理和销售。销售前要将保鲜剂拿出，妥善处理。常温货架上，葡萄的货架期为一周。

六、柿子

柿子属柿科柿属植物，我国柿资源丰富，在黄河流域的山东、山西、河南、河北和陕西5省栽培较多，栽培面积占全国的80%~90%。柿子中含有丰富的营养物质，其主要成分为糖、蛋白质、维生素、单宁、有机酸和芳香物质等。

1. 贮藏特性

通常晚熟品种比早熟品种耐贮藏。同一品种中晚采收的比早采收的耐贮藏，含水量低的比含水量高的耐贮藏，老龄树果实较小且不耐贮藏，而盛果期树的果实耐贮藏。

柿子属于呼吸跃变型果实，采后的柿子极不耐贮藏，随着贮藏时间的延长，细胞壁成分在水解酶的作用下逐渐降解，柿子含有的内源乙烯会诱发呼吸高峰，加强了柿子的呼吸代谢，导致柿子软化和衰老现象的发生，最终导致柿子营养成分流失，口感和风味变差，严重地影响柿子的经济价值。

2. 贮藏条件

（1）温度。柿子的贮藏温度以0℃为好，温度变幅应控制在±0.5℃。为使柿子逐渐适应这一贮藏温度，在其采收后，应将柿子温降至5℃后入贮。因为在5℃时细胞内的线粒体活性降低，呼吸量降到最低。如果采收后立即放入0℃贮藏，因O_2的吸收受到抑制，造成柿子中心部O_2不足，进而发生无氧呼吸。无氧呼吸产生的酒精、乙醛促使果实脱涩成熟，则不利于长期贮藏。

（2）湿度。空气湿度对贮藏柿子很重要。适宜相对湿度为85%~90%。

（3）气体。柿子气调贮藏的适宜气体组合是2%~5% O_2和3%~8% CO_2，CO_2的伤害阈值是20%。

3. 主要贮藏方法及管理

（1）室内堆藏。选择阴凉干燥、通风良好的屋子，燃烧硫黄进行消毒后，地上铺15~20cm厚的禾草，将选好的柿子轻轻堆放在草上，堆4~5层，也可将柿子装筐堆放。室内如没有制冷设备，当室外温度高于0℃时，应早晚通风，白天密封门窗，注意防热。当相对湿度低于90%时，应适当加湿。这种方法的贮藏期较短。

（2）露天架藏。选择地势较高、阴凉的地方，搭高为1~1.2 m的架子，宽和长根据贮量而定，架子上铺竹子或玉米秸，竹子或玉米秸上再铺10~15 cm厚的稻草，将选择好的柿子放在架上，堆成堆，堆高约30 cm。当温度低于 0℃时，柿子堆上需覆盖稻草保温。架子顶部设屋脊形防雨棚。采用此法贮藏的柿子可存到翌年 4 月初，柿子的色泽和品质尚好。

（3）自然冷冻贮藏。自然冷冻法是将柿子放在阴凉处，任其冻结。选地下水位低、背阳处挖宽、深各为 35 cm 的沟，沟内铺 5~10cm 厚的玉米秸，上放柿子 5 层左右，在冻结的柿子上再加盖 30~60cm 厚的禾草，保持低温。贮藏期为 3~4 个月，直到翌年春季解冻销售。

（4）气调贮藏。气调贮藏分快速降氧气调贮藏和自然降氧气调贮藏两种。快速降氧是将预先配好的混合气体（含氧气 30%、二氧化碳 6%）连续通入塑料袋（或帐）中，或用充氮降氧的方法，使果实很快处于适宜的气体环境中。自然降氧法：将果实密封在聚乙烯塑料袋（帐）里，通过果实本身的呼吸作用来调节袋内的气体成分。然后每天定期检测袋中的气体成分。当氧浓度低于 3%、二氧化碳浓度高于 80% 时，分别向袋内补充空气或用氢氧化钙吸收二氧化碳（一般每 100kg 果实放 0.5~1kg 消石灰，消石灰失效时可更换）。在 0℃ 温度条件下，甜柿品种能够贮藏 3 个月左右，涩柿品种贮藏期可达 4 个月。

除此之外，柿子还可用食盐、明矾水浸渍贮藏，即在约 50kg 煮开的水中，加食盐约 1kg、明矾约 0.25kg，将配好的盐矾水倒入干净的缸内，待水冷至室温后，先将柿子放入缸内，用洗干净的柿叶盖好，再用竹竿压住，使柿子完全浸渍在溶液中，当缸内水分减少时，可续加上述溶液。由于明矾能保持果实硬度，食盐有防腐作用，因此，柿子用此法可贮藏到翌年 5 月左右，果实仍然甜、脆，但略带咸味。应用此法要严格挑选果实，所用容器必须十分洁净，不同品种、不同地区使用盐矾的比例不同，在使用前需要进行小型预实验。

七、猕猴桃

猕猴桃是猕猴桃科猕猴桃属的多年生藤本落叶植物，原产于我国的长江流域，猕猴桃营养丰富，尤其富含抗坏血酸（维生素 C），因而深受消费者青睐。全世界共有猕猴桃属植物 66 个种，其中 62 个种在中国有自然分布；经济价值较高的有中华猕猴桃、美味猕猴桃、毛花猕猴桃、软枣猕猴桃、阔叶猕猴桃等；目前经济栽培主要是美味猕猴桃、中华猕猴桃、软枣猕猴桃和毛花猕猴桃。猕猴桃具有典型的浆果特性，皮薄汁多，货架期较短。猕猴桃在全国有五大产区：一是陕西秦岭北麓（周至县、眉县、户县以及咸阳市武功县）；二是大别山区，河南的伏牛山、桐柏山；三是贵州高原及湖南省的西部；四是广东河源和平县；五是四川的西北地区及湖北的西南地区。国内陕西周至县和眉县、四川的苍溪县、安乐镇因盛产猕猴桃成为名副其实的猕猴桃之乡。

1. 贮藏特性

猕猴桃属于呼吸跃变型多汁浆果，采收时果实的淀粉和酸含量较高，具有较大硬度，基本无乙烯释放，但在常温下放 5~7d，果实内源性乙烯释放量会突然增加，果实呼吸强度产生跃变并达到高峰，导致果实变软，果柄脱落，此时，果实含糖量提高，含酸量下降，酸甜可口，风味最佳。同一品种的猕猴桃，一般晚熟品种比中熟品种耐冷贮，中熟品种比早熟品种耐冷贮，特早熟品种最不耐冷贮；同一品种，山区产的果实比丘陵产的稍耐贮，丘陵产的比平原产的耐贮。猕猴桃属于典型的呼吸跃变型水果，成熟期集中，采摘期温度高，采后极易发生病害。果实大小也与贮藏性有关。体积过小的果实，营养物质积累少、品质差、贮藏时间较短。而体积过大的果实干物质含量低，后期也不耐贮藏。故选择中等大小的果实贮藏效果会更好。

2. 贮藏条件

（1）温度。猕猴桃的呼吸作用、营养成分的分解代谢、引起果实腐烂的微生物的活动、果实失水速率等均与温度有关。在保证果实缓慢而正常的生命代谢的前提下，温度愈低，越能延缓果实成熟、衰老的进程，贮藏保鲜期越长。但也不是温度越低越好，整个贮期的温度应控制在果实冰点温度附近，并根据不同时期的生理特点，保持一个相对稳定的可变低温。贮藏前期保持在 0.8~0℃（30d 内），贮藏中期保持在 -0.5~0℃（30~90d），贮藏后期保持在 -0.8~-0.2℃（90~150d）。库温波动应小于 0.5℃。

（2）湿度。贮藏环境的湿度高低影响猕猴桃果实的水分蒸发，湿度过低，水分蒸发快，会使果实失去新鲜度并导致皱缩，还会加速呼吸等代谢促进衰老。湿度过高对贮藏也不利。猕猴桃贮藏环境相对湿度应尽量处于饱和状态。贮藏前期应保持在 95%~98%，贮藏中后期应保持在 90%~95%。

（3）气体。适当提高贮藏环境的二氧化碳浓度和降低氧气浓度，可有效地抑制猕猴桃果实的呼吸代谢，抑制果胶物质和叶绿素的降解等过程，从而有效地保持果实的质地、色泽、风味和营养等品质，并能抑制病虫害的发生，延长果实的健康状态。猕猴桃贮藏保鲜适宜的气体指标为氧气 5%、二氧化碳 3%~4%，再配合低温便能有效抑制果实的呼吸代谢。猕猴桃果实大帐密封后 20~30d，也可采取低氧、高二氧化碳气体调控，气体指标为氧气 1.5%~4%、二氧化碳 4%~6%。

3. 主要贮藏方法及管理

（1）自发气调贮藏。采用塑料薄膜袋或薄膜帐将猕猴桃封闭在机械冷库内贮藏是目前生产中采用的最普遍方式，其贮藏效果与人工气调贮藏相差无几。塑料薄膜袋用 0.03~0.05mm 厚聚乙烯或无毒聚氯乙烯袋，每袋装 12.5~15.0kg 果实，袋子规格为口径 80~90cm，长 80cm。具体做法：当库温稳定在（0±0.5）℃时，将果实装入衬有塑料袋的包装箱内，在装量达到要求后，扎紧袋口。贮藏过程中，将袋内温度和空气相对湿度分别控制在 0~1℃ 和 95%~98%。塑料薄膜帐用厚度为 0.1~0.2mm 的聚乙烯或无毒聚氯乙烯制作，每帐贮量为 1~2t。具体做法：将猕猴桃装入包装箱，堆码成垛，当库温稳定在 0~1℃ 时罩帐密封，贮藏期间帐内温度和空气湿度分别控制在 0~1℃ 和 95%~98%。帐内浓度和 CO_2 浓度分别控制在 2%~4% 和 3%~5%，定期检查果实的质量，及时挑出软化腐烂果。严禁与苹果、梨、香蕉等释放乙烯的果品混存。贮藏结束出库时，要进行升温处理，以免因温度突然上升中产生结露现象，影响货架期和商品质量。

（2）人工气调贮藏。在意大利、新西兰等猕猴桃主产国，大多采用现代化的气调贮藏库，这是最理想的贮藏方法，能够调整贮藏指标保持在最佳状态。气调贮藏库应做到适时无伤采收，及时入库预冷贮藏，严格控制 O_2 浓度为 2%~5%，CO_2 浓度为 3%~5%，乙烯浓度为 $0.1\mu L/L$ 以下，温度为（0±0.5）℃，相对湿度为 90%~95%，可贮藏 5~8 个月。

（3）低温冷藏。低温能降低猕猴桃的呼吸强度，延缓乙烯产生。适合猕猴桃果实贮藏的温度为 0~1℃，而新西兰猕猴桃的适宜贮藏温度为 0.3~0.5℃。低温贮藏要求相对湿度为 95% 左右。在高湿条件下，库温低于 -0.5℃，果实就会遭受冷害。为了准确测定库内温度，每 15~20m 应放置 1 支温度计，温度计应放置在不受冷凝、异常气流、冲击和振动影响的地方。对有温控设备的冷库，要定期针对温控器温度和实际库温进行校正，保证每周至少 1 次。

（4）保鲜剂贮藏法。

① SDP 型猕猴桃保鲜剂。采用菜油磷脂和其他天然产物为原料研制成的 SDP 型猕猴桃保鲜剂，可使果实表面形成一层营养性半透膜，既能抑制其呼吸代谢作用，又能补充供给果实"活体"所需的部分养料，从而增强防腐、抗病能力，延缓果实软化和生理衰老进程，获得良好的综合保鲜效果。保鲜剂无毒无害，符合食品卫生要求，使用安全。

② $CaCl_2$ 处理猕猴桃。$CaCl_2$ 处理能推迟猕猴桃果实呼吸高峰的时间，降

低其峰值。随外源钙处理浓度提高，抑制呼吸作用的效果增强。钙会抑制乙烯生成，能有效降低果实乙烯的释放率，处理浓度越高，乙烯生成的受抑程度愈强。

③1-MCP 保鲜剂。1-MCP 是一种乙烯竞争抑制剂，具有稳定性强、无污染等优点，已通过美国环保署（EPA）安全无毒审查许可，用 1-MCP 处理的猕猴桃呼吸强度显著降低，它能较好地抑制内源与外源乙烯的作用，减缓猕猴桃的完熟软化，保鲜效果比较明显。最佳贮藏温度为 0℃。

④天然保鲜剂。壳聚糖和水杨酸这两种物质对猕猴桃的保鲜有其独特的功效，在贮藏过程中它们能渗透猕猴桃果皮果肉内，达到调节果实生理功能的作用。壳聚糖在果实表面形成一层膜后，使果体内形成一种低氧气、高二氧化碳浓度的环境，抑制果实的呼吸作用，改变呼吸作用途径。

4. 物流保鲜技术要点

（1）运输工具。铁路运输是我国运输易腐烂货品的主要方式，具有运输量大、费用低、速度快的优点。随着猕猴桃产量的增加，铁路运输在我国将起到越来越重要的作用。相比较之下，公路运输随距离增加运费增高，不适合一次性大量运输果品，且振动较严重。空运的果品，速度快，果品机械损伤几乎没有，但运费很高，对于猕猴桃来说，一般不采用空运。

（2）装车。猕猴桃果实对于振动十分敏感，因此必须采用稳固装载，留出通风间隙，以便车内空气循环，及时排除货物的呼吸热。猕猴桃常用的装载方法有"品"字形装车法和"井"字形装车法。无论采用哪一种，包装箱都不与车底板直接接触。在实际中，猕猴桃对乙烯敏感，不能与大量产生乙烯的果品混合装箱。堆码采用留间隙堆码方法，要求堆垛稳固，间隙适当。

（3）冷藏设备。目前运输过程中有敞篷车和冷藏车。敞篷车成本低，装载量大，但在途中易震荡且受天气变化的影响。冷藏车分机械冷藏车和冰冷藏车。机械冷藏车的优点是制冷速度快，温度调节范围大；车内温度分布均匀；途中作业少，运送速度快，自动化程度高，能实现温度自动检测、记录、报警、制冷、加温、通风换气以及融霜自动化；缺点是造价高、维修复杂，需专门设置维修人员和维修专点。冰冷藏车运输货物时，冰箱内加冰或冰盐混合物，从而控制车内保持低温条件。运输时采用机械冷藏车或保温车，是延缓果实软化最有效的方法之一。

八、枣

枣原产于我国，栽培历史悠久，分布面广。枣果营养丰富，用途广泛，自古以来被认为是很好的滋补营养食品。鲜枣耐藏性差，货架期短，采后易失水皱缩、变软酒化、霉烂。

1. 贮藏特性

一般认为枣在成熟过程中无明显的呼吸跃变，而且枣果对二氧化碳敏感，易产生无氧呼吸，因此枣果不适宜进行气调贮藏，但近年研究结果表明，有些枣品种如圆铃大枣，具有明显的呼吸跃变。另外，枣果易受伤，受伤后产生伤呼吸，伤呼吸具有典型呼吸高峰。研究表明，$3\% \sim 5\%$ 的 O_2、CO_2 低于 2% 环境条件可明显抑制果实转红衰老，明显提高鲜枣好果率，延长贮藏期。目前，随着我国农业生产结构的调整，枣树生产发展较快，鲜枣贮藏保鲜越来越受到重视。采用冷藏、气调贮藏等先进贮藏技术可使耐贮鲜枣贮藏 $60 \sim 90d$ 甚至更长，好果率保持在 $70\% \sim 90\%$，维生素 C 保存率在 90% 以上，枣果失重小于 5%，基本保持果实原有风味。

枣的花期延续时间较长，即使是同株树上枣的成熟期亦参差不齐，因此要分期采摘；不同成熟度的枣果耐藏性差异显著，一般来讲成熟度较低的较耐贮藏，通过采期和成熟度的控制能有效地提高枣果的贮藏性，延长贮期，但采摘过早，果实含糖量低，风味差，影响品质，晚采含糖量高但贮期短。研究表明，贮藏的枣果，以白熟至半红期采摘为宜。采收成熟度对不耐贮品种贮藏寿命的影响较对耐贮品种更为明显，不耐贮品种如郎枣、婆枣、哈密大枣等宜在白熟至初红时采摘。

鲜枣果皮薄，肉质嫩脆，多汁，含糖量高，稍有伤口极易引起病菌侵染而腐烂，另外枣果受伤后，引起伤呼吸，加速果实酒软、衰老，因此必须严把采收关，做到适时、无伤、轻拿轻放。贮藏的枣果，必须手工采摘，并注意保留果柄，及时剔除碰伤、病虫及无果柄的枣果。另外，对挑选后的枣果，应根据果实大小进行分级，以利于包装销售。

鲜枣耐藏性因品种不同差异很大，晚熟品种较早熟品种耐贮，抗裂果品种较耐贮，大型果通常不耐贮藏。贮藏期限：一般鲜枣品种短期可贮藏 $10 \sim 20d$，中期可贮藏 $20 \sim 30d$，长期可贮藏 $30 \sim 50d$；冬枣短期可贮藏 $20 \sim 30d$，中期可贮藏 $30 \sim 60d$，长期可贮藏 $60 \sim 90d$。

2. 贮藏条件

温度、湿度、气体成分是枣果流通贮藏中重要的环境因素。

（1）温度。高温导致呼吸作用进一步加快，致使果实中有机物质和水分大量消耗；同时呼吸作用所释放出的热量又进一步促使整体温度的提高，加速了果实自身的消耗，进而加速了果实的衰老过程，影响品质。在一定温度范围内，温度越低贮藏效果越好，但低于冰点时会产生冻伤。枣的品种不同，其冰点也不同，并且同一品种的枣果由于在贮藏过程中不断进行着生理生化反应，冰点温度随内含物的改变而不断变化。一般半红期枣果的冰点低于-2.3℃，全红期枣果的冰点低于-4.8℃，需要指出的是冬枣的冰点多在-7～-5℃。所以，贮期的枣果应适当降低温度，不应和半红期、初红期的枣果在同一环境内贮藏。

（2）湿度。湿度是影响枣果鲜脆状态的重要因子。枣果容易失水，在库温0℃、相对湿度低于85%的条件下，15d以内枣果会产生失水软化。保持较高相对湿度对枣果贮藏很重要。在冷藏条件下，适合枣果贮藏的相对湿度为90%～95%。

（3）气体成分。枣果是高呼吸强度的果实，在缺氧条件下会迅速转入无氧呼吸，加速果实变质。在贮藏温度适宜的环境中，O_2的含量应在3%以上。只要控制好其他指标，O_2含量在3%～5%范围内，贮藏效果非常接近。枣果对CO_2，非常敏感。CO_2含量高于5%时，会加速枣果软化褐变。最适合枣果贮藏的气体组成为，O_2 3%～5%，CO_2<2%。

3. 采收注意事项

应选择栽培管理规范、果实发育正常、病虫害少的枣园。应在果面颜色初红至1/3红时选择晴天早晚、露水干后采收。应人工采摘，保留果柄。采收后的鲜枣应放在阴凉处，并尽快入库、预冷。采后的运输包装宜采用塑料周转箱，采收和运输过程中应避免机械损伤。

4. 主要贮藏方法及管理

（1）冷藏保鲜。枣果的冷藏温度最好控制在-1℃左右。贮藏方式可采用打孔袋或用纸箱、木箱、塑料周转箱等内衬塑料袋等方法。采用箱内衬塑料薄膜方法时，优先选用0.03cm厚无毒聚氯乙烯薄膜，每箱容量不超过10kg。先充分预冷，待果温降至接近贮藏温度时，对折袋口，封箱码垛贮藏。果实在贮前可做预处理，如用2% $CaCl_2$+30mg/kg的GA，浸30min，可提高果实的贮藏效果。

（2）冷冻保鲜。冷冻贮藏是近年研究推出的一种冻藏法保鲜方式。通过速冻，使枣在短时间内迅速冻结，最大限度地保持了其营养成分，即在-40～-35℃环境中，30min内快速通过-5～-1℃的最大冰结晶生成带，

40min 内将食品中 95%以上的水分冻结成冰。冷冻贮藏可抑制枣果的代谢活动，减少失水，可以贮藏 12 个月以上，且可以最大限度地保存枣果的营养成分和鲜食风味。入库方法：将枣果装入塑料袋内，每袋装 1~2kg，包装后封口。数量大时可选用木箱或编织袋，大包装的包装量不超过 10 kg。冷冻后在 0℃条件下保持冰冻状态。出库方法：出库时需对冷冻的枣果做复原处理。即将冷冻的枣果放在冷水中浸泡 30min 左右，冻枣即可恢复原状，并保持枣果的特有风味。

（3）湿冷系统保鲜。湿冷系统是在机械制冷和蓄冷技术基础上发展起来的一项技术。它通过机械制冰蓄积冷量的方法，使获取低温的冰水经过混合换热器，让冰水与库内空气传热传质，得到接近冰点温度的高湿空气来冷却枣果。它能把枣果快速冷却到贮藏温度，并维持在该温度，同时结合臭氧的协同作用，使枣果处于低温高湿环境中，而又不受霉菌的为害。通过对南、北方枣果的长期贮藏来看，湿冷保鲜库完全可以实现库内温度高于 0℃以上，相对湿度达到 95%~100%，而在低于 0℃环境中，相对湿度达到 92%~95%，使枣果的呼吸强度大幅降低，蒸腾作用受到抑制，最大限度地保持枣果原有的新鲜程度和风味。

（4）气调贮藏。

塑料大帐气调贮藏：不适用于枣果的贮藏。

小包装气调贮藏：采用厚 0.04~0.08mm 的聚乙烯薄膜制成 60cm×50cm 的贮藏袋，经过分选和预冷的果实放入袋中，待果温降至 0℃时，扎紧袋口，并将其放入包装箱内，存放于冷库。一般每袋装果量为 5~10 kg，设抽气孔 1 个，密封后抽出袋内空气，若容积太大，易出现缺氧和二氧化碳中毒现象；若容积太小，会起不到气调的作用。要定期随机检测袋中的气体成分，需要时打开袋口进行通风换气，做到适时出库。在温度 20~27℃、相对湿度 70%~90%条件下可贮藏 1 个月。这种方法简单，且贮藏后果实饱满、肉质、色泽、风味正常，但贮藏期不长。贮藏效果与贮藏袋的厚度、气孔数目有密切的关系，塑料袋打孔比不打孔好，而且不同的打孔数贮藏效果也不相同。这是由于枣果呼吸强度很高，在缺氧时易转入无氧呼吸而产生大量乙醇，致使枣果酒化、软化。所以枣果不适于自然气调贮藏，但为减少水分蒸发和抑制呼吸又需一定的打孔数量。

自发气调贮藏：选用 0.07mm 厚的聚乙烯薄膜制成长 70cm、宽 50cm 的塑料袋，每袋精选枣果 15 kg。装枣时注意轻倒轻放，不要碰破塑料袋，装好后随即封口。封口可用绳子扎紧，也可用熨斗热合，以热合密闭包装的贮藏效果最好。枣果装袋后，贮放在阴凉的凉棚中，逐袋立放在离地60～70cm高的隔板上。每隔4～5袋留一条通风道。贮藏初期要注意散热，棚内温度越低越好。冬季气温降至0℃以后，枣也不会冻坏。自发气调贮藏鲜枣的病害主要是高温、高氧引起的发酵、生霉，因此，降低温度与氧的浓度，可抑制变质和腐败。此法适宜于在我国西北地区使用。

微型气调库贮藏：微型气调库在传统微型冷库的基础上，增加了硅窗气调大帐、除氧设备和CO脱除设备及分析仪器等，其操作简单，经过短期培训即可掌握，价格也能为普通用户所接受，一般几吨至20t的贮藏只需在原有微型冷库的基础上，增加投资1.5万～1.9万元，而贮藏效果可以明显提高，枣果贮藏3～4个月，可基本上达到标准大型气调库贮藏质量。采用此方法，可使枣能安全贮藏到春节前后，经济效益十分明显。

标准气调库贮藏：气调库贮藏方法造价昂贵，但效果非常理想。将整体冷库内的空气全部置换成枣果所需要的氧和二氧化碳的安全有效浓度，效果好，但成本高，气体成分的控制稍有偏差有可能致使整库枣果腐烂。一般来讲，气调贮藏温度应控制在−1～0℃，相对湿度在95%以上，氧气占4%～6%，二氧化碳<2%。研究表明气调贮藏可将尖枣贮藏3～4个月，赞皇大枣、金丝小枣等贮藏2～3个月，好果率70%以上。采用这种方法，不但可延长枣果的贮存期，使枣果保持原有的鲜度脆性，而且可抑制枣果病虫害的发生，可使枣果的货架期延长21d左右，而普通冷藏库的枣果出库后，货架期只能有7d左右。

减压贮藏：减压贮藏是一种低温和低压相结合的一种贮藏方法。通过降低气压，使空气中的各种气体组分浓度相应降低。一方面不断地保持减压条件，稀释氧浓度，抑制乙烯生成；另一方面将枣果已释放的乙烯从环境中排除，从而达到贮藏保鲜的目的。不同减压条件对枣果贮藏期呼吸强度与软化相关指标的影响不同，其中在55.7kPa减压条件下枣果贮藏保鲜效果最佳。一般使用宽30 cm、长50 cm的塑料尼龙网袋装果，每袋4～5kg，在低温冷藏库内，采用特殊的塑料密闭包装箱，用真空泵将其内的空气抽出，当真空度控制在0.2～0.25个大气压（20.27～25.33kPa）时，氧气浓度可达4%～8%，最好在0.5 h内将氧气降至4%，以利于枣果的保鲜。

臭氧贮藏：利用臭氧发生器，每天开机2～4h，尽量密闭库门，保持库内臭氧浓度达12～22 mg/kg，相对湿度控制在95%左右。在湿度较大的情况下，杀菌保鲜效果能大大提高。臭氧极不稳定，很容易分解为氧。正是由于臭氧具备的不稳定性，把它用于冷库中辅助贮藏保鲜枣果将更为有利，能氧化枣果在贮藏中产生的乙烯、乙醇,防止其酒化和霉烂。因为臭氧分解的最终产物是氧气,在所贮藏的枣果里不会留下任何有害残留。臭氧在冷库中有3个方面的作用机理;一是杀灭周边的微生物,起到消毒杀菌的作用;二是使各种散发臭味的有机、无机物氧化一并除臭;三是使新陈代谢的产物被氧化,从而抑制新陈代谢过程,起到保质、保鲜的作用。采用湿冷贮藏+O_3的协同作用贮藏60d后,通过臭氧水冷激和浸泡处理枣果(臭氧浓度为2mg/L,浸泡时间5min,0.5℃臭氧水冷激处理、18℃臭氧水浸泡处理)在10d货架期后,枣果好果率分别达到91.2%和85.9%,比对照组(有包装)分别提高了11.7%和6.4%。

5. 物流保鲜技术要点

(1)包装。良好的包装可以保证产品的安全运输和贮藏,减少产品间的摩擦、碰撞和挤压造成的机械伤,减少病虫害的蔓延和水分蒸发,设计精美的销售包装也是商品的重要组成部分。我国目前长期沿用的新鲜果品包装为植物材料制成的竹筐、荆条筐、草袋、麻袋、木箱、板条箱、纸箱等。近几年,随着市场经济的发展和要求,塑料箱和纸箱已成为包装发展的主流。

鲜枣作为一种新型的果品,其独特的生理和形态特点(呼吸旺盛、易失水,对CO_2、乙醇等气体敏感,果皮薄,不抗挤压碰撞等),决定了在包装的选择上应尽量满足这些要求。运输包装应尽量采用纸箱,因为纸箱软,有弹性,也有一定的强度,可抵抗外来冲击和振动,对果实有良好的保护作用;贮藏包装应视贮藏期长短和方式的不同选用塑料箱、木箱、纸箱等内衬薄膜或打孔塑料袋分层堆放等方式,容量不要太大,一般以5~10kg为宜;销售包装应选择透明薄膜袋、带孔塑料袋或网袋包装,也可放在塑料或纸托盘上,再覆以透明薄膜,既能创造一个保水保鲜的小环境,起到延长货架期的作用,也增加了商品的美观度,便于吸引顾客和促销。

(2)运输。枣的主产区集中在黄河中下游地区,枣树的生产存在明显的季节性和区域性,要使异地的消费者在一定的季节和时间内吃到新鲜的脆枣,必须通过运输的方式来实现。根据鲜枣的生理特性和货架期较短的特点,鲜枣运输应以公路和航空运输为主。运输实际上是一种动态的贮藏,运输的温度、湿度条件最好能模拟贮藏的条件。当然还应视运输距离的远近和成本的核算来决定。如果运输距离较远,又想降低成本,可考虑采用节能保温运输或低温运输的方式。节能保温运输是先将产品预冷到一定低温或经冷藏后用普通卡车在常温下进行运输,保持质量的关键是拥有良好隔热保温作用的棉被或草帘等将产品包裹起来,以保证在运输过程中产品能保持较低的温度；采用冷藏车低温运输是较先进的运输方式，能够保持产品在运输过程中处在一定的低温环境中，对保持果品的品质有着不可替代的作用。不管采用哪种运输方式，均应考虑使用合理的包装和适当的码垛方式，以保证运输中果品的品质和质量。

第四节　相关的技术操作规程

一、新鲜水果包装和冷链运输通用操作规程

1. 包装

（1）基本要求。包装材料、容器和方式的选择应保护所包装的新鲜水果、蔬菜避免磕碰等机械损伤；满足新鲜水果、蔬菜的呼吸作用等基本生理需要，减轻新鲜水果、蔬菜在贮藏、运输期间病害的传染。

包装材料、容器和方式的选择应方便新鲜水果、蔬菜的装载、运输和销售。

包装材料、容器和方式的选择应安全、便捷、适宜，尽量减少包装环境的变化，减少包装次数。

选择的包装材料和容器应节能、环保，可回收利用或可降解，不应过度包装。

（2）包装材料。包装材料的选择应考虑产品包装和运输的需要，考虑包装方法、可承受的外力强度、成本耗费、实用性等因素。需要冷藏运输的新鲜水果和蔬菜，其包装材料的选择除考虑上述因素外，还应考虑所使用的预冷方法。

包装材料应清洁、无毒，无污染，无异味，具有一定的防潮性、抗压性，包装材料应可回收利用或可降解。

包装应能够承受得住装、卸载过程中的人工或机械搬运；承受得住上面所码放物品的重量；承受得住运输过程中的挤压和震动；承受得住预冷、运输和存储过程中的低温和高湿度。

可用的包装材料有：纸板或纤维板箱子、盒子、隔板、层间垫等；木制箱、柳条箱、篮子、托盘、货盘等；纸质袋、衬里、衬垫等；塑料箱、盒、袋、网孔袋等；泡沫箱、双耳箱、衬里、平垫等。

（3）包装容器。包装容器的尺寸、形状应考虑新鲜水果、蔬菜流通、销售的方便和需要。销售包装不宜过大、过重。

新鲜水果常用的包装容器、材料及适用范围，以及新鲜水果包装内的支撑物和衬垫物均可参照《新鲜水果包装标识通则》（NY/T 1778—2009）的规定。

新鲜蔬菜常用的包装容器、材料及适用范围可参照《新鲜蔬菜包装与标识》（SB/T 10158—2012）的规定。

新鲜水果、蔬菜包装使用的单瓦楞纸箱和双瓦楞纸箱应符合《运输包装用单瓦楞纸箱和双瓦楞纸箱》（GB/T 6543—2008）的规定；塑料周转箱应符合《食品塑料周转箱》（GB/T 5737—1995）的规定；塑料编织袋应符合《塑料编织袋通用技术要求》（GB/T 8946—2013）的规定；采用冷链运输的新鲜水果、蔬菜所用的瓦楞纸箱应符合《冷链运输包装用低温瓦楞纸箱》（GB/T 31550—2015）的规定。

（4）包装方式。应根据新鲜水果、蔬菜的运输目的及准备采取的处理方式，选择以下相应的包装方式。

按容量填装：用人工或用机器将产品装入集装箱，达到一定的容量、重量或数量。

托盘或单个包装：将产品装入模具托盘或进行单独包装，减少摩擦损伤。

定位包装：将产品小心放入容器中的一定位置，减少果品损伤。

消费包装或预包装：为了便于零售而采用有标识定量包装。

薄膜包装：单个或定量果品用薄膜包装，薄膜可用授权使用的杀菌剂或其他化合物处理，减少水分散失，防止产品腐烂。

气调包装：减小氧气浓度，增大二氧化碳浓度，降低产品的呼吸强度，延缓后熟过程。

可以在田间直接对新鲜水果和蔬菜进行包装，即田间包装。收获时直接在田间将水果、蔬菜放在纤维板盒子、塑料或木制板条箱中。

在条件允许的情况下，应尽快将经田间包装的新鲜水果、蔬菜送到预冷设施处消除田间热。

在不具备田间包装条件时，应尽快将水果、蔬菜装在柳条箱、大口箱中或用卡车成批从田间运到包装地点进行定点包装。

新鲜水果、蔬菜运到包装地点，应在室内或在有遮盖的位置进行包装和处理。如果可能，可根据产品性质，在装入货运集装箱前进行预冷。

新鲜水果和蔬菜可直接进行零售包装，方便零售需要。若事先没有进行零售包装，在需要时，应将新鲜水果和蔬菜从集装箱中取出，重新分级，再装入零售包装中。

（5）包装操作。包装前应在包装潮湿或含冰块物品的纤维板盒子的表面上涂一层蜡，或者在盒子的四周涂一层防水材料。所有用胶水黏合的盒子都应该采用防水的黏合剂。

纸盒或柳条箱应从底部到顶部直线堆叠，不应沿封口或侧壁堆叠，以增强纸盒或箱子的抗压能力和保护产品的能力。

为增加抗压强度和保护产品，可以在货物集装箱内装入一些不同材质的填充物。将货物集装箱内部分成几个隔层，增加封口或侧部的厚度可以有效地增加箱子的抗压强度，减少产品损伤。

必要时在包装容器内使用衬垫、包裹、隔垫和细刨花等材料，可以减少新鲜水果和蔬菜的挤压或摩擦。例如衬垫可以用来为芦笋提供水分；有些化合物可以用于延缓腐烂，二氧化硫处理过的衬垫可减少葡萄的腐烂；高锰酸钾处理过的衬垫可以吸收香蕉和花卉散发出的乙烯，减少后熟作用。

可使用塑料薄膜衬里或塑料袋保持新鲜水果和蔬菜的水分。大多数新鲜水果和蔬菜产品可采用带有细孔的塑料薄膜进行包装，这种薄膜既可以使新鲜蔬菜、水果与外界空气流通，又可以避免潮湿。普通塑料薄膜一般用来密封产品，调整空气浓度，减少果品呼吸和后熟所需的氧气含量。薄膜可用于香蕉、草莓、番茄和柑橘等。

2. 预冷

水果、蔬菜应在清晨收获以降低田间热，同时减少预冷设备的冷藏负担。

水果、蔬菜收获后应尽快预冷，以降低水果和蔬菜的田间热，通过预冷达到推荐的贮藏温度和相对湿度。

水果、蔬菜预冷前应遮盖以防阳光照射。

（1）预冷方式的选择。取决于水果、蔬菜的属性、价值、质量以及劳动力、设备和材料的消耗。常用的预冷方式如下。

室内冷却：在冷藏间对整齐堆放的装有产品的集装箱预冷，有些产品可同时采用水淋或水喷的方式。

强压空气或湿压冷却：在冷藏间抽去整齐堆放的装有产品的集装箱之间的空气。有些产品采用湿压。

水冷却：用大量冰水冲刷散装箱，大口箱或集装箱中的产品。

真空冷却：通过抽真空除去集装箱中产品的田间热。

真空水冷却：在真空冷却前或冷却中增加集装箱中产品的湿度，加快消除田间热。

包装冷冻冷却：在集装箱中放半融的雪或碎冰块，可用于散装容器。

（2）预冷措施的选择应考虑以下因素。

①水果、蔬菜收获和预冷之间的时间间隔。

②如果水果、蔬菜已包装完毕的包装类型。

③水果、蔬菜的最初温度。

④用于预冷的冷空气、水、冰块的数量或流速。

⑤水果、蔬菜预冷后的最终温度。

⑥用于预冷的冷空气和水的卫生状况，减少可引起腐败的微生物污染。

⑦预冷后的推荐温度的保持。

很多水果、蔬菜经田间包装或定点包装后预冷时，采用水和冰预冷方式的水果、蔬菜，可使用绳子捆绑或订装的木质柳条箱或涂蜡的纤维板纸盒包装。

由于在运输和存贮过程中，通过包装或包装周围的空气流通有限，应对包装在集装箱内的产品提前预冷再用货盘装载。

不要在低于推荐的温度下预冷或贮藏，冻坏的水果，蔬菜在销售时会显示出冻坏的迹象，如表面带有冻斑、易腐烂、软化、非正常色泽等。

预冷设备和水应使用次氯酸盐溶液连续消毒，消除引起产品腐烂的微生物。

预冷后要采取措施防止产品温度上升，保持推荐的温度和相对湿度。

3. 冷链运输

（1）运输装备。选择运输装备时应考虑的主要因素包括：运输的目的地；产品价值；产品易腐坏程度；运输数量；推荐的贮藏温度和湿度；产地和目的地的室外温度条件；陆运、海运和空运的运输时间；货运价格、运输服务的质量等。

保温车、冷藏车技术要求和条件应符合《保温车、冷藏车技术条件及试验方法》（QC/T 449—2010）的规定。

冷藏运输装备和制冷设备不能用于除去已经包装在集装箱中新鲜水果和蔬菜的田间热，只是用于维持经过预冷的水果和蔬菜的温度和相对湿度。

在炎热或寒冷气候条件下进行长途运输时，运输装备应设计合理、结实，以抵抗恶劣的运输环境和保护产品。冷藏拖车和货运集装箱应具备以下特点。

在炎热的环境温度条件下，冷藏温度可达到2℃。

拥有高性能、可持续工作的蒸发器吹风机，均衡产品温度和保持较高的相对湿度。

在拖车的前端配备制冷隔板，以保证装货过程中车内的空气循环。

后车门处配备垂直板，辅助空气流通。

配备足够的隔热和制热设备，以备需要。

地板凹槽深度应合理，以保证货物直接装在地板上时有足够的空气流通截面。

配备具有空气温度感应装置的冷藏设备，以减少冷却和冰冻对产品的损伤。

配备通风设备，预防乙烯和二氧化碳的积聚。

采用气悬吊架减少对集装箱和里面的产品撞击和震动的次数。

集装箱气流循环方式是：冷空气从集装箱前部出发，空气流动从底部（接近地面）至后部，然后到达集装箱上部。

（2）运输方式。在条件允许的情况下，通常推荐采用冷藏拖车和货运集装箱运输大量的、运输和贮藏寿命为1周或1周以上的水果、蔬菜。运输后，产品应保持足够的新鲜度。

对于价值高和容易腐烂的产品，可以考虑采取费用较高，但运输时间较短的空运方式。

利用拖车、集装箱、空运货物集装箱可提供取货、送货上门的服务。这样可以减少装卸、暴露、损坏和偷窃等对产品的损害。

很多产品用非冷藏空运集装箱或空运货物托盘方式运输。在这种情况下，当空运航班延误时，就需要产品产地和目的地之间密切协调以保证产品质量。在可能的条件下，应使用冷藏空运集装箱或隔热毯。

遇到特殊季节，产品价格很高而供应量有限时，一些可以通过冷藏拖车和货运集装箱运输的产品有时会通过空运方式运输，这时应精确地监测集装箱内的温度和相对湿度。

（3）运输装载。

①装货前检查。检查运输装备的清洁情况、设备完好及维修状况，应满足所装载产品的需求。

a. 检查运输装备的清洁情况，主要包括：货舱应清洁，定期清扫；没有前批货物的残留气味；没有有毒的化学残留物；装备上没有昆虫巢穴；没有腐烂农产品的残留物；没有阻塞地板上排水孔或气流槽的碎片、废弃物等。

b. 检查运输装备是否完备及维修状况是否良好，主要包括：门、壁、通风孔没有损坏，密封状况良好；外部的冷、热、湿气、灰尘和昆虫不能进入；制冷装置运行良好，及时校正，能够提供持续的空气流通，以保证产品温度一致；配备货物固定和支撑装置。

c. 对于冷藏拖车和货运集装箱，除检查上述事项外，还应检查以下条件。在门关闭的情况下，货物装载区检查门垫圈应密闭不透光线，也可使用烟雾器检查是否有裂缝；当达到预计温度时，制冷装置应由高速到低速循环，然后回到高速；确定控制冷气释放温度的感应器的位置，如果测定制冷温度，自动调温器设置的温度应稍高，以避免冷却和冰冻对水果、蔬菜的损伤；在拖车的前端配置制冷隔板；在极端寒冷气候条件下运输时，需要配备制热装置；空气配置系统良好，装有斜置的纤维气流槽或顶置的金属气流槽。

②装货前处理。需要冷链运输的产品在装货前应进行预冷。用温度计测量产品温度，并记录在装货单上以备日后参考。

货舱也应预冷到推荐的贮藏和运输温度。

装运不同货品时，一定要确定这些货品能够相容。

不应将水果、蔬菜与可能受到臭气或有毒化学残留物污染的货品混装在一起。

③装货。基本的装货方法包括：机械或人工装载大量的、未包装的散装货品；人工装载使用货盘或不使用货盘的单个集装箱；用货盘起重机或叉式升降机对逐层装载的或货盘装载的集装箱进行整体装载。

集装箱应按尺寸正确填充，填充容量不宜过大或过小。

货品配送中心提供整体货盘装载时，应尽量使用在货盘上整体装载替代搬运单个集装箱，减轻对集装箱和其内部果品的损坏。

整体装载应使用托盘或隔板；应遵循叉式升降装卸车和货盘起重机的操作规范。

箱子之间应有纤维板、塑料或线状垂直内锁带；箱子应有孔以利于空气流通；箱子间应连结在一起避免水平位移；货盘上装载的箱子用塑料网覆盖；箱子和角板周围用塑料或金属带子捆住。

货盘应足够牢固，具备一定的承载能力，可以承受货物的交叉整齐堆放而不倒塌。

货盘底部的设计应考虑空气流通的需要，可用底部有孔的纤维板放在托盘底部使空气循环流通。

　　箱子不能悬在货盘边缘，这样会导致整个装载垮塌、产品摩擦受损，或造成运输过程中箱子位置的移动。

　　货盘应有适当数量的顶层横板，能承受住纤维板箱子的压力，避免产品摩擦受损或装载倾斜致使货盘倾翻。

　　没有捆绑或罩网的集装箱货盘装载，至少上面三层集装箱应交叉整齐堆放以保证货物的稳定性。除此之外，还可在顶层使用薄膜包裹或胶带。但当产品需要通风时，集装箱不应使用薄膜包裹。

　　可使用隔板代替货盘以降低成本，减少货盘运输和回收的费用。隔板一般是纤维或塑料质地，纤维板质地的隔板在潮湿环境中使用时要涂蜡。隔板应足够牢固，在满载时应能耐受叉式升降机的叉夹和牵拉。隔板还应有孔以保证装载情况下的空气流通，冷链运输不使用地槽浅的隔板以方便空气流通。

　　隔板上的集装箱应交叉整齐堆放，用薄膜缠绕或通过角板和捆绑加以固定。

　　装货时应使用以下一种或多种材料进行固定，防止在运输和搬运过程中震动和挤压对货品的损坏：铝制或木制的装载固定锁；纸板或纤维板蜂窝状填充物；木块和钉条；可充气的牛皮纸袋；货物网或货带等。

　　顶层纸板箱和集装箱的顶之间应保持一定的间隙以保证空气流通的需要。使用托盘、支架和衬板等使货运集装箱远离地板和墙面。在货品底端、四周和货品之间留有空气流通的间隙。

　　在混合装载时，相似大小的货物集装箱应放在一起。先装载较重的货物集装箱，均匀排列在拖车或集装箱底部，然后由重到轻依次装载，将轻的集装箱放在重的集装箱的上面。锁住和固定住不同尺寸的货运集装箱以确保安全。

　　应在靠近集装箱门的位置放置每种货物的样品，以减少检验时对货品的挪动。

　　④运输操作。装货结束后，运输前要确保货舱封闭，装货出入口区域也应密封。

　　装货结束后，需要时要向拖车和集装箱中提供减低了氧气浓度，提高了二氧化碳和氮气浓度的空气。在拖车和集装箱货物装载通道的门旁应装有塑料薄膜帘和通气口。

　　运输过程中要保持货仓内的温度和相对湿度。

　　在温度最高区域的包装箱之间，应配备温度监控记录设备。

　　温度监控记录设备应安装在货品的顶端，靠近墙面，远离直接排出的冷气。当货品顶端放置冰块或相对湿度高于95%时，温度监控记录设备应防水或密封在塑料袋中。

温度的感应和测量应在制冷系统停止运行后进行。应遵循温度记录仪的使用说明，记录所装载货品、开启记录仪时间、记录结果、校准和验证等。

制冷系统、墙、顶、地板和门应密封，与外面的空气隔绝，否则形成的气体环境会被破坏。

冷链运输装备上应贴警示条，明示注意事项；卸货之前，车厢内应经过良好通风。

4. 新鲜水果常用的包装容器、材料及适用范围（表5-3）

表5-3　新鲜水果包装容器的种类、材料及适用范围

种类	材料	适用范围
塑料箱	高密度聚乙烯	适用于任何水果
纸箱	瓦楞纸板	适用于任何水果
纸袋	具有一定强度的纸张	装果量通常不超过2kg
纸盒	具有一定强度的纸张	适用于易受机械伤的水果
板条箱	木板条	适用于任何水果
筐	竹子、荆条	适用于任何水果
网袋	天然纤维或合成纤维	适用于不易受机械伤的水果
塑料托盘与塑料膜组成的包装	聚乙烯	适用于蒸发失水率高的水果，装果量通常不超过1kg
泡沫塑料箱	聚苯乙烯	适用于任何水果

5. 新鲜水果包装内的支撑物和衬垫物的种类和作用（表5-4）

表5-4　新鲜水果包装内的支撑物和衬垫物

种类	作用
纸	衬垫，缓冲挤压，保洁，减少失水
纸托盘、塑料托盘、泡沫塑料盘	衬垫和分离水果，减少碰撞
瓦楞插板	分离水果，增大支撑强度
泡沫塑料网或网套	衬垫，减少碰撞，缓冲震动
塑料薄膜袋	控制失水和呼吸
塑料薄膜	保护水果，控制失水

6. 新鲜蔬菜常用的包装容器、材料及适用范围（表5-5）

表5-5　新鲜蔬菜包装容器的种类、材料及适用范围

种类	材料	适用范围
塑料箱	高密度聚乙烯	任何蔬菜
纸箱	瓦楞板纸	经过修整后的蔬菜
钙塑瓦楞箱	高密度聚乙烯树脂	任何蔬菜
板条箱	木板条	果菜类
筐	竹子、荆条	任何蔬菜
加固竹筐	筐体竹皮、筐盖木板	任何蔬菜
网、袋	天然纤维或合成纤维	不易擦伤、含水量少的蔬菜
发泡塑料箱	可发性聚苯乙烯等	附加值较高，对温度比较敏感，易损伤的蔬菜和水果

二、鲜食浆果类水果采后预冷保鲜技术规程

1. 相关概念

浆果：由子房或子房与其他花器共同发育而成的柔软多汁的肉质果。

预冷：新鲜采收的浆果，在长途运输销售或贮藏之前，通过必要的装置或设施，迅速除去田间热和呼吸热，使果心温度尽快降低到适宜温度范围的操作过程。

预冷终止温度：预冷终止时，浆果果实的果心温度。

普通冷库预冷：利用普通高温库降温的预冷方式。

预冷库预冷：利用在普通冷库隔热防潮设计的基础上，通过加大制冷量和库内风速而设计的专门冷库降温的预冷方式。

差压预冷库预冷：利用专门的压差通风装置强制通风降温的预冷方式。

自发气调贮藏：在塑料薄膜帐或袋中，通过果实自身的呼吸代谢和塑料膜选择透气性双相调节贮藏环境中的氧气和二氧化碳浓度的贮藏方式。

人工气调贮藏：在冷藏的基础上，把果品放置在密闭的气调室中，利用产品自身的呼吸作用，通过专用设备调节贮藏环境中氧气和二氧化碳浓度的储藏方式。

2. 基本要求

（1）冷库要求。预冷用冷库设计要求如下。

普通冷库：应满足《冷库设计规范》（GB 50072—2010）的基本要求，风速不低于 0.5m/s，浆果类果品入库量为库容 20% 时，应在 24h 内将果心温度降至适宜的温度范围。

预冷库：应满足《冷库设计规范》（GB 50072—2010）的基本要求，风速不低于 1m/s，浆果类果品入库量为库容 80% 时，应在 24h 内将果心温度降至适宜的温度范围。

差压预冷库：应满足《冷库设计规范》（GB 50072—2010）的要求，风速 0.9~1.5m/s，空气流量不少于 0.06m³/（kg·min），应在 6~8h 内将入库浆果类果品的果心温度降至适宜的温度范围。

入库前准备：预冷或贮藏前对制冷设备检修并调试正常。选择食品卫生法规定允许使用的消毒剂对库房、包装容器、工具等进行消毒灭菌，并及时通风换气。

入库前应提前进行空库降温，在入库前 1d 将库温降至适宜温度。

（2）果实要求。采收要求如下。

跃变型浆果应在适宜贮藏、运输的成熟期适时采收，非跃变型浆果应在适宜贮藏、运输的成熟期适时晚采收，浆果类水果采收成熟度判断依据应按照《浆果贮运技术条件》（NY/T 1394—2007）的规定执行。

采收前应至少 15d 严格控制浇水，至少 30d 严格控制施药。

采收应在早晨露水干后或下午气温凉爽时进行。不宜雾天、雨天、烈日暴晒下采收。

采收过程中做到轻拿轻放，尽量避免碰伤果实。如需剪采时，应采用圆头型采果剪。

对机械伤果、病虫果、落地果、残次果、腐烂果、沾地果进行单独存放、处理。

采后果实应放置阴凉处，避免受太阳光直射。

质量要求：用于预冷保鲜的浆果类果品应有该果品固有的色泽、形状、大小等特征。卫生指标应符合《食品安全国家标准 食品中污染物限量》（GB 2762—2017）和《食品安全国家标准 食品中农药最大残留限量》（GB 2763—2021）的规定。

分级包装：果实采收、修整后，按产品大小、质量进行分级，相同等级集中堆放。根据要求，采用果盘、盒、箱、筐等进行包装。包装材料应符合《绿色食品 包装通用准则》（NY/T 658—2015）的卫生要求。

同批次预冷果实外包装箱规格应一致。

包装箱要牢固、有良好通风性能，内壁应光滑。包装内衬应有防震、减伤、调湿、调气等功能。

果实如需使用内包装，应在内包装材料上打孔，内包装的开孔需与外包装的开孔相配合；如因贮藏要求内包装不能打孔，预冷时必须将内包装袋口打开。

（3）预冷。

入库时间：浆果类果品采收后应及时入库预冷，采收到入库时间不宜超过12h。

堆码基本要求：小心装卸，合理安排货位及堆码方式，包装件的堆码方式应保证库内空气正常流通。货垛应按产地、品种、等级分别堆码并悬挂标牌。

普通冷库预冷和预冷库预冷堆码要求：码垛要松散，普通冷库预冷堆码密度不宜超过125kg/m³；预冷库预冷堆码密度不宜超过200kg/m³。货垛排列方式，走向应与库内空气环流方向一致。

普通冷库预冷和预冷库预冷货位堆码要求：距离≥0.2m；距顶≥1.0m；距冷风机≥1.5m；垛间距离≥0.3m；库内通道宽≥1.2m；垛底垫木（石）高度≥0.15m。

差压预冷库预冷堆码要求：果品包装箱置于差压预冷设备前，码垛要紧密，使包装箱有孔侧面垂直于进风风道，堆垛后包装箱开孔应对齐。包装箱应对称摆放在风道两侧，高度相同，用油布或帆布平铺覆盖中央分道上面及末端，包装箱高度不应高于油布或帆布高度。

预冷时库温：不同种类浆果类果品采用普通冷库预冷、预冷库预冷和差压预冷库预冷时的库温参见表5-6。

预冷终止温度：不同种类浆果类果品冰点和预冷终止温度参见表5-6。

表5-6 常见浆果预冷方式和预冷时库温　　　　　　　　　单位：℃

名称	冰点温度	预冷时库温			预冷终止温度
		普通冷库预冷	预冷库预冷	差压预冷库预冷	
葡萄	-2.1	-1~0	-1~0	0~2	3~5
猕猴桃	-1.5	0~2	0~2	1~3	3~5
草莓	-0.8	3~5	3~5	4~6	7~9
蓝莓	-1.3	2~4	2~4	3~5	5~7

（续表）

名称	冰点温度	预冷时库温			预冷终止温度
		普通冷库预冷	预冷库预冷	差压预冷库预冷	
树莓	-0.9	0~2	0~2	1~3	3~5
蔓越莓	-0.9	0~2	0~2	1~3	3~5
无花果	-2.4	0~2	0~2	1~3	3~5
石榴	-3.0	5~7	5~7	6~8	10~12
番石榴	-2.4	5~10	5~10	6~11	10~15
醋栗	-1.1	0~2	0~2	1~3	3~5
穗醋栗	-1.1	0~2	0~2	1~3	3~5
杨桃	-1.2	5~7	5~7	6~8	9~10
番木瓜	-0.9	5~7	5~7	6~8	10~13
人心果	-1.1	15~18	15~18	16~19	15~18

温度测定与记录：测量温度的仪器，误差≤0.2℃。测温点的选择符合《苹果冷藏技术》（GB/T 8559—2008）的要求。

相对湿度值：普通冷库预冷和预冷库预冷时库内相对湿度85%~90%。差压预冷库预冷时库内相对湿度90%~95%。当库房内湿度低于预冷浆果的适宜湿度下限，应采取加湿措施。

湿度测定与记录：测量湿度的仪器要求误差≤5%。测湿点的选择与测温点相同。

（4）出预冷冷库。果品温度降至预冷终止温度后，及时出库。

普通冷库和预冷库预冷果品，预冷终止后可就库贮藏；差压预冷库预冷果品，预冷终止后应移入普通冷库贮藏，移动过程中应保持低温状态。

3. 贮藏

（1）入库堆码。按产地、品种分库、分垛、分等级堆码，垛位不宜过大，以200~300kg/m³的密度堆码，大木箱包装、托盘堆码时，堆码密度可增加10%~20%。

在冷库不同部位摆放1~2箱观察果，以便随时观察箱内变化。

入库后应及时填写货位标签和平面货位图。

货位堆码按照《苹果冷藏技术》（GB/T 8559—2008）中相关规定执行。

（2）贮藏方式。根据浆果类果品的贮藏特性、对气调贮藏的反应和拟贮藏的时间长短，决定采取冷藏、自发气调贮藏或人工气调贮藏方式。

（3）保鲜技术条件。

温度：入满库房后要求24h内库温达到所贮产品要求的贮藏温度，不同种类浆果类果品储藏温度参见表5-7。应尽量避免库温波动，如有波动，波动范围不超过±0.5℃。

表5-7　常见浆果贮藏保鲜条件

名称	适宜贮藏温度（℃）	适宜贮藏相对湿度（%）	乙烯敏感性	推荐贮藏时间（d）	适宜贮藏气体条件	
					O_2（%）	CO_2（%）
葡萄	−1~0	90~95	L	30~90	2~5	1~5
猕猴桃	0~1	90~95	H	90~150	2~3	3~5
草莓	2~4	85~95	L	3~5	5~10	15~20
蓝莓	0~2	85~95	L	20~40	2~5	15~20
树莓	0±0.5	90~95	L	3~6	5~10	15~20
蔓越莓	0±0.5	90~95	L	8~16	1~2	0~5
无花果	−1~0	90~95	L	7~14	5~10	5~10
石榴	5~7	90~95	L	60~90	3~5	5~6
番石榴	5~10	90~95	M	10~20	8~10	5~6
醋栗	0±0.5	90~95	L	14~30	5~10	15~20
穗醋栗	−1~0	90	L	7~15	1~5	7~15
杨桃	5~7	85~90	M	20~30	3~6	4~6
番木瓜	7~13	85~90	M	10~20	2~5	5~8
人心果	15~18	85~90	H	30~50	2~5	5~10

注：L代表低敏感性；M代表中敏感性；H代表高敏感性。

湿度：不同种类浆果类果品贮藏适宜的相对湿度参见表5-7，贮藏过程中应防止外界热空气进入而造成库内大的湿度变化，当库房内湿度低于贮藏浆果的适宜湿度下限时，应采取加湿措施。

气体调节：冷藏时，如有大量腐烂或熏药等特殊情况，应利用夜间或早上气温较低时对冷库进行通风换气，但应注意避免发生冻害。

不同种类浆果类果品贮藏时适宜的氧气和二氧化碳浓度参见表5-7。

保鲜处理：浆果类贮藏期间，按照其贮藏特性要求，选择适宜的保鲜处理方式和处理工艺，并严格遵守食品安全的相关规定。

（4）贮藏管理。定期检查浆果类果品贮藏期间的质量变化情况，并及时处理腐烂变质果实。

浆果在贮藏过程中主要病害的防治措施按照《浆果贮运技术条件》（NY/T 1394—2007）附录 B 执行。

（5）出库。果实出库时，可一次出库或按市场需要分批出库。贮藏温度在 0℃左右的果品，一次全部出库上市时，应提前停止制冷机运行，使库温缓慢回升至 5~8℃后再出库；分批出库时，应先将果实移至温度为 5~8℃的干净场所，当果温和环境温度相近时上市。

气调贮藏结束时，应先打开贮藏间，开动风机 1~2h，待二氧化碳、氧气含量接近大气水平时，工作人员方可不戴安全防护面具进入库内进行出库操作。

4. 常见浆果预冷方式和预冷时库温（表 5-6）

5. 常见浆果贮藏保鲜条件（表 5-7）

下篇

相关技术研究报告

第六章　柿子在常温下的保鲜技术研究

第一节　引　言

柿果很受消费者的欢迎，但采后在常温下一个月以内甚至几天内就软化，随之腐败。鲜柿很难贮藏，更难于运输。

国内外对柿子的贮藏研究多在低温下进行，也只能使柿子保硬2~3个月。气调贮藏对柿子有一定的效果，但尚难以大量推广。所以目前迫切需要一种适合农村条件的柿子保鲜方法，以便解决柿子运销和长期供应市场问题。

柿子不耐贮运，主要由于其采后迅速软化。果实软化的直接原因，多数人认为果实软化与纤维素、果胶、淀粉及其三者的水解酶类有关。柿子采后生理研究目前还较欠缺，主要是对呼吸和乙烯方面有一些报道。岩田认为柿在完熟以后出现呼吸高峰，提出柿子为后期跃变型果实。高田峰雄研究了不同成熟度采收的柿子呼吸情况及乙烯处理对呼吸、乙烯生成和成熟的影响，认为柿子既不同于跃变型果实，也不同于非跃变型果实。而Akamine等认为柿子是跃变型果实。也有人把柿子归为非跃变型。总之，目前关于柿子呼吸的结果还不一致，柿子的采后生理研究还有待于进一步的研究。

一些研究证明，脱落酸（ABA）在鳄梨、李、杏、白兰瓜、苹果、梨、番茄等果实成熟过程中明显增加，然后才发生乙烯和呼吸跃变。认为ABA通过刺激乙烯产生促进果实成熟。在调节草莓和葡萄成熟作用中，ABA与乙烯有协同作用，但ABA的作用占主导地位。本试验将对在柿子上有关ABA影响成熟及与其他激素的关系深入研究。

本试验的主要目的是：研究适于柿子常温保鲜贮藏的保鲜剂并从柿子的后熟生理方面探讨其保鲜机理。以期找出一种简单、经济、实用的贮藏方法来保鲜柿子。

第二节　试验材料和方法

一、试验材料

本试验于 1987 年 9 月至 1991 年 1 月在西北农业大学（现称西北农林科技大学）和陕西乾县园艺站开展，具体试验材料来源见表 6-1。

表 6-1　试验材料来源

项目	1987 年	1988 年	1989 年		1990 年		
日期	9 月 28 日	9 月 28 日	9 月 21 日	10 月 3 日	9 月 29 日	9 月 26 日	10 月 8 日
地点	陕西乾县					陕西眉县	
品种	火柿	火柿 水柿 木洼柿	火柿	火柿 水柿 木洼柿	火柿 水柿 木洼柿	升底柿　火晶柿 平核无　磨盘柿 小萼子　摘家烘 烧天红　王后柿 七月糙　八月红 板柿　沙谷 1 号	干帽盔 木柿
成熟度	淡黄色		黄绿色	绿黄色 黄色 橘黄色	淡黄色	淡黄色 橘黄色	淡黄色 橘黄色

注：1. 所有品种均为涩柿类型。

　　2. 果实采收后剪平果柄，当天运至西北农业大学和乾县园艺站，选择无伤果作为试验材料。

二、试验设计

1. 1987 年

以火柿为研究对象，开展不同药剂对柿子保鲜效果的影响的研究，各处理量均为 20kg，分别为：2,4-D（20mg/kg）；BA；赤霉素；柿鲜 I_3[①]（主要成分为 GA）；高锰酸钾（0.1%）；油乳剂；氯化钙（6%）；氢氧化钙（2%）；磷酸二氢钾（2%）；水对照；干对照。

[①] 柿鲜 I 是自己配置的保鲜剂，属于保密配方，不同的配方用序号表示，即柿鲜 I_1、柿鲜 I_2 等。

2. 1988 年

以火柿为研究对象，探讨"柿鲜I"的保鲜效果和影响机理的研究，处理为：柿鲜I$_1$；柿鲜I$_2$；柿鲜I$_3$；柿鲜I$_4$；柿鲜I$_5$；柿鲜I$_6$；柿鲜I$_7$；BA；水对照；干对照；散装。柿鲜I$_3$处理 100kg，其他处理各 15~25kg。

3. 1989 年

在已有的研究基础上深入探讨柿子的后熟生理和柿鲜I保鲜机理，以火柿、木洼柿和水柿为研究对象，开展保鲜中试试验，设乾县和西北农业大学两地贮藏，针对乾县的柿果处理为：柿鲜 I$_6$为火柿 1 059 kg、水柿 10kg、木洼柿 45kg；伤果为火柿 54kg；CK 为 3 个品种各 10kg。西北农业大学的柿果处理见表 6-2。

表 6-2　西北农业大学贮藏柿子的处理（1989）　　　　　单位：kg

处理		火柿	水柿	木洼柿
柿鲜 I$_6$	好果	264.0	144.5	131.0
柿鲜 I$_6$	伤果	12.5	4.5	
柿鲜 I$_4$		21.5	12.5	9.0
森柏保鲜剂（1%）		10.0	7.0	8.0
CK1（水）		28.0	15.5	20.5
CK2（干散）		10.0	10.0	10.0
ABA 300mg/kg（采后第 8 天）		5.0		
ABA 500mg/kg（第 13 天）		5.0		
CEPA 500mg/kg（第 13 天）		5.0		
ABA 300mg/kg（第 8 天）+500mg/kg（第 13 天）		5.0		

4. 1990 年

在西北农业大学对柿子后熟生理，柿鲜I保鲜机理以及品种间的耐藏性和柿鲜I保鲜的广泛性开展了研究。供试品种为：摘家烘、升底柿、磨盘柿、沙谷 1 号、八月红、临潼板柿、王后柿、火晶柿、山东小萼子、平核无、绕天红、干帽盔、木柿、火柿、水柿、木洼柿。试验处理见表 6-3。

除未做任何处理的对照及特殊说明者以外，其他所有处理在 2d 内完成浸药，晾干后，置于塑料袋中封口，于室内常温下贮藏，每周检查并测定生理变化 1~2 次。贮藏期间的日均温度范围为：9 月底至 10 月上旬为 20~15℃，10 月上旬至 11 月下旬为 15~10℃，11 月下旬至翌年 1 月初为 10~

6℃。绝对最高温度为 21.0℃，绝对最低温度为 2.0℃。

表 6-3　1990 年贮藏柿子的处理

处理	品种及用量
CK（水）	木洼柿、火柿、水柿各 10kg，其他品种各 5kg
乙烯利	木洼柿、火柿、水柿各 10kg
油乳剂	木洼柿、火柿、水柿各 10kg
NW	木洼柿、火柿、火柿各 10kg
赤霉素	木洼柿、火柿、水柿各 10kg
赤霉素+去萼	火柿 10kg
柿鲜 I_6	木洼柿、水柿各 10kg，火柿 100kg，其他品种各 5kg

三、理化指标测定方法

呼吸强度用红外 CO_2 分析仪测定，流速 80mL/min。果内乙烯用抽气取气法取气，袋内乙烯直接用注射器取气，利用岛津 GC-A 型气相色谱仪进行分析。分析条件：固定相 GDX-02，柱温 90℃，进样口温度 140℃，载气 N_2 50mL/min，H_2 50mL/min，压力 0.5kg/cm²，空气压力 0.5kg/cm²，检测器使用氢焰离子化检测器。

电导测定：用电导仪法，取果实切片 3g 于小烧杯中，加 40mL 去离子水，20℃下放置 6h 后，测定绝对电导值，然后在 80℃水浴中保持 30min 后降温至 20℃时测定总电导值，计算前者与后者之比为相对电导率。

原果胶和可溶性果胶采用比色法，粗纤维的测定采用稀酸、稀碱与样品相继共煮法，单宁采用比色法，硬度采用 CY-1 硬度计测定。可溶性固形物采用手持糖量计测定，比重采用排水法，含水量采用常压干燥法测定。

酶的测定：参照 Paull 的方法提取多聚半乳糖醛酸酶（PG）、果胶甲脂酶（PE）和纤维素酶，参照陈冬兰的方法进行测定。超氧化物歧化酶（SOD）的测定用 NBT 光化还原法，过氧化氢酶（CAT）的测定用高锰酸钾滴定法，丙二醛（MDA）的测定用比色法，组织自动氧化速率参照李柏林的方法测定。

蛋白质采用考马斯亮蓝比色法测定，维生素 C 采用 2，6-氯靛酚钠滴定法测定，叶绿素和类胡萝卜素采用比色法测定，核酸的提取参照汪佩洪的方法，用紫外分光光度计法测定，游离氨基酸的测定参照朱广廉的方法略加改进，用80%乙醇提取，分离后利用121MB型氨基酸分析仪进行测定。

植物激素采用冷甲醇法提取，高效液相色谱仪测定，具体色谱条件如下。细胞分裂素（CTK）：柱子为u-Bondapar-CN（0.4cm×30cm）；流动相为15%甲醇（CH_3OH）（pH=3），流速1.0mL/min；检测器为UV254nm×0.1AUFS。生长素（IAA）、赤霉素（GA）、脱落酶（ABA）：柱子为Novapak C18；流动相为20%CH_3OH-20%CH_3CN-60%H_2O（pH=3），流速1.0mL/min；检测器为UV254nm 0.1AUFS。

多胺的提取参照Kramer的方法，取柿子果肉2.00g，用乙二胺作内标，用5%高氯酸匀浆，并定容到10mL，离心，取上清液制备衍生物。用柱前衍生-荧光检测RP-高压液相色谱仪测定，分析仪器为美国Waters HPLC，柱子为Nova-PakC18（3.9mm×150mm，50℃），流动相0~8min；60%~100%甲醇（线性），8~12min：100%甲醇，流速为1mL/min；检测器为λEx/λEw=337nm/485nm。

第三节 结果分析

一、柿子在常温下的保鲜研究

1. 柿子品种的耐藏性及与理化指标的关系

柿子品种间耐藏性差异较大，探讨各品种间的耐藏差异对确定贮藏技术起着非常重要的作用。本试验选择了16个涩柿品种进行理化指标和耐藏性比较，结果见表6-4，结果表明，木洼柿很耐藏，常温下采后10d时硬果率为96.7%，50%的果实软化时的天数（$D_{0.5}$）高达70d；木柿、干帽盔、小萼子、八月红、火柿较耐藏，采后10d时的硬果率为84.0%~94.1%，$D_{0.5}$为25~39d；升底柿、磨盘柿、水柿、火晶柿较不耐藏，采后10d时的硬果率为60%~80.0%，$D_{0.5}$为10~13d；板柿、王后柿、平核无、绕天红、沙谷1号不耐藏，采后10d时的硬果率小于66.7%，$D_{0.5}$为5~7d，摘家烘极不耐藏，软化速度最快，$D_{0.5}$为3.5d，10d时已无硬果。

用$D_{0.5}$（Y）表示耐藏性，表6-5表明，不同品种之间，耐藏性与硬果率（X_1）、硬度（X_3）、可溶性固形物（TSS）（X_4）、单宁（X_5）显著正相

关，与含水量（X_7）呈负相关。与呼吸强度（X_2）、比重（X_6）、失重速率

表 6-4　柿子品种的理化指标和耐藏性比较

品种编号	品种	$D_{0.5}^*$ (d)	硬果率* (%)	呼吸强度 [CO_2mg/ (h·kgFw)]	硬度 (kg/ cm^2)	TSS* (%)	单宁 (%)	比重 (g/ mL)	含水量 (%)	失重速率 [g/(kg· d)]	单果重 (g)
		Y	X_1	X_2	X_3	X_4	X_5	X_6	X_7	X_8	X_9
1	木洼柿	70.0	96.7	8.78	13.5	25.5	2.76	1.011	73.8	0.800	126.4
2	木柿	30.0	94.1	3.42	9.4	18.8	1.22	1.033	79.9	0.910	219.9
3	干帽盔	27.0	93.7	4.71	10.0	19.3	1.22	0.991	78.3	0.697	108.6
4	小蓴子	25.0	93.5	3.04	8.7	22.3	0.92	1.018	77.0	3.650	85.1
5	八月红	39.0	90.0	4.30	8.2	18.9	1.92	1.054	81.1	0.927	52.1
6	火柿	28.0	84.0	1.83	8.8	20.8	1.42	1.028	78.1	1.100	147.4
7	升底柿	13.0	80.0	3.22	10.4	17.2	1.87	1.010	81.5	0.715	147.2
8	磨盘柿	12.0	75.0	6.96	9.5	16.2	0.83	0.998	81.6	2.033	195.3
9	火晶柿	12.0	73.7	6.09	10.5	18.8	0.84	1.017	79.5	2.319	60.9
10	板柿	7.0	71.4	5.74	5.7	16.6	0.50	1.018	79.9	2.120	161.1
11	王后柿	5.0	66.7	9.13	9.9	16.4	0.61	1.010	80.3	2.634	187.7
12	平核无	6.0	62.5	6.78	3.3	15.7	0.92	1.079	79.5	1.463	103.0
13	水柿	10.0	60.0	11.04	10.3	17.9	1.30	1.006	79.9	1.986	152.1
14	绕天红	7.0	33.3	12.18	4.0	16.2	1.25	1.001	79.3	1.057	132.8
15	沙谷1号	6.0	27.3	7.04	5.6	19.7	0.93	1.043	78.4	2.310	96.3
16	摘家烘	3.5	0.0	2.35	2.0	15.1	0.78	1.052	79.6	1.986	145.7
	均值	18.8	68.9	6.04	8.1	18.5	1.21	1.023	79.2	1.669	132.6
	标准差	17.47	27.52	3.078	3.11	2.72	0.576	0.237	1.90	0.8447	46.95
	变异系数 (%)	92.9	40.0	51.0	38.4	14.7	47.8	2.3	2.4	50.6	35.4

注：1. 硬果率为采后 10d 时的测定值，失重速率取采后 20d 时的测定值，其他指标均为刚采收后测定值。

2. $D_{0.5}$ 为软果率达 50% 时的天数。

3. 硬果率是指硬度 ≥3.5kg/cm^2 的新鲜果实占最初贮藏果实的百分率，下同。

4. TSS 为可溶性固形物含量。

（X_8）、单果重（X_9）有负相关的趋势（表6-4，表6-5），但不显著。用常温下采后 10d 时的硬果率表示耐藏性，仅与果实硬度（X_3）和 TSS（X_4）显著正相关。表明果实采收时的硬度和 TSS 对柿子（涩柿）的耐藏性影响最大；单宁（X_5）和含水量（X_7）因与 TSS 显著相关，因此对耐藏性影响也较大。呼吸强度（X_2）因采后变化明显，但变化趋势不一致，因此采收时的呼吸强度与耐藏性无线性关系，但从表6-4可以得出，呼吸强度大的品种不耐藏。果实的比重因各品种间差异不大（变异系数仅为2.3%）而与耐藏性无关。果实的失重对果实的耐藏性影响较小。单果重与耐藏性无关。

表6-5　柿子各理化指标间的相关系数

	Y	X_1	X_2	X_3	X_4	X_5	X_6	X_7	X_8	X_9
Y	1.000									
X_1	0.645 **	1.000								
X_2	−0.129	−0.324	1.000							
X_3	0.611 *	0.758 ***	0.052	1.000						
X_4	0.839	0.553 *	−0.113	0.615 *	1.000					
X_5	0.825 ***	0.413	0.033	0.517 *	0.631 **	1.000				
X_6	−0.097	−0.289	−0.335	−0.579 *	−0.168	−0.080	1.000			
X_7	−0.649 **	−0.192	−0.074	−0.258	−0.827 ***	−0.441	0.079	1.000		
X_8	−0.429	−0.222	0.043	−0.142	−0.057	−0.650 **	0.004	−0.006	1.000	
X_9	−0.160	−0.023	0.08	0.084	−0.306	−0.186	−0.229	−0.249	−0.099	1.000

　　用主成分分析法将各品种的 10 个理化指标进行综合，得到前 4 个主因子的累计贡献率为 84.8%（表6-6），因此，前 4 个主因子反映了各指标的大部分信息。

表6-6　主成分分析的特征值和贡献率

指标	F_1因子	F_2因子	F_3因子	F_4因子
特征值	4.21	1.744	1.373	1.157
贡献率	42.10%	17.40%	13.70%	11.60%
累计贡献率	42.10%	59.50%	73.30%	84.80%

从表6-7可知，F_1因子上的载荷以 $D_{0.5}$（Y）正向最大，其次为 TSS（X_4），单宁（X_5），硬度（X_3），硬果率（X_1）；负向最大值是果实含水量（X_7），因此可以认为 F_1 因子是硬度和内含物因子。对耐藏性的反映比较集中。采收时 TSS，单宁含量高，硬度大，含水量低的品种较耐贮藏。

表6-7　主成分分析的因子载荷

指标	F_1因子	F_2因子	F_3因子	F_4因子
Y	0.9448	−0.1520	0.1043	−0.0357
X_1	0.7309	0.2249	0.1269	0.4755
X_2	0.0633	0.4227	−0.3582	−0.7446
X_3	0.7741	0.4779	−0.0768	0.2292
X_4	0.8939	−0.2127	−0.3245	0.0681
X_5	0.8234	−0.1167	0.3209	−0.3450
X_6	−0.2952	−0.8074	0.2612	0.0321
X_7	−0.6589	0.3121	0.4723	0.2281
X_8	−0.3881	−0.0251	−0.7966	0.3791
X_9	−0.1783	0.6738	0.2780	0.0465
VP	4.2109	1.7435	1.3726	1.1569

F_2因子上正向的主要载荷是单果重（X_9），负向最大的是比重（X_6）说明单果重与比重这两项指标呈负相关，这与前人研究的观点一致。

F_3因子上的主要载荷是负向的失重速度（X_8）。

F_4因子上的主要载荷是负向的呼吸强度（X_2）。

从表6-8看出，F_1因子上具有正向因子值的品种，最大者是木洼柿（1），该品种最耐藏，其次是木柿（2），干帽盔（3）、小萼子（4）、八月红（5）、火柿（6），这些品种较耐藏。F_1因子上具有负向因子值最大者是摘家烘（16），该品种极不耐藏，其次是沙谷1号（15），绕天红（14）、平核无（12）、王后柿（11）、板柿（10）这些品种不耐藏。其他品种如升底柿（7）、磨盘柿（8）、火晶柿（9）、水柿（13）居中较不耐藏。这与前面的结果一致。说明主成分分析法可靠性强。

表6-8　各品种的子样值

品种编号	F_1因子	F_2因子	F_3因子	F_4因子
1	2.7971	−0.2428	−0.5011	−1.4774

（续表）

品种编号	F$_1$因子	F$_2$因子	F$_3$因子	F$_4$因子
2	0.3430	0.5532	1.4076	0.8472
3	0.7489	0.4547	0.2696	0.2336
4	0.5119	-0.7747	-2.1055	1.7425
5	0.5919	-1.3113	1.3053	0.1610
6	0.6572	-0.4468	0.6093	0.7531
7	0.2149	0.6444	1.6134	0.4018
8	-0.4919	1.6238	0.1799	0.5556
9	-0.0242	-0.1597	-0.9940	0.6332
10	-0.7760	0.3888	-0.2053	0.5553
11	-0.6676	1.4134	-0.7608	0.2401
12	-0.9425	-1.4802	0.5814	-0.4578
13	-0.1325	1.1537	-0.5935	-0.8955
14	-0.6836	0.5590	-0.1400	-2.3838
15	-0.6043	-1.0735	-1.0417	-0.6434
16	-1.5423	-1.3021	0.3812	-0.2656

以 $D_{0.5}$（Y）作因变量；其他 9 个理化指标作自变量，进行多元回归分析，得到多元回归方程为：

$$Y = 40.87 + 0.19X_1 - 0.19X_2 - 0.23X_3 + 1.84X_4 + 13.33X_5 + 61.04X_6 - 1.86X_7 - 1.16X_8 + 0.03X_9$$

这里，复相关系数 R 为 0.9545，多元决定系数 R^2 为 0.9111，方程达极显著水平（P 为 0.01），显而易见，利用 9 个指标的平均值预测果实的耐藏性（$D_{0.5}$）有很高的准确性（表 6-9）。由于自变量较多，给具体应用带来过大的工作量。因此有必要采用多元逐步回归，尽量用比较少的自变量也可达到计算准确度较高的目的。

表 6-9　利用 9 个理化指标预测柿子耐藏性的结果（$D_{0.5}$）

品种编号	实测值	预测值	预测误差	预测结果直观分布		
				-2×STD	0.0	2×STD
1	70.0	66.23	3.77		I *	

（续表）

品种编号	实测值	预测值	预测误差	预测结果直观分布		
				−2×STD	0.0	2×STD
2	30.0	27.88	2.12		I *	
3	27.0	25.19	1.81		I *	
4	25.0	27.13	−2.13		* I	
5	39.0	30.02	8.98		I	*
6	28.0	33.05	−5.05	*	I	
7	13.0	24.05	−11.05	*	I	
8	12.0	6.09	5.91		I	*
9	12.0	10.83	1.17		*	
10	7.0	5.95	1.06		*	
11	5.0	3.62	1.38		I *	
12	6.0	11.78	−5.78	*	I	
13	10.0	13.87	−3.87	*	I	
14	7.0	7.39	−0.39		*	
15	6.0	10.53	−4.53		* I	
16	3.5	−3.12	6.62		I	*

用逐步回归法得到多元回归的方程为：

$$Y = 238.02 + 0.23X_1 + 15.82X_5 - 3.21X_7$$

R 为 0.944 1，R^2 为 0.891 4，P 为 0。

从方程式可以看出，仅用硬果率（X_1）、单宁（X_5）、和含水量（X_7）来预测果实的耐藏性，在保障较准确结果的前提下大大简化了预测的工作量（表6-10）。

表6-10　利用3个指标预测柿子耐藏性（$D_{0.5}$）

品种编号	实测值	预测值	预测误差	预测结果直观分布		
				−2×STD	0.0	2×STD
1	70.0	67.21	2.79		I *	

（续表）

品种编号	实测值	预测值	预测误差	预测结果直观分布		
				−2×STD	0.0	2×STD
2	30.0	22.68	7.32		I *	
3	27.0	27.70	−0.70		*	
4	25.0	27.10	−2.10		* I	
5	39.0	28.96	10.04		I	*
6	28.0	29.29	−1.29		* I	
7	13.0	24.58	−11.58	*	I	
8	12.0	6.65	5.35		I	*
9	12.0	13.25	−1.25		* I	
10	7.0	6.06	0.94		*	
11	5.0	5.43	−0.43		*	
12	6.0	11.93	−5.93	*	I	
13	10.0	16.09	−6.09	*	I	
14	7.0	11.07	−4.07		* I	
15	6.0	7.51	−1.51		* I	
16	3.5	−5.01	8.53		I	*

2. 常温下各种保鲜剂对柿子的保鲜效果

本试验利用 12 种药剂对火柿进行处理，结果表明（表 6-11），柿鲜 I_3、NW、GA、BA、森柏保鲜剂、油乳剂、Ca（OH）$_2$、$KMnO_4$ 等药剂对火柿均有保鲜作用，在常温下可保鲜 30d 以上；其中 BA 可保鲜 50d 以上；柿鲜 I_3、赤霉素和 NW 处理可保鲜 105d 以上，此时果实硬度大于 4.6 kg/cm^2 以上，可溶性固形物大于 15.0%，而对照（H_2O）果在 30d 时仅有 50.0% 的硬果，50d 内全部软化。2,4-D 加速果实软化。$CaCl_2$、KH_2PO_4 无保鲜作用。

表 6-11　常温下各种药剂对火柿采后的保鲜效果

处理	硬果率（%）			硬度（kg/cm^2）		可溶性固形物（%）	
	30d	50d	105d	0d	36d	0d	36d
H_2O	50.0	0	0	11.7		17.9	14.7

（续表）

处理	硬果率（%）			硬度（kg/cm^2）		可溶性固形物（%）	
	30d	50d	105d	0d	36d	0d	36d
柿鲜 I_3	100**	91.0	91.0	11.7	8.8	17.9	17.0*
GA_3	89.1	87.4	63.0	11.7	7.4	17.9	16.4*
BA	90.0**	78.8	0	11.7	4.5	17.9	15.8*
2,4-D	20.0*	0	0	11.7		17.9	
NW	100**	100	90.0	11.7	7.8	17.9	16.2*
森柏保鲜剂	60.0*	40.0	0	11.7	2.6	17.9	15.6
油乳剂	68.0*	34.0	0	11.7	2.5	17.9	15.2
$CaCl_2$	46.7	10.0	0	11.7		17.9	14.9
Ca(OH)$_2$	80.0**	30.0	0	11.7	2.5	17.9	14.2
KH_2PO_4	50.0	20.0	0	11.7		17.9	14.7
$KMnO_4$	86.7**	40.0	0	11.7	2.2	17.9	16.4

注：1. 30d 表示贮藏天数，下同。

2. * 表示 t 测验（或百分数测验）差异达显著水平；** 表示差异达极显著水平，下同。

柿鲜 I_3 中的主要成分是 GA，所以柿鲜 I_3、GA、BA 的保鲜效果主要是通过激素的平衡来起作用，有关机理下文将会谈到。森柏保鲜剂、油乳剂主要作用是对果实进行微气调，从而进行保鲜；Ca(OH)$_2$ 处理增加果实中钙含量。$KMnO_4$ 既起氧化乙烯作用，又起杀菌作用，因此以上药剂对柿子保鲜均有一定效果。NW 是尚未开发用于保鲜的一种药剂，通过试验验证有较好的保鲜效果，但具体机理尚待研究。

由于柿鲜 I 的保鲜效果最好，因此在后续的试验中，主要集中于柿鲜 I 的进一步研究，包括药剂配方的进一步改进和保鲜机理研究等方面。

3. 柿鲜 I 对柿子的保鲜效果

表 6-12 表明，对照的火柿，在常温下硬果率迅速下降，30d 后硬果率仅为 56.8%；但柿鲜 I 处理的火柿，30d 后硬果率达 85.4%~99.2%，硬度减少得越少，说明硬度保持的效果越好，同时还保持了较高的可溶性固形物含量；柿鲜 I 处理后常温下贮藏 105d 的火柿，平均硬度均在 5.6kg/cm^2 以上，可溶性固形物含量在 15% 以上，硬果率在 66.7% 以上；尤其柿鲜 I_4 至柿鲜 I_7 处理后，硬果率达 86.2%~99.2%，并保持鲜柿的基本风味品质；装

袋与对照相比，效果较好，但差异不显著。结果表明，柿鲜Ⅰ对火柿的保鲜效果非常显著，但需要合适的浓度配比。进一步的试验主要用效果较好的柿鲜Ⅰ₆代表柿鲜Ⅰ。

表6-12　常温下柿鲜Ⅰ各处理对火柿贮藏性的影响

处理	硬果率（%）			硬度（kg/cm²）			可溶性固形物（%）		
	30d	50d	105d	0d	30d	105d	0d	30d	105d
柿鲜Ⅰ₁	87.2	78.7	75.1	10.0	8.2	5.7b	18.6	15.9	16.6
柿鲜Ⅰ₂	95.5	81.0	73.4	10.0	9.3	6.0ab	18.6	17.3	16.4
柿鲜Ⅰ₃	85.4	80.0	66.7	10.0	8.1	5.6b	18.6	17.0	17.5
柿鲜Ⅰ₄	95.4	90.8	87.0	10.0	9.7	7.9a	18.6	17.6	16.3
柿鲜Ⅰ₅	94.1	91.9	91.5	10.0	9.1	7.2a	18.6	16.6	15.1
柿鲜Ⅰ₆	93.9	86.2	86.2	10.0	9.3	7.0a	18.6	18.3	15.0
柿鲜Ⅰ₆(散放)	92.3	85.0	73.0	10.0	9.0	5.9ab	18.6	17.0	15.4
柿鲜Ⅰ₇	99.2	99.2	99.2	10.0	9.3	6.8a	18.6	17.6	16.4
CK₁（H₂O）	56.8			10.0	2.0		18.6	14.0	
CK₂（不处理）	54.1			10.0	2.0		18.6	14.6	
CK₃（散放）	51.2			10.0	2.0		18.6	15.0	

注：以上为方差分析结果。

为了探讨柿鲜Ⅰ保鲜的稳定性和可操作性，除了对火柿连续进行4年的保鲜试验，证明其效果稳定之外；同时还对另外14种柿子品种进行了保鲜试验。结果表明，柿鲜Ⅰ对所有供试品种均有显著的保鲜作用（表6-13），越耐藏的品种，保鲜期越长。贮藏30d时，有7个品种的对照果实全部软化，但柿鲜Ⅰ处理的硬果率仍高于60%，木柿、干帽盔、小莺子、火柿、平核无等品种的对照果实硬果率小于50%，而处理果的硬果率均大于80%；贮藏70d，木洼柿对照果实的硬果率为0%，而处理的硬果率仍达91.5%。

表6-13　常温下柿鲜Ⅰ₆对采后柿子软化的控制

品种	贮藏天数				
	20d	30d	40d	55d	70d
木洼柿	100（86.7）	92.9（86.7）	91.8（48.2）	91.8	91.5
木柿	90（94.1）	80.0（47.1）	70.0	64.5	50.0

（续表）

品种	贮藏天数				
	20d	30d	40d	55d	70d
干帽盔	100（75.0）	95.0（28.7）	70.0	68.2	56.5
山东小萼子	96.5（66.6）	84.6（37.5）	73.2	61.5	57.5
襄汾八月红	100（84.3）	100（73.3）	83.3（40）	63.3	56.7
火柿	94.6（72.0）	92.9（50.0）	87.8	75.2	68.5
华县升底柿	90.0（10.6）	65.0（0）	50.0		
磨盘柿	80.2（10.0）	73.8（0）	68.2	56.8	
火晶柿	70.0（4.2）	68.8（0）	62.2	48.8	
临潼板柿	75.0（0）	60.0（0）	50.0		
王后柿	67.8（5.0）	64.3（0）	57.1		
平核无	87.5（18.7）	87.5（12.5）	75.0	50.9	
水柿	90.0（60.0）	85.0（0）	60.2	50.0	
绕天红	72.2（27.3）	61.1（0）	50.0		
沙谷一号	50.0（0）				

注：1. 包装未封口。

2. 括号外为柿鲜I处理，括号内为同期对照果的硬果率（%）。

贮藏后柿子的品质测定结果（表6-14），表明柿鲜I_6处理的木洼柿和火柿贮藏105d后，硬度分别为7.0 kg/cm^{2}和6.8kg/cm^2，可溶性固形物分别为21.1%和16.7%，维生素C保持在60%以上，分别为18.4mg/100g和6.0mg/100g，单宁降至1.06%和0.50%，基本保持了原有的风味和品质。

表6-14　柿鲜I_6处理后柿子的品质变化

品种	处理	可溶性固形物		单宁（%）		维生素C（mg/100g）		硬度（kg/cm^2）	
		0d	105d	0d	105d	0d	105d	0d	105d
木洼柿	H_2O	23.5	19.8	2.17	0.74	23.2	10.2	12.2	
	柿鲜I_6	23.5	21.1	2.17	1.06	23.2	18.4	12.2	7
火柿	H_2O	20.2	15.7	1.72	0.48	9.6	4.3	9.2	
	柿鲜I_6	20.2	16.7	1.72	0.5	9.6	6.0	9.2	6.8

为了确定有利于贮藏保鲜的最适采收期和柿鲜I处理的最适成熟度，对火柿开展了不同成熟度采后保鲜的试验研究，结果见表6-15。研究结果表明，果实绿黄色时采收最耐藏，采后30d时用水处理的果实硬果率仍达60.0%，其次是黄色果的硬果率为50%，而黄绿色和橘黄色果的硬果率分别仅有8.4%和0%。用柿鲜I_6处理的结果也是绿黄色果和黄色果耐藏，105d后，硬果率仍达94.5%和84.2%，硬度达8.8 kg/cm^{2}和5.1kg/cm^2，TSS保持在15.7%和17.8%；而黄绿色果和橘黄色果的硬果率分别为50.0%和60.0%。

综合考虑果实的品质和耐藏性，用于贮藏的果实应在绿黄色转至黄色（即淡黄色时）采收。

表6-15　柿鲜I_6对不同成熟度采收的火柿的保鲜效果

成熟度	处理	硬果率（%）			硬度（kg/cm^2）		可溶性固形物（%）	
		10d	30d	105d	0d	105d	0d	105d
黄绿色	H_2O	50.0	8.4	0	11.2		17.7	
	柿鲜I_6	90.0	90.0	50.0	11.2		17.7	
绿黄色	H_2O	100	60.0	0	10.0		18.6	
	柿鲜I_6	100	100	94.5	10.0	8.8	18.6	15.7
黄色	H_2O	84.0	50.0	0	8.8		20.8	
	柿鲜I_6	99.0	90.3	84.2	8.8	5.1	20.8	17.8
橘黄色	H_2O	50.0	0	0	8.2		23.0	
	柿鲜I_6	92.0	60.0	60.0	8.2	4.2	23.0	18.0

由于柿子成熟季节的售价较低，采收时硬度较大，所以农户往往进行粗放式采收，为了对采收时损伤造成的损失得出较准确的估计，开展了损伤对果实贮藏的影响及柿鲜I处理的效果的研究。设置轻伤组和好果组进行比较。轻伤果的标准是采收时，从0.8m高（基本上为人站立垂手到地面的距离）处落地造成的伤害。具体试验结果见表6-16。结果表明，伤果的耐藏性明显比好果差。未处理的果实，木洼柿的伤果的硬果率比同期的好果的低20%以上，火柿的低20%~40%，水柿的低50%左右。同时还可看出，伤果的硬果率一开始降低很快，之后变慢，说明损伤的影响表现较早。分析原因可能是伤害产生乙烯，促使呼吸等后熟加快。用柿鲜I处理伤果，同样也起到保鲜作用，但比好果处理的效果差得多，因此，贮藏果一定要注意避免果实采收和运输时的损伤。

表 6-16　轻伤对果实贮藏的影响及与柿鲜 I_6 处理的关系（硬果率）　　单位:%

品种	类品	处理	采后天数			
			10d	20d	30d	40d
木洼柿	好果	H_2O	96.7	86.7	86.7	48.2
		柿鲜 I_6	100	100	92.9	91.8
	伤果	H_2O	70.0	60.0	60.0	20.0
		柿鲜 I_6	100	91.8	72.5	72.5
火柿	好果	H_2O	84.0	72.0	50.0	6.0
		柿鲜 I_6	100	94.6	92.9	87.8
	伤果	H_2O	40.0	30.0	30.0	0
		柿鲜 I_6	94.0	87.7	75.2	57.6
水柿	好果	H_2O	86.7	60.0	0	0
		柿鲜 I_6	100	90.0	85.0	80.0
	伤果	H_2O	30.0	10.0	0	0
		柿鲜 I_6	80.2	42.0	20.0	0

注：伤果为采收时从 0.8m 高落到地面的碰伤果。

柿子果实的呼吸和失水主要靠萼片，因此研究团队对火柿进行了去萼贮藏，具体试验结果见表 6-17。结果表明，去萼后的火柿耐藏性比对照提高。贮藏 30d 时，对照果仅有 14% 的硬果，去萼处理的硬果率高达 72%。去萼的效果尤其体现在结合柿鲜 I 处理上，柿鲜 I_1 处理的火柿贮藏 105d 时硬果率为 63.0%，但柿鲜 I_1 处理后去萼，105d 时无软果，硬度达 6.4kg/cm^2，且保持较高的 TSS（17.8%）。这明显地表现出了交互作用，说明柿子萼片对柿子的后熟衰老起重要作用。柿子采后，萼片中产生一些促进衰老的物质（可能是 ABA），同时生长促进物质含量下降，萼片衰老并把这一信号传给果实而引起果实的后熟衰老，用柿鲜 I 处理首先是抑制了萼片的衰老，去萼片减少了果实的呼吸和水分损失，所以抑制果实的后熟衰老。

表 6-17　去萼对火柿果实耐藏性的影响

处理	硬果率（%）				硬度 （kg/cm^2）	TSS （%）
	15d	30d	70d	105d	105d	105d
水	50	14	0	0		

（续表）

处理	硬果率（%）				硬度（kg/cm²）	TSS（%）
	15d	30d	70d	105d	105d	105d
去萼	72	72	22	14		
柿鲜 I_1	98.9	92.3	85.7	63.0	4.5	17.6
柿鲜 I_1+去萼	100	100	100	100	6.4	17.8

4. 柿鲜 I 保鲜中试试验

在乾县对火柿品种进行了柿鲜 I 的保鲜中试。结果和实验室试验一致（表6-18）。经90d 的常温贮藏后，柿鲜 I_6 处理的火柿硬果率为80.5%，硬度达6.3kg/cm²，可溶性固形物保持为16.7%，而对照果贮藏30d 时硬果率仅为30.0%，56d 时已全部软化。至此，经过4年的实验室试验和1年的中试试验证明，柿鲜 I 对柿子的保鲜效果比较显著，木洼柿、火柿等品种可在常温下保鲜3个月以上。该研究已通过厅级成果鉴定，而在这之前尚未见常温下能使大量柿子保鲜3个月的报道。

表6-18　柿鲜 I 处理对火柿的保鲜效果

项目	采后天数		
	0d	30d	90d
硬果率（%）	100	98.5（30.0）	80.5
可溶性固形物（%）	19.4	19.8（15.4）	16.7
硬度（kg/cm²）	8.2	7.6（2.2）	6.3

注：括号内为对照。

二、柿鲜 I 的研究（以火柿为研究对象）

1. 柿鲜 I 对柿子硬度的影响

（1）柿鲜 I 对柿子硬度和化学组分的影响。图6-1表明，柿子采后在常温下硬度呈下降趋势，与采后时间的相关系数达0.964，贮藏至第4周时已低于测定下限。单宁含量和果实硬度变化一致，原果胶和粗纤维从果实将近软化时开始降低加快，可溶性果胶在软化后迅速升高，可溶性固形物（TSS）在果实软化前逐渐降低，软化后又升高。说明果胶、粗纤维和单宁含量与果实软化有关，这与前人在苹果、山楂、梨等果品上的报道一致。

TSS 较复杂，因其含有各种成分，随果实软化，一些 TSS 被呼吸等变化消耗，但软化过程中尤其软化后期可溶性果胶增加，一部分多糖降解成单糖，因此 TSS 又回升。

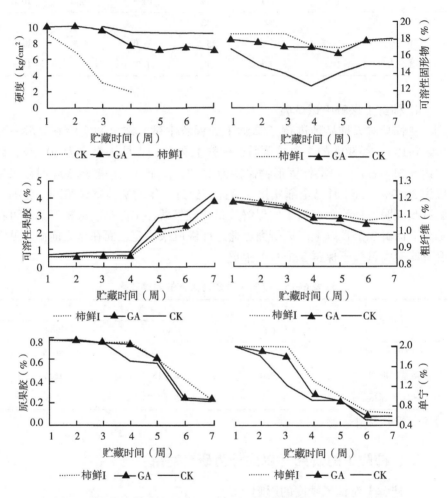

图6-1　火柿采后硬度和几种化学组分的变化及柿鲜Ⅰ与 GA 对其影响

采用柿鲜Ⅰ处理后，显著地降低了果实的软化速度，当对照在第4周硬度已低于测定下限时，处理仅降低 0.8kg/cm²；柿鲜Ⅰ使以上几种化学组分的变化均减缓，但总趋势不变。GA 处理结果与柿鲜Ⅰ相似，但效果没有柿鲜Ⅰ显著。表明柿鲜Ⅰ处理延缓了果实贮藏期的后熟变化，促使原果胶、粗纤维、单宁等物质降解速度变缓，从而推迟果实软化，其主效果是 GA 起作用。但处理与对照相比，硬度差异很大，而上面几种组分差异较小，同时在对照果实的前期软化中，可能还有细胞膨大等原因在起作用。

（2）柿鲜I对柿子的几种水解酶的作用。图6-2表明纤维素酶和多聚半乳糖醛酸酶（PG）活性随贮藏时间的延长逐渐升高，第4周达到高峰，随后迅速降低；果胶甲酯酶（PE）的活性在第4周后迅速下降。粗纤维和

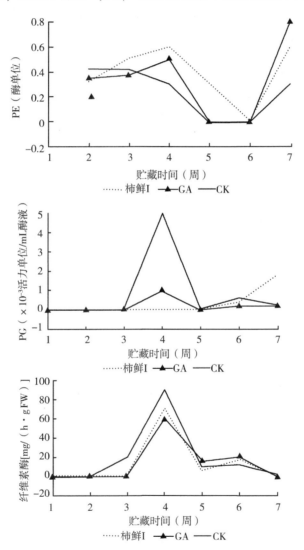

图6-2 火柿采后几种水解酶活性变化及柿鲜I与GA对其影响

原果胶含量在第 4 周降解加快，可溶性果胶含量在第 4 周后迅速升高；第 4 周后硬度降到 2kg/cm² 以下。说明软化可能是水解酶（其中主要是纤维素酶、PG 和 PE）的作用，导致不溶性物质向可溶性物质转化，前期主要是 PE 等的作用，后期主要是 PG 和纤维素酶等的作用。

柿鲜Ⅰ处理明显地降低了纤维素酶和 PG 的活性，并且推迟了 PG 的活性高峰；同时延缓了 PE 的降低时间。GA 处理结果与柿鲜Ⅰ相似。说明柿鲜Ⅰ通过调节酶的活性（使 PE 的活性加强，使 PG 和纤维素酶的活性降低）而抑制果实软化。

2. 柿子采后呼吸和膜透性的变化

（1）柿子采后呼吸的变化。关于柿子的呼吸类型问题，目前尚无一致的看法，因此，本试验测定了不同品种柿子的呼吸强度及火柿在不同成熟度、不同年份采收后的呼吸变化。结果表明，不同年份、不同成熟度采收的火柿呼吸类型基本一致，都有一个高峰，其出现的时间均在 10 月底至 11 月初，但早采收的呼吸高峰更明显（图 6-3）。同时，从未成熟果（绿色）和淡黄色时采收的果实的呼吸变化看出，果实淡黄色时，正是呼吸跃变前的低谷期。此时采收柿果最利于贮藏保鲜。

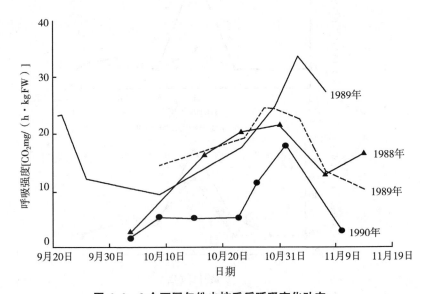

图 6-3　3 个不同年份火柿采后呼吸变化动态

对 9 个柿子品种的呼吸变化的测定结果表明，7 个品种有呼吸高峰（图

6-4），似乎柿子属于呼吸跃变型果实；除木洼柿外，其他品种的呼吸高峰都是在有软果时出现。平核无和升底柿未测出呼吸高峰，但也有高峰的趋势。

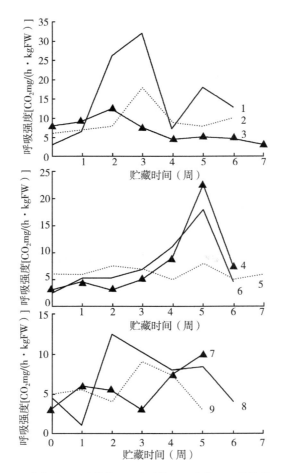

1. 小萼子；2. 火晶柿；3. 木洼柿；4. 木柿；5. 平核无；
6. 火柿；7. 升底柿；8. 八月红；9. 干帽盔。

图 6-4　各柿子品种采后呼吸变化

（2）柿鲜Ⅰ对柿子呼吸强度和膜透性变化的影响。柿子（火柿）采后，呼吸高峰在第 5 周出现，膜透性也从第 5 周左右开始增大，柿鲜Ⅰ处理推迟并降低了呼吸高峰值，延缓了膜透性的增加（图 6-5）。说明柿鲜Ⅰ能抑制柿子果实的呼吸强度，但不影响呼吸类型。

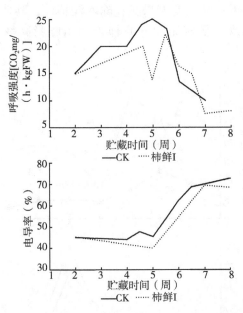

图6-5 柿鲜I对火柿呼吸强度和电导率的影响

3. 植物激素与柿子后熟

（1）柿子后熟过程中内源激素的变化。对3个品种的内源激素变化测定的结果表明，柿子贮藏一段时间后，细胞分裂素（CTK）、赤霉素（GA）和生长素（IAA）含量在降低，而脱落酸（ABA）和乙烯（ETH）含量在升高。各种激素的含量因品种而不同，CTK、GA和IAA的含量基本上都是木洼柿和火柿高，水柿低。乙烯和脱落酸含量在刚采收后由高到低的次序是木洼柿、火柿、水柿，18d后由多到少的含量次序是水柿、火柿、木洼柿（表6-19），恰好与它们的耐藏性顺序相反。

表6-19 柿子采后内源激素变化

品种	CTK（mg/100g）		GA（mg/100g）		IAA（mg/100g）		ABA（mg/100g）		ETH（mg/kg）	
	5d	18d	5d	18d	5d	18d	5d	18d	5d	18d
木洼柿	0.265	0.214	0.437	0.052	0.474	0.261	0.040	0.053	0.470	0.257
火柿	0.347	0.292	0.419	0.172	0.178	0.148	0.022	0.062	0.206	0.262
水柿	0.037	0.037	0.248	0.103	0.227	0.132	0	0.074	0	0.364

对火柿的5种内源激素作动态分析的结果表明（图6-6），在贮藏过程

中，GA、CTK、IAA 含量都呈逐渐降低的趋势，其中 GA 变化最大，前 3 周降低一半以上。GA 含量降低和硬度降低动态一致，均是前 3 周降低很快，表明 GA 与硬度的关系似乎更密切一些。与此相反，ETH 和 ABA 表现为逐渐升高的趋势，其中 ETH 在第 5 周出现高峰。这与前文所述的呼吸高峰出现时期完全一致。

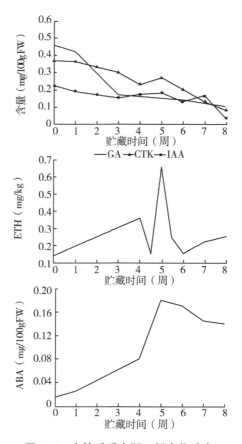

图 6-6　火柿采后内源乙烯变化动态

进一步对不同品种，以及火柿在不同年份、不同成熟度采后内源乙烯变化动态测定结果表明（图 6-7，图 6-8），3 年中，各品种、各年份、各成熟度采收的柿子（涩柿），均在 10 月 31 日左右出现乙烯峰，早采果的（绿色时采收）乙烯峰高，3 个品种间，虽然刚采收后木洼柿中乙烯含量最高，水柿最低，但出现高峰时，峰值由大到小的次序是水柿、火柿、木洼柿，这与耐藏性由小到大次序一致，说明乙烯与耐藏性的关系主要表现在后期。

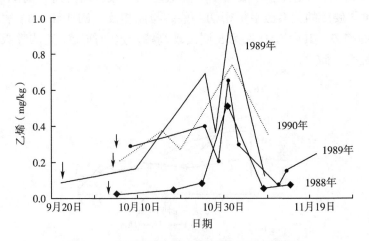

图 6-7　三个不同年份火柿采后内源乙烯变化

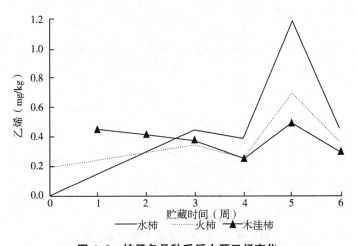

图 6-8　柿子各品种采后内源乙烯变化

（2）外源激素对柿子后熟的影响。用各种外源激素处理火柿，结果表明，ABA、乙烯利（CEPA）、2,4-D 均加速果实的后熟软化。用 ABA 或 CEPA 处理后果实 6d 内全部软化，2,4-D 处理 20d 内软化，对照果 30d 内软化。GA 和 BA 可延缓柿子的软化，采后 50d 时，BA 和 GA 处理的果实尚分别有 78.8% 和 87.4% 未软化。图 6-9 显示，采后 4 周，对照果即已软化，而同期 BA 和 GA 处理的硬度分别为 4.8 kg/cm² 和 9.3kg/cm²；采后 7 周，BA 处理硬度尚为 3.5kg/cm²，尤其 GA 处理果硬度高达 8.5 kg/cm²。

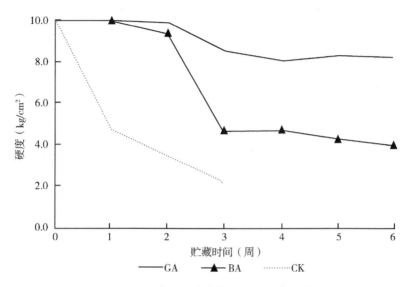

图 6-9　GA 和 BA 对火柿采后硬度的影响

采后 ABA 和 CEPA 处理均提高了果内乙烯含量（图 6-10），但二者相比，经 CEPA 处理的乙烯含量增加更快，并且一直都比 ABA 处理的高。用 ABA 和 CEPA 处理也提高了呼吸强度。ABA 处理越早，呼吸强度升高越大，但用 ABA 处理 2 次的（10 月 18 日，300mg/kg；10 月 23 日，500mg/kg）比处理 1 次的（10 月 18 日，300mg/kg；10 月 23 日，500mg/kg）呼吸强度

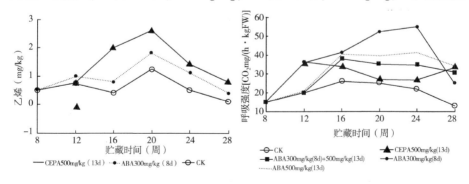

图 6-10　ABA 和乙烯利（CEPA）处理对火柿果内乙烯含量和呼吸的影响

低，这说明 ABA 促进果实后熟不但早，且浓度要求较低。同时，ABA 的各个处理都比乙烯利处理的果内乙烯含量低，但呼吸强度高，表明 ABA 对柿子后熟软化的作用并不依赖于乙烯或者先于乙烯。

GA₃ 和 BA 均不同程度地降低了果内乙烯含量和呼吸强度，尤其明显降低了乙烯含量，抑制了乙烯形成高峰（图 6-11）。GA₃ 和 BA 对呼吸的影响效果与对软化的影响效果一致，即 GA₃ 对呼吸强度的抑制比 BA 的明显。但

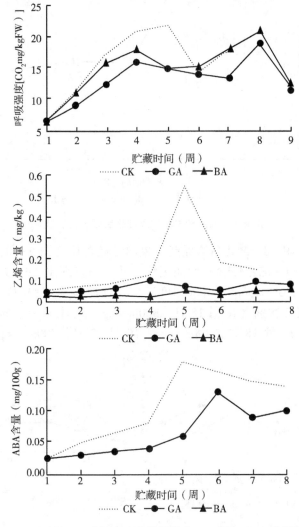

图 6-11　GA 和 BA 对火柿采后呼吸强度、乙烯和 ABA 含量的影响

GA$_3$ 降低乙烯含量却不如 BA 显著，这又证明柿子果实的软化并不仅是乙烯起决定作用，还有其他激素的作用。通过对 GA 影响 ABA 的研究发现，GA 抑制了 ABA 的增高，因此可认为 GA 对软化的影响还与抑制 ABA 的产生有关。

（3）柿鲜Ⅰ与内源激素的关系。从图 6-12 可以看出，柿鲜Ⅰ处理后，减缓了 GA 和 CTK 的降低，抑制了 ABA 的积累和乙烯高峰的出现，但对 IAA 的作用似乎是加速了其降低。表明柿鲜Ⅰ通过对各种激素的综合影响而起作用，从而延长耐藏性。同时也说明，柿子的软化是激素平衡的结果。

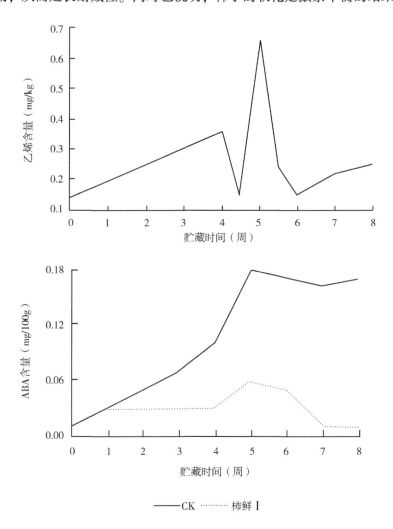

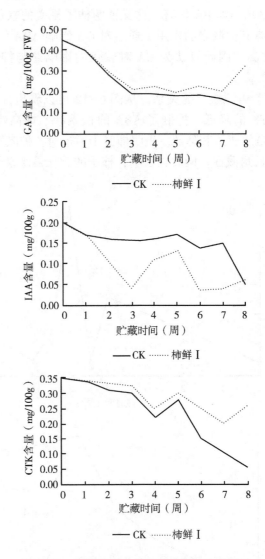

图 6-12　柿鲜 I 对火柿采后内源激素的影响

4. 柿子后熟与多胺和活性氧代谢

（1）柿子后熟与多胺的关系。对刚采后的不同品种柿子进行多胺分析，发现火柿的 3 种多胺：精胺（SPN）、亚精胺（SPD）、腐胺（PUT）都最高，其次是木洼柿，水柿最少。同时 3 个品种都是 SPD 含量最高（图 6-13）。从各种多胺的比例上来看，木洼柿、火柿、水柿 SPN/SPD 值分别为

0.478、0.408、0.312，逐渐减少；PUT/SPD 值分别为 0.681、0.290、0.274，也是逐渐减小，这与耐藏性次序相反，即 SPN/SPD 值和 PUT/SPD 值越大的品种越耐藏。

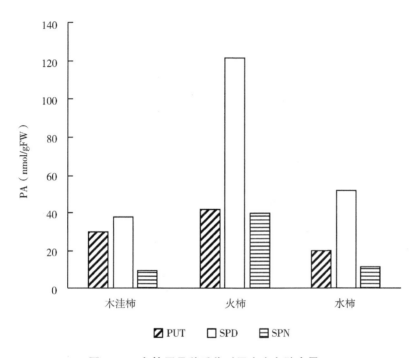

图 6-13　各柿子品种采收时果肉中多胺含量

　　进一步研究表明（图 6-14），火柿采后常温下，PUT 逐渐升高，最后大约为开始时的 2 倍；SPD 表现逐渐降低的趋势，最后降 10%～26%；但在第 4 周有一高峰，SPN 的变化是先逐渐升高，到第 4 周出现高峰，然后又降低，和乙烯变化一致，PUT 和 SPD 的变化与 Kramer 等在苹果低温贮藏中的变化报道一致；但 SPN 的变化则与苹果上的不一致。3 种多胺尽管变化总趋势不同，但在第 4 周同时出现高峰值。从各种多胺的比例看，SPN/SPD 值先增后降，PUT/SPD 值先降后增。

　　用柿鲜Ⅰ处理后增加了 SPN 含量，抑制了 PUT 的后期升高，降低了 SPD 的含量。处理与对照比较，同期的 SPN/SPD 值和 PUT/SPD 值都较高，说明柿鲜Ⅰ保鲜的机理之一是对多胺的平衡起了作用，同时也说明，多胺与果实后熟衰老的关系不在绝对量上，而取决于相对比例。

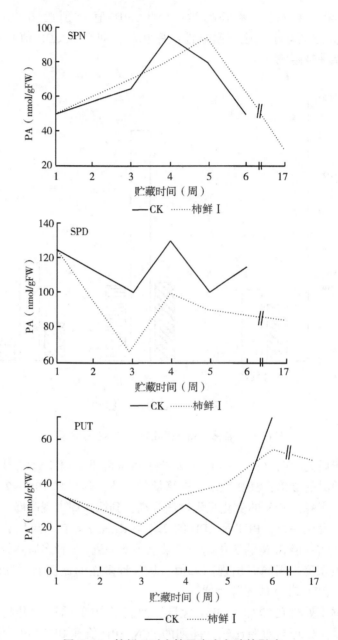

图6-14 柿鲜Ⅰ对火柿果肉中多胺的影响

（2）果实后熟与内源活性氧代谢的关系。超氧化物歧化酶（SOD）和过氧化氢酶（CAT）被认为是活性氧的清除剂而受到重视。表 6-20 表明，柿子采后，各品种过氧化氢酶和 SOD 活性各不相同。过氧化氢酶的活性水柿最高，其次是火柿，木洼柿最低；贮藏过程中各品种的过氧化氢酶活性都增加，第 26 天测定比第 9 天增高 17.6%~365.3%；用柿鲜Ⅰ处理减缓了过氧化氢酶活性升高；CEPA 促使火柿的过氧化氢酶活性升高。这表明过氧化氢酶在果实中不仅是活性氧的清除剂，还有其他作用。

SOD 的活性，一直是木洼柿最高，火柿和水柿较低；贮藏过程中有降低的趋势；CEPA 促进这一变化，柿鲜Ⅰ则减缓这一变化（表 6-20）。

表 6-20　柿子采后过氧化氢酶和 SOD 活性的变化

品种	采后天数（d）	处理	过氧化氢酶 [H_2O_2 mg/(min·gFW)]	增加百分比（%）	SOD（U/gFW）	增加百分比（%）
水柿	9	H_2O	0.380	100	16.7	100
	26	H_2O	0.447**	117.6	16.2*	97.0
	26	柿鲜Ⅰ	0.393	103.4	16.1*	96.4
火柿	9	H_2O	0.237	100	16.6	100
	9	CEPA	0.324*	136.7	15.8*	95.2
	26	H_2O	0.355**	149.8	15.4*	92.8
	26	柿鲜Ⅰ	0.275	116.0	15.7	94.6
木洼柿	9	H_2O	0.075	100	16.5	100
	26	H_2O	0.349**	465.3	15.2*	92.1
	26	柿鲜Ⅰ	0.281**	374.7	16.9	102.4

注：测验与采后 9d 时的对照差异显著性：* 表示 0.05 水平，** 表示 0.01 水平。

在植物器官后熟或在逆境条件下，通常用丙二醛（MDA）的含量来评价植物脂质过氧化反应的强弱。表 6-21 表明，MDA 的积累量与柿子的后熟速度有相关性，最不耐藏的水柿，MDA 含量最高，其次是次耐藏的火柿，MDA 含量最低的是木洼柿；随着果实的后熟，3 个品种的 MDA 含量都增加，采后 26d 时增至采后 9d 时的 187.8%~339.0%。自动氧化速率也与柿子的后熟程度密切相关，与 MDA 含量一致，也是依木洼柿、火柿到水柿的顺序而自动氧化速率依次增大；采后时间越长，自动氧化速率越大。柿鲜Ⅰ抑制 MDA 的产生和自动氧化速率的增大，乙烯利则相反。由此证明，MDA 和自动氧化速率可以用在柿子的后熟上，作为果实后熟指标。柿鲜Ⅰ保鲜的机理之一是通过抑制果实脂质过氧化而抑制后熟。

表 6-21　柿子采后丙二醛（MDA）含量和自动氧化速率变化

品种	采后天数（d）	处理	MDA 含量 [nmol/ (h·gFW)]	增加百分比（%）	自动氧化速率[2]	增加百分比（%）
水柿	9	H_2O	24.5	100	0.12	100
	26	H_2O	46.0**	187.8	0.45**	375.0
	26	柿鲜 I_6	35.0**	142.9	0.39**	325.0
火柿	9	H_2O	18.5	100	0.10	100
	9	CEPA	21.7*	117.3	0.19**	190.0
	26	H_2O	47.0**	254.1	0.36**	360.0
木洼柿	9	H_2O	11.8	100	0.09	100
	26	H_2O	40.0**	339.0	0.19**	211.1
	26	柿鲜 I_6	35**	296.6	0.10	111.1

注：t 测验与采后 9d 时对照差异显著性：* 表示 0.05 水平，** 表示 0.01 水平。

5. 柿鲜 I 对蛋白质、核酸和氨基酸的影响

柿果采后，果实的蛋白质含量逐渐降低，但在第 4 周出现高峰，然后再降低（图 6-15），表明随果实后熟总蛋白质降解，但同时也有新蛋白质合成，该高峰正好与 PG 和纤维素酶活性高峰一致，说明水解酶活性增高的原因之一是合成了新蛋白质。

DNA 含量在采后出现一个暂时的降低，到第 3 周时达最低值，然后又回升，RNA 含量在果实采后呈现逐渐增高的趋势（图 6-15）。

柿鲜 I 处理缓解了蛋白质的降解速度，并推迟了高峰期，减缓了核酸的变化，对 RNA 影响较大，对 DNA 影响较小。说明柿鲜 I 的影响从 RNA 转录水平上起作用。

柿子采收之后，不同品种的总游离氨基酸和各种氨基酸差异都较大，较耐藏的品种比不耐藏的品种氨基酸含量高。采后 20d 时测定，最耐藏的木洼柿总游离氨基酸含量为 38.918mg/100g，不耐藏的水柿总游离氨基酸含量为 10.072mg/100g，耐藏性居中的火柿总游离氨基酸含量为 28.146mg/100g。不同柿果的不同氨基酸的含量顺序也基本和总氨基酸含量顺序一样，即由高到低为木洼柿、火柿、水柿（表 6-22）。

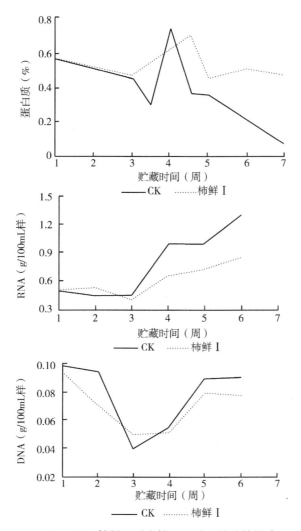

图 6-15 柿鲜 I 对火柿蛋白质和核酸的影响

在测定的 17 种氨基酸中，谷氨酸族的 3 种氨基酸（Glu、Pro、Arg）占 50%以上，其中脯氨酸（Pro）含量最高，尤以耐藏品种明显，约占总氨基酸的 28%，不耐藏的水柿 Pro 占 23.7%，这说明柿子后熟与 Pro 有关，Pro 可能是抗后熟指标。天冬氨酸（Asp）和丝氨酸（Ser）含量也较高。二者之和占总氨基酸的 30% 以上。多胺的前体精氨酸（Arg）和赖氨酸

（Lys）含量在较耐藏的品种中也较高，但耐藏性差的水柿中含量较低。乙烯的前体蛋氨酸（Met）含量在耐藏品种中较低，最耐藏的木洼柿仅含 0.090mg/100g（占总氨基酸 0.2%），而不耐藏的水柿中却含 0.358mg/100g（占总氨基酸 3.6%）。

表 6-22　柿子采后各种游离氨基酸含量（20d）

氨基酸	木洼柿		火柿		水柿	
	含量（mg/100g）	占比（%）	含量（mg/100g）	占比（%）	含量（mg/100g）	占比（%）
丙氨酸和丝氨酸族		25.3		15.7		17.5
丙氨酸（Ala）	0.944	2.4	0.472	1.8	0.359	3.6
缬氨酸（Val）	0.860	2.2	0.174	0.6	0.148	0.5
亮氨酸（Leu）	0.577	1.4	0.158	0.6	0.048	0.5
甘氨酸（Gly）	0.438	1.1	0.262	1.0	0.145	1.44
丝氨酸（Ser）	7.071	18.2	3.060	11.7	1.163	11.5
组氨酸和芳香族氨基酸族		5.3		3.4		2.9
酪氨酸（Tyr）	0.777	2.0	0.175	0.7	0.084	0.8
苯丙氨酸（Phe）	1.149	3.0	0.499	1.9	0.124	1.2
组氨酸（His）	0.117	0.3	0.203	0.8	0.093	0.9
谷氨酸族		50.3		58.2		53.9
谷氨酸（Glu）	5.306	13.6	3.434	13.1	2.411	23.9
脯氨酸（Pro）	11.089	28.5	7.487	28.6	2.388	23.7
精氨酸（Arg）	3.196	8.2	4.311	16.5	0.639	6.3
天冬氨酸族		19.1		22.6		25.6
天冬氨酸（Asp）	5.744	14.8	5.189	19.8	2.050	20.4
蛋氨酸（Met）	0.900	0.2	0.061	0.2	0.358	3.6
赖氨酸（Lys）	1.149	3.0	0.499	1.9	0.124	1.2
异亮氨酸（Ile）	0.421	1.1	0.189	0.7	0.038	0.4
总含量	38.918	100.0	26.146	100.0	10.072	100.0

各品种中，丙氨酸和丝氨酸族，耐藏性高的品种与不耐藏品种相比，缬氨酸（Val）、亮氨酸（Leu）、丝氨酸（Ser）含量比例较大。组氨酸和芳香族氨基酸含量均较低，相对来讲，耐藏性高的品种比不耐藏的品种酪氨酸

(Tyr)、苯丙氨酸（Phe）含量高，而组氨酸（His）含量低。谷氨酸族，早期产物谷氨酸（Glu）因随品种耐藏性增高而降低，终产物的 Pro 和 Arg 均是耐藏性高的品种含量高。天冬氨酸（Asp），耐藏性低的品种含量高。

从表 6-23 可看出，柿子采后总的游离氨基酸含量，随贮藏时间的延长而降低，柿鲜Ⅰ处理缓解了这一变化。采后 60d 测定，柿鲜Ⅰ处理的火柿比对照的游离氨基酸高 70%，接近于采后 20d 的对照果；柿鲜Ⅰ处理后的精氨酸，不论从含量上还是从相对含量上都比对照高得多。从含量上处理为 4.213mg/100g，对照为 1.225mg/100g，前者为后者的 343.9%；从相对含量上处理为 16.7%，对照为 8.0%，前者为后者的 208.8%。这说明柿鲜Ⅰ处理比对照保持较高的精氨酸，而精氨酸是生成多胺的前体。

表 6-23　柿鲜Ⅰ对火柿中游离氨基酸的影响

氨基酸	H_2O（20d）		H_2O（60d）		柿鲜Ⅰ（60d）	
	含量（mg/100g）	占比（%）	含量（mg/100g）	占比（%）	含量（mg/100g）	占比（%）
丙氨酸和丝氨酸族		15.7		32.9		15.6
丙氨酸（Ala）	0.472	1.8	1.337	8.8	0.527	2.1
缬氨酸（Val）	0.147	0.6	1.239	8.1	0.152	0.6
亮氨酸（Leu）	0.158	0.6	0.577	3.8	0.104	0.4
甘氨酸（Gly）	0.262	1.0	0.270	1.8	0.271	1.1
丝氨酸（Ser）	3.060	11.7	1.588	10.4	2.880	11.4
组氨酸和芳香族氨基酸族		3.4		1.9		3.3
酪氨酸（Tyr）	0.175	0.7	0.130	0.9	0.162	0.6
苯丙氨酸（Phe）	0.499	1.9	0.029	0.2	0.473	1.9
组氨酸（His）	0.203	0.8	0.121	0.8	0.198	0.8
谷氨酸族		58.2		42.2		58.8
谷氨酸（Glu）	3.434	13.1	1.004	6.6	3.218	12.8
脯氨酸（Pro）	7.487	28.6	4.207	27.6	7.475	29.6
精氨酸（Arg）	4.311	16.5	1.225	8.0	4.213	16.7
天冬氨酸族		22.6		22.9		22.8
天冬氨酸（Asp）	5.189	19.8	1.365	9.0	5.009	19.9
苏氨酸（Thr）	0.000	0.0	0.628	45.0	0.000	0.0

（续表）

氨基酸	H₂O（20d）		H₂O（60d）		柿鲜Ⅰ（60d）	
	含量（mg/100g）	占比（%）	含量（mg/100g）	占比（%）	含量（mg/100g）	占比（%）
异亮氨酸（Ile）	0.189	0.7	0.128	0.8	0.172	0.7
蛋氨酸（Met）	0.061	0.2	0.276	1.8	0.073	0.3
赖氨酸（Lys）	0.490	1.9	1.041	6.8	0.478	1.9
总含量	26.146	100.0	15.219	100.0	25.225	100.0

与精氨酸相反，柿鲜Ⅰ处理后蛋氨酸的量比对照低得多，前者为0.073mg/100g（0.3%），后者为0.276mg/100g（1.8%），后者为前者的452.5%（600%），说明柿鲜Ⅰ处理从乙烯的生成底物上抑制了乙烯的产生。

随着果实的后熟，氨基酸的变化有天冬氨基酸族（除天冬氨酸外）及丙氨酸和丝氨酸族的含量逐渐增高的趋势，柿鲜Ⅰ处理也抑制了这一变化（表6-23）。

6. 柿子后熟中各理化指标间的关系

为了得出柿子贮藏性及硬度与各理化指标间的关系，对火柿的21个重复（不同时间）的20个理化指标进行了主成分分析和多元回归分析。表6-24表明，各重复之间，PG的变化最大，变异系数（CV）达230.2%，纤维素酶次之（CV为149.2%），果内乙烯（CV为125.2%），袋内乙烯（CV为108.9%），贮藏性（Y）（CV为80.2%），硬度（CV为74.0%），带皮硬度（CV为68.2%），可溶性果胶（CV为67.2%），粗纤维（CV为65.4%），脱落酸（CV为64.2%）等。说明贮藏性的变化与以上指标变化密切相关。通过相关分析得出（表6-25），贮藏性（Y）和硬度（X_1）与以下指标正相关：硬度（X_1）、带皮硬度（X_2）、TSS（X_3）、粗纤维（X_7）、单宁（X_8）、原果胶（X_9）、硬果率（X_{14}）、GA（X_{17}）、CTK（X_{18}）；与以下指标呈线性负相关：袋内乙烯（X_4）、果内乙烯（X_5）、膜透性（电导率X_{15}）、ABA（X_{16}）；而与PG（X_{12}）、纤维素酶（X_{13}）、可溶性果胶（X_{10}）、呼吸速率（X_6）、pH值（X_{11}）、IAA（X_{19}）无线性关系。表明PG、纤维素酶呼吸和可溶性果胶对贮藏性及硬度的影响可能决定于某一时间而不是整个过程。这与前文结果一致。

表6-24　火柿各指标的均值、标准差和变异系数

指标	符号	均值	标准差	CV（%）
硬度（kg/cm^2）	X_1	5.067	3.750	74.0
带皮硬度（kg/cm^2）	X_2	7.290	4.974	68.2
可溶性固形物（%）	X_3	16.09	1.927	12.0
袋内乙烯（mg/kg）	X_4	0.146	0.159	108.9
果内乙烯（mg/kg）	X_5	0.115	0.144	125.2
呼吸强度［CO_2mg/（h·kg）］	X_6	15.01	3.750	25.0
粗纤维（%）	X_7	1.072	0.071	65.4
单宁（%）	X_8	1.035	0.450	43.5
原果胶（%）	X_9	0.511	0.226	44.2
可溶性果胶（%）	X_{10}	1.978	1.331	67.2
pH值	X_{11}	5.706	1.261	22.1
PG（×10^{-3}活力单位/mL酸液）	X_{12}	0.623	1.427	230.2
纤维素酶（mg/gFW）	X_{13}	21.23	31.67	149.2
硬果率（%）	X_{14}	70.61	37.80	53.5
电导率（%）	X_{15}	56.74	12.56	22.2
ABA（mg/100gFW）	X_{16}	0.082	0.052	64.2
GA（mg/100gFW）	X_{17}	0.177	0.067	37.9
CTK（mg/100gFW）	X_{18}	0.217	0.089	41.0
IAA（mg/100gFW）	X_{19}	0.122	0.063	51.8
贮藏性	Y	4.704	3.771	80.2

　　TSS（X_3）与贮藏性（Y）、硬度（X_1）、带皮硬度（X_2）、粗纤维（X_7）、硬果率（X_{14}）、GA（X_{17}）呈线性正相关，与乙烯（X_4，X_5）、ABA（X_{16}）、IAA（X_{19}）呈线性负相关；说明TSS随果实耐藏性的降低而降低，并与粗纤维、GA含量变化一致，可能受GA的影响；乙烯、ABA、IAA反向影响TSS，即ABA、乙烯的积累促使TSS降低。

表6-25 火柿采后各理化指标变化的相关系数

	X_1	X_2	X_3	X_4	X_5	X_6	X_7	X_8	X_9	X_{10}
X_1	1.000									
X_2	0.945**	1.000								
X_3	0.900**	0.844**	1.000							
X_4	-0.524*	-0.590**	-0.617**	1.000						
X_5	-0.498*	-0.570**	-0.623*	0.899	1.000					
X_6	-0.248	-0.174	-0.391	0.409	0.400	1.000				
X_7	0.800	0.780**	0.563**	-0.411	-0.331	-0.135	1.000			
X_8	0.594**	0.526*	-0.257	-0.088	0.886**	0.383	-0.202	1.000		
X_9	0.523*	0.565**	0.273	-0.214	-0.176	0.056	0.860	0.868	1.000	
X_{10}	-0.394	-0.451*	-0.153	0.304	0.353	0.022	-0.697**	-0.745**	-0.861	1.000
X_{11}	0.253	0.044	0.161	0.041	0.092	-0.215	0.036	0.103	-0.050	0.049
X_{12}	-0.188	-0.203	-0.233	0.105	-0.085	0.138	-0.220	-0.108	-0.008	-0.311
X_{13}	-0.076	-0.050	-0.177	0.109	-0.103	0.122	-0.070	0.003	0.268	-0.522*
X_{14}	0.835**	0.905**	0.631**	-0.374	-0.411	0.022	0.825**	0.606**	0.701**	-0.637**
X_{15}	-0.453*	-0.481*	-0.213	0.272	0.320	-0.040	-0.745**	-0.814**	-0.927**	0.964**
X_{16}	-0.692**	-0.684**	-0.507*	0.212	0.167	-0.050	-0.831**	-0.722**	-0.776**	0.573**
X_{17}	0.669**	0.627**	0.552**	-0.421	-0.370	-0.476*	0.728**	0.690**	0.605**	-0.562**
X_{18}	0.458*	0.464*	0.178	-0.030	0.013	0.094	0.839	0.891**	0.937**	-0.798**
X_{19}	-0.402	-0.409	-0.455*	0.376	0.363	0.091	-0.093	0.083	0.281	-0.144
Y	0.993**	0.935**	0.908**	-0.579**	-0.547*	-0.278	0.790**	0.613**	0.531*	-0.410

	X_{11}	X_{12}	X_{13}	X_{14}	X_{15}	X_{16}	X_{17}	X_{18}	X_{19}	Y
X_{11}	1.000									
X_{12}	0.073	1.000								
X_{13}	0.058	0.769**	1.000							
X_{14}	-0.025	0.077	0.195	1.000						
X_{15}	-0.013	-0.267	-0.512*	-0.661**	1.000					
X_{16}	-0.030	-0.063	-0.139	-0.804**	0.680**	1.000				
X_{17}	0.194	-0.148	0.007	0.563**	-0.540*	-0.508*	1.000			
X_{18}	0.013	-0.050	0.138	0.624**	-0.842**	-0.696**	0.596**	1.000		
X_{19}	-0.041	0.128	0.389	-0.267	-0.239	-0.090	0.064	0.219	1.000	
Y	0.245	-0.199	-0.090	0.813**	-0.467*	-0.692**	0.683**	0.458*	-0.386	1.000

注：自由度为 $n-2=19$，$r_{0.05}=0.433$，$r_{0.01}=0.549$。 * 表示 $P<0.05$；** 表示 $P<0.01$。

果内乙烯和袋内乙烯从整个过程看，仅与贮藏性（Y）、硬度（X_1，X_2）、TSS（X_3）线性负相关，而与其他指标无线性关系。

pH 值（X_{11}）与其他指标均无线性关系。

PG（X_{12}）和纤维素酶（X_{13}）除了二者之间线性相关外，几乎与其他指标都无线性关系。

ABA 与贮藏性负相关，也与 TSS（X_3）、粗纤维（X_7）、单宁（X_8）、原果胶（X_9）、GA（X_{17}）、CTK（X_{18}）负相关，与可溶性果胶（X_{10}）、膜透性（X_{15}）正相关，说明 ABA 促使粗纤维、单宁、原果胶降解，可溶性果胶增多、膜透性增大，从而使果实软化，这一过程可被 GA 和 CTK 调节（抑制）。

GA 和 CTK 刚好与 ABA 相反，与 ABA 呈正相关者都与二者反相关，与 ABA 反相关者与二者正相关。这进一步说明了 GA 和 CTK 对 ABA 的拮抗作用。IAA 与其他指标间未表现线性关系。

将 20 个指标用主成分分析法进行综合分析，结果见表 6-26，结果表明，前 4 个主因子累计贡献率为 83.2%，因此，前 4 个主因子反映了各指标的大部分信息。

表 6-26　主成分分析的特征值和贡献率

指标	第一主成分	第二主成分	第三主成分	第四主成分
特征值	9.568	3.711	1.979	1.392
贡献率（%）	47.8	18.6	9.9	7.0
累计贡献率（%）	47.8	66.4	76.3	83.2

由表 6-27 可知，第一因子上的正向载荷较大的顺序为粗纤维（X_7）、贮藏性（Y）、硬果率（X_{14}）、带皮硬度（X_2）、硬度（X_1）、单宁（X_8）、原果胶（X_9）、GA（X_{17}）、CTK（X_{18}）、TSS（X_3）；负向载荷较大的是 ABA（X_{16}）、电导率（X_{15}）、可溶性果胶（X_{10}）、袋内乙烯（X_4）、果内乙烯（X_5）；因此可认为第一因子是植物激素和化学组分因子。同时说明贮藏性和硬度变化与 X_7、X_{14}、X_2、X_1、X_8、X_9、X_{17}、X_{18}、X_3、X_{16}、X_{15}、X_{10} 密切相关。

表 6-27　主成分分析的因子载荷阵

	F_1 因子	F_2 因子	F_3 因子	F_4 因子
Y	0.887	-0.383	0.021	0.041
X_1	0.877	-0.371	0.038	0.077
X_2	0.881	-0.344	-0.010	0.221
X_3	0.705	-0.605	-0.064	0.028
X_4	-0.536	0.514	0.396	0.080
X_5	-0.513	0.447	0.595	0.024
X_6	-0.201	0.441	0.188	0.725
X_7	0.946	0.067	0.251	0.012
X_8	0.836	0.284	0.263	-0.157
X_9	0.834	0.488	0.143	-0.016
X_{10}	-0.748	-0.518	0.256	0.047
X_{11}	0.092	-0.111	-0.001	-0.480
X_{12}	-0.064	0.456	-0.748	0.108
X_{13}	0.106	0.607	-0.693	-0.001
X_{14}	0.886	0.006	-0.069	0.348
X_{15}	-0.790	-0.547	0.175	0.037
X_{16}	-0.818	-0.218	-0.140	-0.182
X_{17}	0.776	-0.053	0.070	-0.457
X_{18}	0.757	0.515	0.318	-0.039
X_{19}	-0.139	0.699	0.094	-0.410

　　第三因子上正向载荷较大的是果内乙烯（X_5）、负向较大的是 PG 和纤维素酶；因此可得出第三因子是水解酶和乙烯因子，同时也说明水解酶和乙烯关系密切。

　　第四因子上主要载荷是呼吸强度，可得出第四因子是呼吸强度因子。

　　从表 6-28 看出，第一因子上具有较高的正向因子值的重复耐藏性好（硬度大）。

表 6-28　各处理的子样值

品种编号	F_1 因子	F_2 因子	F_3 因子	F_4 因子
1	1.773	−0.252	0.596	−2.812
2	1.469	−0.467	0.440	0.059
3	1.323	0.176	0.733	0.488
4	0.411	0.847	0.252	0.048
5	0.332	0.752	0.230	1.826
6	0.996	0.6642	−0.450	−0.350
7	0.842	0.554	−1.095	−0.580
8	−0.318	1.793	−1.953	0.716
9	−0.252	1.357	−2.043	−0.295
10	0.581	−0.338	0.471	0.303
11	0.346	0.057	0.925	0.150
12	−0.813	1.434	2.210	0.798
13	−0.963	0.957	1.573	−0.281
14	0.277	−1.338	−0.460	0.688
15	0.013	−1.320	−0.301	0.458
16	−1.391	−0.301	−0.259	−0.941
17	−1.353	−0.518	−0.277	−1.456
18	0.127	−1.466	−0.543	1.179
19	−0.297	−1.742	−0.306	0.919
20	−1.555	−0.232	0.299	−0.082
21	−1.547	−0.608	0.008	−0.834

　　以贮藏性 Y 为因变量，用其他 19 个理化指标作自变量，进行多元回归分析，得到多元回归方程为：

$Y = -17.007 + 1.178X_1 - 0.298X_2 + 0.180X_3 - 1.414X_4 - 4.301X_5 + 0.041X_6 + 2.283X_7 + 0.580X_8 + 1.495X_9 - 1.433X_{10} + 0.142X_{11}$

$Y = 0.177X_{12} + 0.003X_{13} + 0.012X_{14} + 0.219X_{15}$

$Y = 1.986X_{16} - 8.213X_{17} + 2.733X_{18} + 8.713X_{19}$

　　该方程的复相关系数 R 为 0.999 2，多元决定系数 R^2 为 0.998 4。由此可见，利用 19 个指标的平均值表示软化情况具有很高的准确性（表 6-29）。

表 6-29 从 19 个指标预测火柿各处理贮藏性的结果

品种编号	实测值	预测值	预测误差	预测结果直观分布		
				-2×STD	0.0	2×STD
1	10.000	10.018	0.018		*	
2	10.000	9.867	0.133		I *	
3	9.624	9.756	0.133		* I	
4	2.973	2.941	0.032		*	
5	2.322	2.330	0.007		*	
6	8.432	8.389	0.043		*	
7	7.030	7.013	0.017		*	
8	1.657	1.588	0.069		*	
9	1.580	1.731	-0.152		* I	
10	7.936	7.983	-0.047		*	
11	6.063	6.060	0.003		*	
12	1.082	1.306	0.224		* I	
13	1.024	0.773	0.251		I *	
14	8.234	7.957	0.277		I *	
15	6.468	6.631	-0.163		* I	
16	0.000	-0.134	0.340		I *	
17	0.000	0.263	-0.263		* I	
18	8.134	8.045	0.089		*	
19	6.231	6.464	-0.234		* I	
20	0.000	-0.151	0.151		I *	
21	0.000	-0.042	0.042		*	

尽管利用多元回归表示贮藏性（果实软化情况）具有很高的准确性，但自变量太多。因此有必要采用多元逐步回归分析，尽量用比较少的自变量也可达到计算准确度较高的目的。因贮藏性（Y）由硬度（X_1）和硬果率（X_{14}）构成，因此提前剔除了硬度（X_1，X_2）和硬果率（X_{14}）。

得到的多元逐步回归方程为：

$$Y = -41.819 + 1.279X_3 + 22.215X_7 + 0.372X_{11}$$

此方程的复相关系数 R 为 0.976 5，多元决定系数 R^2 为 0.953 5。从方程式可看出，仅用 TSS（X_3）、粗纤维（X_7）和 pH 值（X_{11}）来表示软化情况，也有很高的准确度（表 6-30）。

表 6-30　利用三个指标预测火柿各处理贮藏性的结果

品种编号	实测值	预测值	预测误差	预测结果直观分布		
				−2×STD	0.0	2×STD
1	10.000	11.117	1.117		*I	
2	10.000	11.021	1.021		*I	
3	9.624	8.954	1.030		I*	
4	2.973	3.728	0.755		*I	
5	2.322	2.383	0.061		*	
6	8.432	7.271	1.161		I*	
7	7.030	7.252	0.222		*I	
8	1.657	0.810	0.847		I*	
9	1.580	1.958	0.379		*I	
10	7.936	7.841	0.095		*	
11	6.063	6.224	0.160		*I	
12	1.082	1.620	0.538		*I	
13	1.024	0.149	0.875		I*	
14	8.234	6.673	1.561		I*	
15	6.468	6.505	0.037		*	
16	0.000	0.027	0.027		*	
17	0.000	0.356	0.356		I*	
18	8.134	7.438	0.697		I*	
19	6.231	6.283	0.052		*	
20	0.000	0.806	0.806		I*	
21	0.000	1.499	1.499		*I	

用硬度（X_1）作因变量，剔除带皮硬度（X_2），袋内乙烯（X_4），pH 值（X_{11}），硬果率（X_{14}）和贮藏性（Y）后的其他 14 个指标作自变量，进行多元回分析，得到回归方程为：

硬度 = $17.68 + 0.50X_3 + 3.41X_5 - 0.01X_6 + 3.87X_7 - 0.69X_9 + 3.54X_{10} -$

$0.34X_{12}+0.01X_{13}-0.49X_{15}-16.26X_{16}+3.21X_{17}-0.20X_{18}-33.67X_{19}$

R 为 0.992 8，R^2 为 0.985 6。

用逐步回归法得简化方程为：

硬度 $=26.94+4.97X_{10}-0.59X_{15}+35.94X_{17}-39.06X_{19}$

R 为 0.943 3，R^2 为 0.899 7。

从方程式看出，硬度可由可溶性果胶（X_1）、膜透性（X_{15}）、GA（X_{17}）和 IAA（X_{19}）决定（表 6-31）。其他指标对硬度的影响，主要通过这几个指标起作用。

表 6-31　利用四个指标预测火柿各处理贮藏性的结果

品种编号	实测值	预测值	预测误差	预测结果直观分布		
				−2×STD	0.0	2×STD
1	10.000	11.636 5	1.636 5		*I	
2	10.000	11.579 7	1.579 7		*I	
3	9.800	10.529 6	0.726 9		*I	
4	3.200	4.272 2	1.072 2		*I	
5	2.500	2.883 1	0.381 1		*I	
6	8.500	6.361 8	2.132 8		I*	
7	7.400	5.396 6	2.003 4		I*	
8	2.200	2.943 8	0.743 8		*I	
9	2.200	2.461 8	0.261 8		*I	
10	8.000	6.746 3	1.253 7		*	
11	7.100	6.372 3	0.727 7		I*	
12	2.000	1.636 8	0.363 2		I*	
13	2.000	2.037 7	0.037 7		*	
14	8.300	7.305 4	0.994 6		I*	
15	7.600	7.055 3	0.544 7		I*	
16	0.000	0.740 5	0.740 5		*I	
17	0.000	0.006 6	0.006 6		*	
18	8.200	5.704 7	2.945 3		I*	
19	7.400	8.050 1	0.650 1		*I	
20	0.000	1.821 9	1.821 9		*I	
21	0.000	0.874 3	0.873 4		*I	

第四节　小　结

一、柿子品种间耐藏性比较

柿子品种间耐藏性差异较大，木洼柿最耐藏，50%的果实软化时的天数达 70d 之久；木柿、干帽盔、小萼子、八月红、火柿等较耐藏；升底柿、磨盘柿、火晶柿、水柿等较不耐藏；王后柿、平核无、绕天红、沙谷 1 号、板柿等不耐藏；摘家烘极不耐藏。

柿子各品种（涩柿类）的耐藏性（$D_{0.5}$）与采收时的硬度，可溶性固形物含量（TSS），单宁含量显著正相关，与含水量显著负相关；采收时硬度大，TSS、单宁含量高，含水量低的品种较耐藏。

二、柿子的呼吸类型

对不同年份，不同成熟度时采收火柿的测定均出现了呼吸高峰和乙烯峰，并且时间都在 10 月底至 11 月初，这时部分果实已软化。综合我们测定的 9 个涩柿品种的结果和前人对甘柿等的研究结果得出，柿子总体上属于呼吸的中间类型，偏向于跃变型，并因品种而不同。

三、植物激素与果实后熟的关系

果实刚采收后，GA、CTK、IAA 都较高，组织抗性较大，虽然含有一定量的 ABA 和乙烯，但不能诱发后熟，随后 GA、CTK、IAA 逐渐降低，ABA 和乙烯逐渐累积，组织抗性逐渐减小，ABA 或乙烯达到促进后熟的阈值，一方面促进呼吸增高等后熟变化，另一方面反过来诱发系统产生更多的乙烯和 ABA。

柿子刚采收后，越耐藏的品种乙烯和 ABA 含量越高，对乙烯和 ABA 的忍耐越强，但后期越不耐藏的品种乙烯峰越高，ABA 累积越多。

外源 ABA、乙烯利、2,4-D 都加速柿子果实的后熟软化，GA 和 BA 可延缓后熟和软化。乙烯利和 ABA 都提高果实的内源乙烯和呼吸强度，但 ABA 比乙烯利更能影响果实的呼吸强度。ABA 对柿子衰老软化的作用并不依赖于乙烯或者先于乙烯。GA 和 BA 都能够降低果内乙烯含量和呼吸强度，GA 可以抑制果内 ABA 的累积。

GA 与类胡萝卜素及 ABA 密切相关，外源 GA 处理采后果实能否延迟后熟与果实的着色色素类型有关，果实含类胡萝卜素为主时，GA 能延迟衰老，果实含花色素为主时，GA 无效或效果很微。

四、柿子后熟与多胺和活性氧的代谢

将采后的火柿置于常温时，腐胺（PUT）逐渐升高，亚精胺（SPD）逐渐降低，精胺（SPN）的变化和乙烯一致。内源多胺通过相互平衡来影响后熟。SPN/SPD 值和 PUT/SPD 值越大的品种或处理越耐藏。

柿子（火柿）采后，过氧化氢酶活性逐渐升高；SOD 活性逐渐降低，但变化不大。丙二醛（MDA）和自动氧化速率都随柿子果实的后熟而增高，不耐藏品种比耐藏品种含量高、速率大，这两个指标可作为评价柿子果实后熟的指标。

五、柿子后熟与蛋白质、核酸和氨基酸的关系

柿果实后熟过程中，蛋白质发生降解，但同时也有新蛋白质合成，这是水解酶增高的原因之一。耐藏柿子果实中的脯氨酸含量较高，而后降低。脯氨酸可作为柿子阻抗后熟的指标。

六、柿子后熟软化的机理

通过对火柿的研究得出，柿果实的硬度与以下指标呈正向线性相关性：TSS、粗纤维含量、单宁含量、原果胶含量、GA、CTK 与以下指标呈负向线性相关：乙烯、膜透性、ABA；而与 PG、纤维素酶、可溶性果胶、呼吸速率、pH 值、IAA 无线性关系。

PG、纤维素酶活性，蛋白质含量等对果实软化的作用，主要体现在近软化期，柿子采后前 4 周（前期）的软化主要是 PE 等酶的作用。果实后熟期，特异 RNA 增高，氨基酸减少→一些特殊蛋白质合成→水解酶合成→粗纤维、单宁、原果胶、TSS 等降解→膜透性增大，果实软化，各种激素综合平衡起调节作用。

七、萼片与柿子果实的关系

柿子的萼片对果实后熟衰老起到了很重要的作用。柿子的保鲜要特别重视控制萼片的衰老。

八、柿子常温下药剂保鲜

当柿子果实用于贮藏时，柿子颜色为淡黄色时最宜采收。将采后的柿子用药剂处理并用保鲜袋包装（0.02mm 左右厚，约 1.0kg/袋），置于常温下（随季节变化由 20℃逐渐降到 6℃）贮藏，NW（一种尚未开发的保鲜剂）、GA_3 可使火柿保鲜 105d 以上，BA 可使火柿保鲜 50d 以上；森柏保鲜剂、油乳剂、$Ca（OH）_2$、$KMnO_4$ 等可使火柿保鲜 30d 以上。而对照（H_2O）在 30d 时的硬果率仅有 50.0%。

采用柿鲜 I（自己配制的保鲜剂）处理后的火柿、木洼柿在常温下贮藏 105d 后，硬果率达 86.2%~99.2%，平均硬度都在 6.8kg/cm² 以上，TSS 为 16.7% 和 21.1%，维生素 C 保持 60% 以上，分别为 6.0mg/100g 和 18.4mg/100g，并保持鲜柿的基本风味品质。柿鲜 I 对所供试的 14 个柿子品种均有很显著的保鲜效果。

九、柿鲜 I 保鲜机理

柿鲜 I 通过调节激素的平衡，基于 RNA 转录水平调节果实的后熟衰老，进而抑制 PG、纤维素酶等水解酶的活性，减缓原果胶，粗纤维、单宁等的水解，从而提高了果实的耐藏性。

第七章 苹果保鲜贮藏技术研究

第一节 引 言

　　针对金冠、红元帅（系）等不耐贮藏的苹果果实容易失水，常温货架期容易发生虎皮病等问题；较耐贮藏的苹果也存在着技术不规范，成本高或出库后容易发生病变等问题。通过对金冠、红元帅（系）、红富士、国光、秦冠等苹果进行了田间处理和采后处理，不同温度、包装等方面的配套保鲜贮藏研究，旨在为宁夏苹果贮藏方面提供技术指导，此研究成果将为苹果的采后运输、品质保障提供理论指导和技术支撑。

第二节 试验材料和方法

一、试验材料

　　试验材料来源见表7-1。

表7-1　试验材料来源

项目	1992 年			1993 年		1994 年
时间	9月21日	10月12日	10月9日	9月13日	10月15日	9月22日
地点	灵武		贺兰	掌政		灵武
品种	金冠、元帅	国光、秦冠	红富士	金冠、红星、新红星	红富士	金冠、元帅
备注	配合田间处理			—		配合田间处理

注：果实采收后当天装纸箱运回银川。

二、试验设计方案

1. 田间处理

（1）1992 年，以成年金冠苹果树为研究对象，果实采收前 10d 进行喷药处理，本研究选择 4 种药剂，通过配制不同浓度，进行喷药处理，研究经过田间处理后的金冠苹果品质变化和虎皮病发生的情况。具体使用药剂的名称及浓度如下：0 为对照（未处理）；处理 1 为 A；处理 2 为 A+B；处理 3 为 A+C；处理 4 为 A+D；处理 5 为 A+C+D，其中 A 为 0.067% 多菌灵；B 为 0.1% 二苯胺；C 为 0.025% 二苯胺；D 为 0.5% $CaCl_2$。

（2）1993 年，未做田间处理。

（3）1994 年，以成年金冠、元帅苹果树为研究对象，果实采收前 10d 进行喷药处理，本研究选择 3 种药剂，通过配制不同浓度，进行喷药处理，研究经过田间处理后的苹果品质变化和虎皮病发生的情况。处理如下：对金冠苹果采取 1 个处理，即 0 为对照；处理 1 为 A+C。对元帅苹果采取 3 个处理，即 0 为对照；处理 1 为 A+C；处理 2 为 E；处理 3 为 A+C+E。其中 A 为 0.067% 多菌灵；C 为 0.025% 二苯胺；E 为 0.1% B_9。

2. 采后药剂处理

（1）1992 年开展药剂处理对金冠、元帅、红富士、国光、秦冠等品种的保鲜效果的研究，每处理各 15kg，重复 3 次。

针对金冠、元帅苹果使用药剂如下：0.067% 多菌灵，仲丁胺（18号）20 倍，0.1% 多菌灵，10% 大蒜浸出液，乙烯吸收剂 NT_5，0.1% MH，0.1% B_9，0.1% NT_1，0.2% 苯甲酸钠，0.2% NT_5，4% $CaCl_2$，10% NaCl，3% 磷酸，0.2% 二苯胺。

针对红富士、国光、秦冠苹果，结合不同包装方式进行如下处理：选用药剂分别为 NT_5、0.1% 多菌灵、4% $CaCl_2$、1% 多菌灵+4% $CaCl_2$。

（2）1993 年开展药剂处理对金冠、红星、新红星、富士等品种的保鲜效果的研究，各处理至少重复 3 次。

针对金冠、红星、新红星苹果的药剂处理为：CK、NT_5（15kg 袋装）、NT_5（7.5kg 袋装）、NT_5+NT_6（15kg）、NT_5+NT_6（7.5kg）、0.1% B_9（7.5kg）、2% NT_1（7.5kg）、国光保鲜剂（7.5kg）、0.2% 二苯胺（7.5kg）。

针对富士苹果的药剂处理为：CK、NT_5+NT_6（15kg）。

（3）1994 年开展药剂处理对金冠、元帅等品种的保鲜效果的研究，每处理各 15kg，重复 3 次。

0.2%多菌灵、0.2%多菌灵+2%NT$_1$+3%磷酸、0.2%多菌灵+0.1%二苯胺。

3. 采后包装处理

（1）1992年对金冠的研究。结合采前处理设置为：装箱、包纸装箱、装袋封口（0.05mmPE）。每处理各30kg，重复3次。

富士处理：装袋开口、装袋开孔、装袋封口、袋装开口+NT$_5$、装袋开孔+NT$_5$、装袋封口+NT$_5$、装箱+NT$_5$、装箱、装袋开孔（15kg）。

除装袋开孔（15kg）处理外，以上其他处理均为5kg装，每处理重复3次，袋子为0.05mmPE袋。

（2）国光、秦冠处理如下。装箱、5kg袋装（0.05mmPE）开口+NT$_5$、5kg袋装（0.05mmPE）封口+NT$_5$、5kg袋装（0.05mmPE）封口、15kg袋装封口、包纸+15kg袋装封口、15kg袋装封口+NT$_5$。

4. 贮藏条件

对富士、国光、秦冠的部分采后处理在以下3种条件下进行贮藏。

（1）低温（0~2℃）。

（2）模拟简易通风库和土窖变温（10℃→4℃→2℃→4℃→7℃）。

（3）降温（15℃→0℃→2℃）。

金冠、元帅（系）在0~2℃贮藏。

三、测定项目及方法

硬度：TG-1A型硬度计测定。

总可溶性固形物（TSS）：手持糖度计测定。

总酸：酸碱中和滴定法。

维生素C：2，4-二硝基苯肼比色法测定。

颜色：黄色品种分黄、黄绿、绿黄、绿；红色品种分紫红、红、红黄、黄红、红绿。

新鲜度：鲜、较鲜、微皱、皱。

风味：酸、酸甜、甜酸、甜。

脆度：脆、较脆、较面、面。

第三节　结果分析

一、田间处理结果

1992 年经田间处理后的金冠苹果贮藏 6 个月后，品质变化和虎皮病的发生结果见表 7-2。由表 7-2 可知，田间喷洒药剂有效地防治了虎皮病的发生，降低了果实的腐烂率，好果率高达 100%，不同药剂处理后的果实新鲜度保持良好、酸甜可口，尤其是 0.067%多菌灵+0.025%二苯胺处理后，果实硬度最大，达到 4.74 kg/cm^2，可溶性固形物含量最高，达到 14.6%，果实置于货架上（15℃）20d 后，只有对照组和 0.067%多菌灵+0.5%CaCl$_2$试验组存在虎皮病的发生。试验结果表明，对金冠苹果进行采前田间处理，可增加贮藏期品质，同时预防虎皮病的发生。

表 7-2　金冠苹果田间处理后贮藏结果比较

处理	好果率（%）	硬度（kg/cm^2）	TSS（%）	颜色	新鲜度	风味	货架 20d 有无虎皮病
CK	70	3.98	12.4	黄	皱皮	甜	有
A	100	4.69	14.9	黄	微皱	甜	无
A+B	100	4.48	13.7	黄	微皱	酸甜	无
A+C	100	4.74	14.6	黄绿	鲜	酸甜	无
A+D	100	4.28	13.9	黄绿	鲜	酸甜	有
A+C+D	100	4.72	15.5	黄	微皱	酸甜	无

注：1. A 为 0.067%多菌灵；B 为 0.1%二苯胺；C 为 0.025%二苯胺；D 为 0.5%CaCl$_2$。

2. 各处理均为纸箱装（0~2℃贮藏）。

1994 年采集不做田间处理和经田间处理后的金冠和元帅苹果，立即测定各项指标，金冠的指标：硬度为 6.4kg/cm^2，TSS 为 12%，酸为 0.368%，维生素 C 为 6.46 mg/100g。使用装箱、0.03mmPVC 袋包装、0.05mmPVC 袋包装、0.05mmPE 袋包装，四种包装方式在 0~2℃下贮藏，考察 6 个月后品质的变化情况，结果见表 7-3。元帅苹果指标：硬度为 6.4kg/cm^2，TSS 为 13.2%，酸为 0.298%，维生素 C 为 7.4mg/100g。使用装箱、0.03mmPVC 袋两种不同包装方式，0~2℃贮藏，考察 6 个月后品质的变化情况，结果见表 7-4。各指标的变化不显著，不同包装方式下果实品质发生变化的差异不明显。

表 7-3　金冠苹果田间处理后贮藏结果比较

田间处理	采后包装	好果率（%）	硬度（kg/cm²）	TSS（%）	酸（%）	维生素C（mg/100g）	颜色	新鲜度
对照	装箱（CK）	80	3.88	12.0	0.229	1.81	黄绿	微皱
	0.03mmPVC	100	4.68	12.1	0.256	0.63	绿黄	鲜
	0.05mmPVC	100	4.82	11.6	0.288	1.73	绿黄	鲜
	0.05mmPE	100	5.00	12.3	0.288	1.01	绿黄	鲜
0.067%多菌灵+0.025%二苯胺	装箱（CK）	100	3.88	11.5	0.255	1.48	黄绿	微皱
	0.03mmPVC	100	4.26	11.9	0.272	0.93	绿黄	鲜
	0.05mmPVC	100	4.44	12.3	0.256	1.93	绿黄	鲜
	0.05mmPE	100	4.88	11.1	0.256	1.43	绿黄	鲜

注：1. 各处理均为10kg包装。

　　2. 刚采后测定，硬度为6.4kg/cm²，TSS为12%，酸为0.368%，维生素C为6.46mg/100g。

综上所述，经过田间处理的果实降低了腐烂率，理化指标的变化差异不明显。对于金冠、元帅贮藏期的病害，喷施多菌灵和二苯胺，可以有效地进行防治。

表 7-4　元帅苹果田间处理贮藏结果比较

田间处理	采后包装	好果率（%）	硬度（kg/cm²）	TSS（%）	酸（%）	维生素C（mg/100g）	颜色	新鲜度
对照	装箱（CK）	50	4.62	12.2	0.272	3.51	红黄	微皱
	0.03mmPVC	100	4.96	13.3	0.170	1.91	红绿	鲜
A+C	装箱	70	4.52	12.4	0.272	3.61	红黄	微皱
	0.03mmPVC	100	4.98	12.5	0.256	3.21	红绿	鲜
E	装箱	70	4.70	12.1	0.240	2.59	红黄	较鲜
	0.03mmPVC	80	4.30	12.6	0.288	2.81	红黄	鲜
A+C+E	装箱	70	5.40	11.2	0.240	3.68	红黄	微皱
	0.03mmPVC	100	5.40	12.8	0.270	3.48	红绿	鲜

注：1. A为0.067%多菌灵；C为0.025%二苯胺；E为0.1%B₉。

　　2. 刚采后测定，硬度为6.4kg/cm²，TSS为13.2%，酸为0.298%，维生素C为7.4mg/100g。

二、采后药剂处理研究结果

1. 金冠

1992 年以金冠苹果为供试材料，采后进行不同药剂处理，贮藏 6 个月后，品质变化结果见表 7-5。由表 7-5 可得出，不同药剂处理后，硬度和可溶性固形物（TSS）变化差异不显著，好果率大小有差异，经 20 倍仲丁胺（18 号）、0.2%苯甲酸钠、3%磷酸+0.067%多菌灵处理的果实，贮藏效果最差；NT_1[①]、NT_5、B_9、NaCl、二苯胺等处理效果较好，最佳处理组是 NT_1 配合磷酸。

由第一年得出的结果：NT_1、NT_5、二苯胺在金冠的采后处理中效果较好（表 7-6，表 7-7，表 7-8）。

表 7-5 金冠苹果采后药剂处理效果（1993 年）

处理	好果率（%）	硬度（kg/cm²）	TSS（%）	颜色	新鲜度	风味
0（CK）	70	3.98	12.4	黄	皱	甜
0.067%多菌灵	100	3.92	12.5	黄绿	鲜	甜酸
20 倍仲丁胺（18 号）	0	3.74	11.7	黄	鲜	
0.1%多菌灵	100	3.72	11.1	绿黄	鲜	甜酸
NT_5	100	4.10	12.8	黄绿	鲜	甜酸
0.1%MH	100	3.96	12.4	黄绿	鲜	酸甜
0.1%B_9	100	3.59	13.1	黄绿	鲜	甜
1.0%NT_1	100	4.18	13.2	黄绿	鲜	甜
0.2%苯甲酸钠	70	3.90	11.7	绿黄	鲜	酸甜
0.2%NT_2	100	3.58	12.1	黄绿	鲜	甜
4%$CaCl_2$	100	3.98	11.4	绿黄	鲜	甜酸
10%NaCl	100	4.06	12.2	黄绿	鲜	甜酸
0.2%二苯胺	100	3.58	12.3	绿黄	鲜	甜酸
3%磷酸+0.067%多菌灵	70	3.79	11.8	绿黄	鲜	甜酸
3%磷酸+1%NT_1	100	4.58	14.4	黄绿	鲜	甜酸
4%$CaCl_2$+1%NT_1+多菌灵	100	4.06	12.2	黄绿	鲜	甜

注：各处理均用 0.05mmPE 袋装封口。

① NT 为自制保密配方保鲜剂。

表 7-6　金冠苹果采后药剂处理效果（1994 年）

处理	好果率（%）	硬度（kg/cm²）	TSS（%）	颜色	新鲜度	风味
CK	70	5.09	14.9	绿黄	微皱	甜酸
NT₅（15kg 装）	90	5.12	14.2	绿	鲜	甜酸
NT₅（7.5kg 装）	85	3.42	12.3	黄绿	鲜	甜酸
NT₅+NT₆（15kg 装）	90	5.33	14.6	绿黄	鲜	
NT₅+NT₆（7.5kg 装）	100	4.29	11.8	黄	鲜	甜酸
0.1%B₉（7.5kg 装）	100	4.61	13.2	黄绿	鲜	甜酸
0.2%NT₁（7.5kg 装）	100	4.61	12.8	绿黄	鲜	甜酸
国光牌保鲜剂（7.5kg 装）	90	4.36	13.0	黄绿	鲜	酸
0.2%二苯胺（7.5kg 装）	100	4.49	13.0	绿黄	鲜	酸甜

表 7-7　金冠苹果采后药剂处理效果（1995 年）

处理	好果率（%）	硬度（kg/cm²）	TSS（%）	酸（%）	维生素 C（mg/100g）	颜色	新鲜度
CK	50	3.86	12.0	0.320	2.31	黄绿	微皱
11	95	4.42	11.4	0.288	1.84	黄绿	鲜

2. 元帅系

以元帅系苹果为供试材料，采后进行不同药剂处理，贮藏 6 个月后，品质变化结果见表 7-8 和表 7-9。结果表明，采后使用 NT_1、NT_5、MH、B_9、$CaCl_2$ 等药剂处理，可以较好地保持果实的新鲜度和脆度。

表 7-8　元帅苹果采后处理结果比较（1993 年）

处理	好果率（%）	硬度（kg/cm²）	TSS（%）	颜色	新鲜度	脆度
装箱	65	3.00	12.0	红黄	鲜	面
0.067%多菌灵	85	3.04	12.9	红黄	鲜	微面
0.01%MH	100	3.82	12.3	红黄	鲜	较脆
0.1%B₉	100	3.93	12.7	红黄	鲜	较脆
1%NT₁	190	3.74	13.1	红黄	鲜	较脆
0.2%NT₂	100				鲜	

（续表）

处理	好果率 （%）	硬度 （kg/cm^2）	TSS （%）	颜色	新鲜度	脆度
4%CaCl$_2$	100	3.61	11.9	红黄	鲜	微面
10%NaCl	100	3.41	12.7	红黄	鲜	微面
0.2%二苯胺	100	3.91	12.5	红黄	鲜	较脆
NT$_1$+CaCl$_2$	100	3.70	12.7	红黄	鲜	较脆
多菌灵+NT$_1$+CaCl$_2$	100	3.64	12.5	红黄	鲜	较脆
包纸	100					面
装袋	100	3.93	13.1	红黄	鲜	面
NT$_5$	100	3.33	13.0	红黄	鲜	较脆

表7-9 元帅苹果采后药剂处理效果 （1995年）

处理	好果率 （%）	硬度 （kg/cm^2）	TSS （%）	酸（%）	维生素C （mg/100g）	颜色	新鲜度
CK	50	4.62	12.2	0.272	3.51	黄红	微皱
10	95	4.96	13.2	0.276	2.41	红黄	鲜
11	100	4.53	13.2	0.240	3.26	红黄	鲜

注：处理10为0.2%多菌灵+2%NT$_1$+3%磷酸；处理11为0.2%多菌灵+0.1%二苯胺。

3. 国光、秦冠、红富士

以国光、秦冠、红富士苹果为供试材料，采后进行不同药剂处理，贮藏6个月后，品质变化结果见表7-10，表7-11，表7-12。结果表明，采后使用NT$_5$、CaCl$_2$、CaCl$_2$与多菌灵的组合，对保鲜效果较明显，更利于贮藏。

本试验还进行了变温贮藏的试验，结果表明，推迟70d降温的处理，贮藏效果与低温0~2℃无较大差异。

表7-10 国光苹果采后药剂处理效果

处理	好果率 （%）	硬度 （kg/cm^2）	TSS（%）
装箱	20		
装袋	80	5.9	12.8
NT$_5$	82	5.0	12.9

（续表）

处理	好果率 （%）	硬度 （kg/cm²）	TSS（%）
多菌灵+CaCl₂	100	5.6	11.8
多菌灵	85	4.8	12.5
CaCl₂	90	5.7	12.3
多菌灵+CaCl₂	100	5.5	12.3

注：最后一个处理贮藏条件为15℃→2℃（70d），其余处理均为0~2℃。

表 7-11　秦冠苹果采后药剂处理效果

处理	好果率（%）	硬度（kg/cm²）	TSS（%）
装箱	40.0		
装袋	83.6	5.42	9.9
NT₅	100.0	5.20	11.0
多菌灵+CaCl₂	100.0	5.86	10.1
多菌灵	85.0	5.24	8.7
CaCl₂	100.0	3.92	9.4
多菌灵+CaCl₂	100.0	5.52	10.1

表 7-12　富士苹果采后药剂处理效果

处理	好果率 （%）	硬度 （kg/cm²）	TSS （%）	维生素 C （mg/100g）	酸（%）
装箱对照	68.0	4.6	10.4	4.47	0.167
装袋	90.0	5.5	11.8		
NT₅	100.0	4.6	10.9	4.52	0.147
多菌灵+CaCl₂	90.0	4.9	11.9	4.47	0.164
多菌灵	63.6	5.7	11.4	5.17	0.098
CaCl₂	84.6	4.6	10.9	4.52	0.147
多菌灵+CaCl₂	67.0	5.2	11.4	4.09	0.131
多菌灵	100.0	5.2	10.7		
CaCl₂	100.0	6.7	11.4	5.20	0.131

注：最后 3 个处理贮藏条件为15℃→2℃（70d），其余处理为0~2℃。

三、采后包装处理研究结果

开展直接装箱、包纸装箱和袋装封口对果实贮藏效果的研究，结果表明，在低温下，包纸装箱和袋装封口的处理方式，较好地保存了果实的风味，感官评价高，果实较新鲜，硬度指标值也高于直接装箱的硬度值（表7-13）。

以富士、秦冠、国光苹果为供试材料，开展不同包装方式对贮藏效果影响的研究，结果表明果实装袋后，袋装封口的模式下，各项理化指标较高，贮藏效果佳（表7-14，表7-15，表7-16）。

表7-13　金冠苹果田间处理后不同包装方式贮藏结果

包装	处理	好果率（%）	硬度（kg/cm²）	TSS（%）	维生素C（mg/100g）	酸（%）	颜色	新鲜度	风味
装箱	1	70	3.58	12.4	1.92	0.30	黄	皱皮	甜
	3	100	4.48	13.7			黄	微皱	酸甜
	6	100	4.72	15.5			黄	微皱	甜酸
包装纸箱	1	60	3.86	12.2	4.11	0.28	黄绿	鲜	酸甜
	3	100	5.16	13.9			黄绿	鲜	酸甜
	6	100	5.15	13.8			黄绿	鲜	酸甜
袋装封口 0.05mmPE	1	100	3.99	12.4	3.91	0.42	黄绿	鲜	酸甜
	3	100	4.90	13.7			黄绿	鲜	酸甜
	6	100	5.10	12.6			黄绿	鲜	酸甜

表7-14　富士苹果各种包装处理效果比较

处理	好果率（%）	硬度（kg/cm²）	TSS（%）	维生素C（mg/100g）	酸（%）
装袋开口	70.0	5.0	11.6		
装袋开孔	72.9	5.1	11.5		
装袋封口	90.0	5.5	11.8		
装袋开口+NT₅	78.5	5.2	11.4	4.09	0.13
装袋开孔+NT₅	81.8	5.7	11.4	5.17	0.10
装袋封口+NT₅	92.3	6.7	11.4	5.20	0.13

（续表）

处理	好果率（%）	硬度（kg/cm²）	TSS（%）	维生素 C（mg/100g）	酸（%）
装箱+NT₅		5.3	10.0	4.67	0.16
装箱（CK）	68.0	4.6	12.4	4.47	0.16
装袋开孔（15kg 装）		5.8	11.8		

注：除 15kg 外，其余处理均为 5kg 袋装（0.05mmPE）。

表 7-15　秦冠苹果不同包装处理效果比较

处理	4 月 21 日		7 月 12 日		
	TSS（%）	硬度（kg/cm²）	TSS（%）	硬度（kg/cm²）	好果率（%）
5kg 袋装封口+NT₅	11.0	5.80	9.6	5.5	90.0
5kg 袋装封口+NT₅	12.2	7.1	11.1	6.2	90.0
5kg 袋装封口	10.5	7.3	9.9	5.4	83.6
15kg 袋装封口	11.0	5.0	10.4	5.0	90.0
包纸+15kg 袋装封口	11.0	5.6	10.2	4.7	97.0
15kg 袋装封口	11.5	6.2	11.0	5.2	100.0

注：各处理所用袋子均为 0.05mmPE 袋。

表 7-16　国光苹果不同包装处理效果比较

处理	4 月 21 日		7 月 12 日		
	硬度（kg/cm²）	TSS（%）	硬度（kg/cm²）	TSS（%）	好果率（%）
5kg 袋装封口+NT₅	5.99	14.2	4.2	11.7	60
5kg 袋装封口+NT₅	6.64	14.0	5.0	12.6	90
5kg 袋装封口	6.64	12.8	5.0	12.8	85
15kg 袋装封口	7.02	13.3	6.0	14.7	94
包纸+15kg 袋装封口	6.44	13.6	5.5	12.8	100
15kg 袋装封口	7.12	13.5	5.0	12.9	100

选择 0.03mmPVC、0.05mmPVC、0.03mmPE 袋进行金冠苹果采后不同包装效果的比较试验，结合 3 个不同包装贮量（5 kg、10 kg、15kg）的试验

设计，结果表明，0.05mmPVC 效果最好（表7-17），其硬度、含糖量和维生素 C 含量都高于其余二者。

不同包装贮量对贮藏效果的差异不明显，综合贮藏效果和成本分析，选择最佳组合 15kg 袋装配合 NT$_5$。

表 7-17 金冠苹果采后不同包装效果比较

处理	好果率（%）	硬度（kg/cm²）	TSS（%）	酸（%）	维生素 C（mg/100g）	颜色	新鲜度
装箱（CK）	100	3.86	12.0	0.224	1.81	黄绿	微皱
0.03mmPVC（10kg 装）	100	4.68	12.1	0.256	0.63	绿黄	鲜
0.05mmPVC（5kg 装）	100	5.14	13.1	0.256	1.61	绿黄	鲜
0.05mmPVC（10kg 装）	100	4.82	11.6	0.288	1.73	绿黄	鲜
0.05mmPVC（15kg 装）	100	4.48	12.1	0.320	1.43	绿黄	鲜
0.05mmPE（5kg 装）	100	4.46	12.2	0.256	1.03	绿黄	鲜
0.05mmPE（10kg 装）	100	5.0	12.3	0.288	1.01	绿黄	鲜
0.05mmPE（15kg 装）	100	4.14	11.2	0.256	1.53	绿黄	鲜

注：除了 CK 外，其余处理袋中均装有小袋 NT$_5$。

四、不同贮藏条件对贮藏效果影响的研究

以上研究都是基于低温环境。本试验增加了变温贮藏效果的试验研究，变温条件下为：10℃→4℃→2℃→4℃→7℃，结果表明，富士、国光、秦冠在变温条件下可贮藏至 4 月底（表7-18 至表7-20）。

表 7-18 富士苹果在变温中贮藏效果

处理	1 月 18 日		4 月 21 日		7 月 5 日
	硬度（kg/cm²）	TSS（%）	硬度（kg/cm²）	TSS（%）	好果率（%）
袋装开口	6.8	11.6	5.8	12.2	53
袋装开口+NT$_5$	6.6	11.5	5.9	11.6	77
袋装开孔+NT$_5$	7.3	14.1	6.1	11.9	79.2
装袋封口+NT$_5$	7.0	12.5	5.4	11.4	100

表 7-19　国光苹果在变温中贮藏效果

处理	1 月 8 日		4 月 21 日		7 月 5 日
	硬度（kg/cm²）	TSS（%）	硬度（kg/cm²）	TSS（%）	好果率（%）
5kg 袋装封口+NT₅	4.2	12.6	4.0	12.7	75
5kg 袋装封口+NT₅	6.5	13.6	4.5	14.1	90
5kg 袋装封口	4.8	11.5	4.4	12.7	80
装箱	5.7	14.3			25

表 7-20　秦冠苹果在变温中贮藏效果

处理	1 月 8 日		4 月 21 日		7 月 5 日
	硬度（kg/cm²）	TSS（%）	硬度（kg/cm²）	TSS（%）	好果率（%）
5kg 袋装封口+NT₅	4.5	10.5	4.0	10.9	100
5kg 袋装封口+NT₅	6.2	11.4	4.8	11.4	100
5kg 袋装封口	4.8	10.0	4.1	10.3	95
装箱	4.5	11.0			60

第四节　小　结

　　本试验系统地研究了采前不同田间处理、采后不同药剂处理及不同包装材料对苹果的贮藏保鲜效果，结果如下。

　　一是用多菌灵配合二苯胺进行田间处理可有效地防止金冠和元帅（系）苹果的各种贮藏期病害。二是采后药剂处理中，合理的药剂处理可有效地保持不同苹果的品质，可有效防止其在贮藏期间发生病害，且保鲜效果较好；金冠、元帅较适宜的药剂为 NT_5，二苯胺+多菌灵，红富士、国光、秦冠较适宜的药剂为 NT_5、$CaCl_2$ +多菌灵。三是最佳的包装方式选择 0.05mmPVC 袋装封口配合 NT_5 的使用，包装贮量选择为 15kg 袋装。四是在 0~2℃条件下，金冠、元帅可保鲜到 3 月底。红富士、国光、秦冠可保鲜到 7 月初。五是变温条件（10℃→2℃→7℃）下，红富士、国光、秦冠可贮藏至 4 月底。初始阶段 10℃左右的温度，逐渐降至 0~2℃，有利于苹果的保鲜。六是保鲜剂 NT_5 配合 PVC 袋包装，贮藏效果非常显著，成本较低，操作简单，可以推广使用。保鲜剂 NT_5 生理机理还要进一步研究。

第八章　不同产地富士苹果果实品质分析与比较

一、引言

随着人们生活水平的提高，不再单纯追求苹果的数量，同时注重苹果的品质要求，不仅要求苹果个大，果形端正，色泽良好，无病虫斑点，还很注重苹果的营养成分及功效，要求具有很好的风味和质地。因此，本研究通过对不同产地富士苹果外在、内在、加工品质的测定，通过对比分析各个产地苹果果实来了解该果实整体品质现状，找出不同产地富士苹果果实品质的差异，不但可解决当前富士苹果类型多变、良莠混杂、真假不一、着色差、果个大小形状不一致的现状，而且可提高商品性果园对产品质量标准化、规范化的要求，为提高果品质量提供一定理论依据，对于实现果实品质的调控，提高苹果国际市场竞争力和增加出口均有重大作用。而对今后生产中制定科学合理的栽培管理技术，生产出品质优良的苹果，提高我国果园的经济效益具有很大的现实意义，这将会对于带动全国的富士苹果产业发展有很大的推动作用。通过研究不同产地富士的不同特性，对苹果区划有一定的指导意义。

二、研究内容

一是对苹果多酚类物质进行提取纯化，然后通过高效液相色谱对多酚类物质定性定量分析，比较出不同产地富士苹果多酚含量和种类的差异。

二是对苹果可溶性糖和有机酸物质进行提取纯化，再通过高效液相色谱对可溶性糖类和有机酸作定性定量分析，比较出不同产地富士苹果可溶性糖和有机酸含量及种类的差异。

三是采用主成分分析和聚类分析法，简化品质评价指标，比较出各个产地富士苹果综合品质的差异。

三、材料与方法

1. 试验材料

试验于 2011 年 8 月至 2012 年 5 月进行，苹果材料的指标测定在西北农林科技大学采后生理实验室进行。

所选材料主要为富士苹果产地，分别是陕西（洛川、安塞、铜川、延安、扶风）、甘肃（静宁、天水）、山东（烟台）、河南（三门峡）、新疆（阿克苏），所采成熟度相似的富士苹果（所选果树树龄、负载量要相当）。采后运回实验室，选择成熟度一致、色泽相近、大小均匀、无机械损伤、无病虫害的果实用于试验。

2. 主要试剂

蒸馏水、无水乙醇、儿茶素、绿原酸、表儿茶素、对香豆酸、芦丁、根皮苷、槲皮素、蔗糖、果糖、葡萄糖、苹果酸、琥珀酸、酒石酸、柠檬酸标准品美国 Sigma 公司；草酸美国 Fluka 公司；甲醇（色谱纯）、乙腈（色谱纯）等。

3. 主要仪器与厂家

见表 8-1。

表 8-1　主要仪器与厂家

名称	生产厂家
电热恒温鼓风干燥箱	上海一恒科学仪器有限公司
电子分析天平	梅特勒–托利多仪器有限公司
CR-400 型色度计	日本美能达
RE-2000 旋转蒸发仪	上海亚荣生化仪器厂
GMK-835F 型苹果酸度计	常州锐品精密仪器有限公司
DZF-6050 型真空干燥箱	上海一恒科技有限公司
GS-15 型水果质地分析仪	南非
UV-2201 型紫外可见分光光度计	美国 PE 公司
SHB-3 循环水式多用真空泵	郑州杜甫仪器厂
SK5200H 超声波清洗器	上海科导超声波仪器厂
超纯水器	美国 Millipore 公司
电子数显卡尺	桂林光陆数字测控股份有限公司
飞利浦榨汁机	上海飞利浦公司

（续表）

名称	生产厂家
Waters600E、1525 型高效液相色谱仪 （配备 2707 型自动进样器）	美国 Waters 公司
低温冷冻离心机	德国 Eppendorf 公司
移液器	陕西众美生物科技有限公司
BCD-206TD-ZA 4℃冰箱	青岛海尔股份有限公司
PAL-1 型数显糖度计	日本 Atago 爱宕公司
ALPHAI-5 真空冷冻干燥机	德国 Martin Christ
超低温冰箱（-80℃）	日本三阳

4. 试验方法

（1）外观品质测定。

①单果重。用天平称重法。

②果形指数。用游标卡尺测定果实横径和果实纵径，计算出果形指数，果形指数=果实纵径/果实横径，以苹果为例，通常果形指数是 0.8~0.9 为圆形或近圆形，0.6~0.8 为扁圆形，0.9~1.0 为椭圆形或圆锥形，1.0 以上为长圆形。

③果面光洁度。细分影响果面光洁度的主要原因，如果锈、病果、晒伤、磨伤、水纹，再计算所占比率。

④果皮色泽包括果皮亮度和果皮鲜艳度，果皮色泽直接影响产品的感官品质。叶绿素是决定苹果底色的最主要因素，苹果品种不同，其所含的叶绿素 a、叶绿素 b 和类胡萝卜素的浓度是不同的，因此导致其色泽的不同。

本试验使用日本美能达 CR-400 型色差计测定苹果的色度值（L^*，a^*，b^*），每个地区 10 个重复，沿每个果实表面赤道面取 5 个点测量，并根据 CIE（国际照明委员会）的 L^*、a^*、b^* 表色系统对色泽进行评价，其中，L^* 表示色泽明亮度（黑白，0 为黑，100 为白）；a^* 表示红色（正值）绿色（负值）程度、b^* 表示黄色（正值）蓝色（负值）程度，$c^* = (a^* + b^*)^{1/2}$（代表鲜艳度）。

（2）内在品质测定。

①果肉密度。取一定大小的果肉，使用天平称重测出质量 m，然后用排水法测出体积 V，根据下列公式计算果肉密度：

$$\rho = m/V \ (g/cm^2)$$

②可溶性固形物。用四分法取一定量的苹果果肉，用特制的压蒜器榨汁到烧杯中，取一定量的果汁直接滴入测定槽内，按"start"键，待读数稳定后记录数据，每个地区10个重复。糖度计使用前应注意调零。可溶性固形物含量的测定可以与总酸含量测定一起进行，避免所取果汁在空气中放置过久发生褐变，影响含量测定的准确性。

③含酸量。参照《果汁通用试验方法》（SB/T 10203—1994）。用四分法取一定量的苹果果肉，榨汁后吸取1mL的果汁加入盛有30mL蒸馏水的刻度试管中，摇匀后取一定量的溶液倒入酸度计测量槽内，按"start"键，待读数稳定后记录数据。每个地区10个重复。酸度计使用前应注意调零。

④果实硬度（P）。用刀片在果实赤道部位阴阳两面的预测部位削去薄薄的一层果皮，尽量减少对果肉的损伤，削部略大于探头的面积，设定好参数后，打开开关，使探头垂直地对准果面的测试部位，测定完毕后电脑所得出的测定结果即为果肉硬度。每批试验使用10个样品果重复，求平均值。

⑤果肉色泽。包括果肉亮度和果肉鲜艳度，测定时除了削皮换个探头外，同果皮色泽测定方法一致。

⑥多酚。样品处理参照 Jia 等的方法，并加以改良。称取5.0g果肉，用液氮研磨，以70%乙醇为提取剂，在超声波清洗器中提取，设置温度60℃，功率200W，时间20min，然后用真空泵抽滤，40℃下真空旋转蒸发回收乙醇，蒸发至黏稠状，用无水甲醇定容到10mL，在冷冻离心机8 000r 离心15min 后，取上清液用注射器抽取样液，用0.45μm 滤膜过滤待测。色谱条件：色谱柱为 ZORBAXSBC18 色谱柱（4.6mm×150mm，5μm）；流动相为乙腈和水；柱温为38℃；流速为1.0mL/min；进样量为5μL；检测器为紫外检测器；波长为280nm。线性梯度洗脱为 0～15min，95%乙腈和水；15～25min，65%乙腈和水；25～35min，95%乙腈和水。

⑦可溶性糖和有机酸。样品处理参照王艳颖、Zhang 等的方法并加以改良。准确称取5g果肉，研磨成匀浆后转入到30mL 离心管中，加入25mL超纯水，80℃水浴超声提取90min，使可溶性糖和有机酸充分浸出，冷却后10 000r/min 离心15min，将上清液过滤到50mL 的容量瓶中，加入15mL超纯水于残渣中再提取，合并上清液，超纯水定容。用0.45μm 滤膜过滤后待测。色谱条件：可溶性糖为 Transgenomic CARB Sep Corege 187C（Waters）色谱柱（7.8mm×300mm，10μm）及保护柱，柱温80℃，流动相为超纯水，流速0.6mL/min，检测器为示差折光检测器（Waters 410），检测池温度35℃，进样量10μL。有机酸：Water WATO 10290 色谱

柱（7.8mm×300mm，7μm）及保护柱，柱温50℃，流动相为0.01mol/L H$_2$SO$_4$溶液，流速0.5mL/min，检测波长210nm，检测器为二极管阵列检测器（Waters 2998），进样量10μL。

（3）加工品质测定。

①出汁率。参照鲁玉妙等的方法，取一定量的苹果切块并称重，用飞利浦榨汁机榨汁，称果汁的质量。根据下列公式计算出汁率：

出汁率（%）＝苹果汁的质量/原料质量×100

②褐变指数。参照的是Edna等的方法，并做出了一定的改进。具体方法：将苹果样品榨汁，分别加入两个烧杯中，每个烧杯加4mL，其中一个迅速加入6mL三氯乙酸（对照组），将两个烧杯在20℃条件下放置2h，在另一个烧杯中加入6mL三氯乙酸（处理组）。将对照组和处理组在5 000r离心20min后，取上清液在420nm处测定吸光值，计算其ΔOD值，作为褐变指数。

③果汁密度。用婆梅氏比重计测定。

5. 数据分析与处理

运用Excel、DPS 7.05和SPSS 19.0版软件统计分析数据。采用Duncan's新复极差法对数据进行差异显著性分析比较，用多元相关分析法对数据进行相关性分析，再用SPSS 19.0进行主成分分析，然后用DPS 7.05进行聚类分析。

四、结果分析

1. 不同产地富士苹果多酚、可溶性糖、有机酸的对比研究

（1）果实多酚物质的分析。准确称取多酚标样绿原酸、儿茶素、表儿茶素、芦丁、槲皮素、根皮苷、对香豆酸各2.5mg，用色谱甲醇定容到5mL。再准确称取多酚标样各5mg，用色谱甲醇定容到10mL。吸取100μL混标稀释至1mL，再加入200μL槲皮素，得到上样前的混标。标样出峰（图8-1A）先后顺序依次为：儿茶素、绿原酸、表儿茶素、对香豆酸、芦丁、根皮苷、槲皮素，其保留时间分别为9.341min、10.196min、12.220min、14.756min、15.833min、19.190min和22.716min，所有样品在35min内出峰完毕。而某苹果果实样品中测定的7种组分（图8-1B）的出峰时间分别是9.348min、10.183min、12.206min、14.778min、15.894min、19.185min和22.722min，对照标准品的色谱图可以确定这7个色谱图分别是儿茶素、绿原酸、表儿茶素、对香豆酸、芦丁、根皮苷、槲皮素。

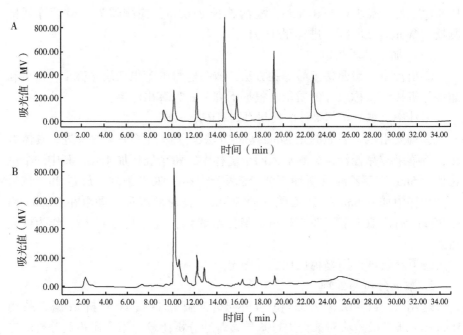

A. 多酚混合标准样品；B. 某苹果果实样品。

图8-1　多酚物质的高效液相色谱图

由表8-2可知，总酚的含量范围为101.99～177.62mg/100g，可见不同产地间差异较大，其中阿克苏和扶风的含量较低，凤翔、烟台、延安的含量相对高些，三门峡、铜川和洛川的含量较高，而安塞、静宁、盐源的含量最高。在多酚物质中，绿原酸的含量均较高，其含量的变化范围为57.69～119.22mg/100g，占总酚含量的56.56%～67.12%，且变异系数最小（21.60%），其中洛川、安塞和静宁的含量最高，铜川、天水、三门峡、盐源含量相对次之，凤翔、烟台和延安含量较低，扶风含量最低；表儿茶素的含量次之，其含量变化范围为27.57～65.48mg/100g，其中盐源和三门峡的含量最高，凤翔的含量最低；根皮苷的含量均较少，而铜川的含量相对高些（11.56mg/100g）；儿茶素和芦丁的含量多于对香豆酸和槲皮素，后者不易检出且某些产地未检测到。结果说明不同产地富士苹果果实中多酚物质种类及含量均有差异。

表8-2　12个产地富士苹果果实中多酚物质含量　　　单位：mg/100g

产地	儿茶素	绿原酸	表儿茶素	对香豆酸	芦丁	根皮苷	槲皮素	总酚
洛川	2.95	118.28	42.63	—	0.60	5.47	—	169.93
安塞	3.39	119.22	42.26	0.13	2.87	8.74	1.01	177.62
凤翔	3.94	87.97	27.57	—	0.77	5.08	—	125.33
铜川	1.59	100.27	52.47	—	0.99	11.56	0.46	167.34
延安	2.87	83.33	54.64	—	0.56	4.55	0.77	146.72
扶风	2.03	57.69	34.02	0.04	1.77	2.84	3.60	101.99
静宁	5.55	118.96	39.75	—	1.78	6.13	2.71	174.88
天水	3.68	98.10	39.18	0.06	0.71	9.08	2.55	153.36
三门峡	4.66	93.81	57.97	0.02	2.46	6.61	7.83	173.36
烟台	2.02	79.48	36.80	—	3.20	6.84	—	128.34
盐源	6.64	93.74	65.48	—	1.84	6.35	—	174.05
阿克苏	3.25	64.63	47.54	0.12	2.18	3.98	2.03	123.73
平均值	3.55	92.96	45.03	0.07	1.64	6.44	2.62	151.39
标准偏差	1.49	20.08	10.91	0.05	0.92	2.41	2.36	25.72
变异系数（%）	41.97	21.60	24.23	65.93	55.86	37.52	90.26	16.99

注：表中"—"代表未检测到该物质。

（2）果实可溶性糖的分析。可溶性糖：准确称取标样蔗糖、果糖、葡萄糖各250mg，用超纯水定容于10mL容量瓶中，摇匀得25mg/mL的糖标准母液。用超纯水将糖标准母液分别稀释成8.00mg/mL、6.00mg/mL、4.00mg/mL、2.00mg/mL、1.00mg/mL、0.50mg/mL、0.25mg/mL的系列糖混合标准溶液。标样出峰（图8-2A）先后顺序依次为：果糖、葡萄糖、蔗糖，其保留时间分别为8.236min、9.174min和13.389min，所有样品在15min内出峰完毕。而某苹果果实样品中测定的3种组分（图8-2B）的出峰时间分别是7.987min、9.198min和12.500min，对照标准品的色谱图可以确定这3个色谱图分别是果糖、葡萄糖、蔗糖，蔗糖的出峰时间比标样提前。

由表8-3可知，不同产地苹果果实中总糖含量变化范围为83.71～119.6mg/g，可见不同产地苹果之间糖含量差异较大，但可溶性糖种类相似。天水的总糖含量最低，洛川、凤翔、铜川和扶风的总糖含量中等，静宁、烟

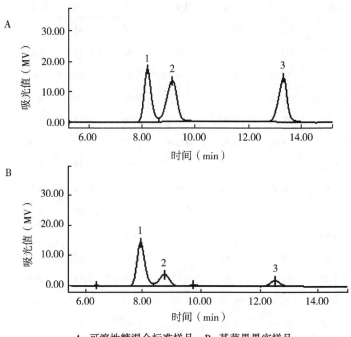

A. 可溶性糖混合标准样品；B. 某苹果果实样品。

图8-2 可溶性糖的高效液相色谱图

台、阿克苏和三门峡的总糖含量相对较高，而延安和盐源的总糖含量最高。各个产地苹果的可溶性糖中果糖含量均较高，其含量范围为 44.23～69.38mg/g，占总糖含量可达 60.52%，其中盐源、延安、静宁、三门峡含的果糖量最高，凤翔的果糖含量较低；葡萄糖含量次之，其含量范围为 16.05～25.38mg/g，其中盐源、安塞、延安和天水的葡萄糖含量较高，洛川的葡萄糖含量较低；蔗糖含量均较低，其含量范围为 11.84～28.21mg/g，且变异系数最大（24.34%），即不同产地苹果之间蔗糖含量差别较大，延安、烟台、盐源和阿克苏的蔗糖含量相对较高，而天水的蔗糖含量较低。说明不同产地富士苹果果实在可溶性糖含量上有差异、种类上无差异。

表8-3 12个产地富士苹果果实中可溶性糖含量

产地	果糖（mg/g）	葡萄糖（mg/g）	蔗糖（mg/g）	总糖（mg/g）	糖酸比
洛川	53.27±4.34bcde	16.05±1.14de	15.77±3.43cde	85.09±21.57c	17.70±2.16de

（续表）

产地	果糖（mg/g）	葡萄糖（mg/g）	蔗糖（mg/g）	总糖（mg/g）	糖酸比
安塞	49.91±0.28cde	23.14±0.35ab	18.04±1.04bcd	91.09±17.12c	22.09±3.43bcd
凤翔	44.23±4.61ef	18.44±2.89cde	21.64±2.60abc	84.31±14.06c	18.08±2.89cde
铜川	52.41±10.58bcde	19.52±4.93bcd	19.05±7.07bc	90.98±19.12c	19.97±5.64cd
延安	60.26±3.45b	24.85±3.39a	24.56±1.55ab	109.67±20.53ab	26.24±3.75ab
扶风	52.50±7.14bcde	21.08±1.22abc	15.48±5.55cde	89.06±19.95c	23.53±1.46abc
静宁	58.34±5.20bc	22.94±1.40ab	16.14±5.92cde	97.42±22.66bc	21.85±2.40bcd
天水	47.55±2.97de	24.32±0.77a	11.84±4.19de	83.71±18.12c	20.53±2.55cd
三门峡	57.24±2.07bcd	21.03±1.80abc	19.72±1.78bc	97.99±21.29bc	22.86±2.37abcd
烟台	49.26±5.17cde	19.36±0.89bcd	24.65±2.93ab	93.27±15.96bc	20.58±1.43cd
盐源	69.38±6.13a	25.38±2.13a	24.84±4.11ab	119.60±25.56a	28.00±3.11a
阿克苏	49.95±1.26cde	19.61±3.65bcd	28.21±1.65a	97.77±15.63bc	22.37±0.55bcd
平均值	53.69	21.31	20.00	92.00	21.98
标准偏差	6.75	2.86	4.87	10.67	3.01
变异系数（%）	12.58	13.43	24.34	11.23	13.67

注：表中不同字母表示差异达 0.05 显著性水平。

除了糖和酸的含量外，糖和酸的比例也很大程度地影响着苹果果实的甜酸口味。不同产地苹果糖酸比的范围在 17.70～28.00，其中糖酸比较高的是盐源、延安、扶风，糖酸比居中的是三门峡、阿克苏、安塞和静宁，糖酸比较低的是洛川、凤翔和铜川。

（3）果实有机酸的分析。有机酸：准确称取标样苹果酸、琥珀酸、酒石酸、柠檬酸各 50mg 并吸取 50mg/mL 乙酸（液体）1mL，用超纯水溶解并定容于 10mL 容量瓶中，摇匀得 5.00mg/mL 有机酸标准母液。再分别吸取各标准混合母液及相应体积的草酸（草酸浓度 1.00mg/mL），然后用超纯水将酸标准母液分别稀释成一系列 1.0mg/mL（草酸除外）、0.800mg/mL、0.600mg/mL、0.400mg/mL、0.200mg/mL、0.100mg/mL、0.008mg/mL、0.004mg/mL、0.002mg/mL、0.001mg/mL 的酸混合标准溶液。标样出峰（图 8-3A）先后顺序依次为：草酸、柠檬酸、酒石酸、苹果酸、琥珀酸、乙酸，其保留时间分别为 9.462min、11.393min、11.992min、13.111min、15.81min 和 19.275min，所有样品在 20min 内出峰完毕。而某苹果果实样品中测定的 4 种组分（图 8-3B）的出峰时间分别是 10.983min、11.823min、13.278min、15.894min，对照标准品的色谱图可以确定这 4 个色谱图分别是柠檬酸、酒石酸、苹果酸、琥珀酸，草酸和乙酸未检测出。

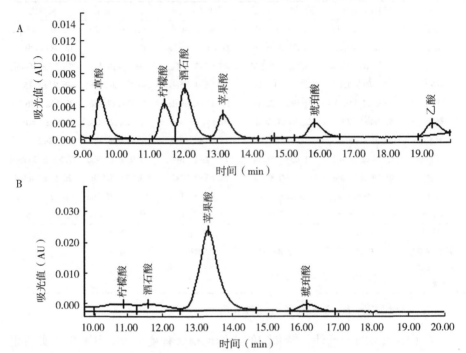

A. 有机酸混合标准样品；B. 某苹果果实样品。

图8-3　有机酸的高效液相色谱图

由表8-4可知，不同产地总酸含量变化范围为3.785~4.807mg/g，其中洛川、凤翔、铜川、静宁和烟台的总酸含量较高，安塞、延安、三门峡、盐源和阿克苏次之，扶风和天水的总酸含量较低。各个产地在有机酸中，苹果酸含量均较高，变化范围为3.447~4.481mg/g，变异系数最小（6.865%），其中洛川、凤翔、铜川、静宁和烟台的苹果酸含量相对较高，盐源、三门峡和阿克苏次之，安塞、扶风和天水的苹果酸量最低；琥珀酸含量次之，变化范围为0.091~0.236mg/g，其中盐源、天水和延安的琥珀酸含量较少，安塞、凤翔和延安中等，铜川、扶风、三门峡和阿克苏的琥珀酸含量较高；柠檬酸含量少于琥珀酸，其含量范围为0.061%~0.091%，且各个产地的含量相差不大。草酸、酒石酸和乙酸的含量相对于其他有机酸都较少，其中安塞、铜川和延安等产地未测出酒石酸，三门峡、盐源和扶风等产地未测出乙酸，说明不同产地富士苹果果实在有机酸种类上有较大差异。

表8-4　12个产地富士苹果果实中有机酸含量

产地	草酸（mg/g）	柠檬酸（mg/g）	酒石酸（mg/g）	苹果酸（mg/g）	琥珀酸（mg/g）	乙酸（mg/g）	总酸（mg/g）
洛川	0.025±0.009bc	0.087±0.008a	0.013±0.001a	4.481±0.141a	0.172±0.045abcd	0.029±0.015a	4.807±0.099a
安塞	0.035±0.006b	0.070±0.019a		3.881±0.593bc	0.137±0.036cde		4.123±0.642bcd
铜川	0.022±0.003bc	0.062±0.004a		4.223±0.205ab	0.224±0.019ab	0.024±0.006a	4.555±0.211abc
延安	0.025±0.008a	0.082±0.025a		3.959±0.391abc	0.113±0.036de		4.180±0.356bcd
扶风	0.031±0.004bc	0.083±0.012a	0.023±0.050a	3.447±0.213c	0.201±0.042abc		3.785±0.215d
静宁	0.020±0.006bc	0.069±0.020a		4.150±0.115ab	0.175±0.022abcd	0.043±0.048a	4.458±0.125abc
天水	0.019±0.005bc	0.091±0.004a		3.849±0.237bc	0.092±0.005e	0.027±0.002a	4.078±0.240cd
三门峡	0.032±0.003bc	0.075±0.011a	0.005±0.002a	3.952±0.357abc	0.223±0.083ab		4.287±0.287abcd
烟台	0.031±0.006a	0.088±0.006a		4.229±0.180ab	0.159±0.049bcde	0.026±0.005a	4.532±0.148abc
阿克苏	0.017±0.013bc	0.087±0.009a	0.016±0.008a	3.984±0.143abc	0.236±0.021a	0.030±0.007a	4.371±0.142abcd
扶风	0.031±0.004bc	0.083±0.012a	0.023±0.050a	3.447±0.213c	0.201±0.042abc		3.785±0.215d
盐源	0.027±0.005bc	0.061±0.045a	0.015±0.002a	4.077±0.302ab	0.091±0.011e		4.271±0.338abcd
平均值	0.025	0.078	0.014	4.055	0.163	0.030	4.342
标准偏差	0.007	0.010	0.006	0.278	0.051	0.007	0.283
变异系数（%）	26.348	13.319	45.133	6.865	31.239	22.756	6.508

注：表中不同字母表示差异达0.05显著水平。

（4）果实糖酸相关性分析（表8-5）。

表8-5　可溶性糖和有机酸含量的相关性分析

化合物	果糖	葡萄糖	蔗糖	总糖	草酸	柠檬酸	酒石酸	苹果酸	琥珀酸	乙酸	总酸	糖酸比
果糖	1											
葡萄糖	0.68**	1										
蔗糖	0.46	0.28	1									
总糖	0.92**	0.74**	0.73**	1								
草酸	0.30	0.21	0.01	0.22	1							
柠檬酸	−0.41	−0.21	0.02	−0.28	−0.20	1						
酒石酸	0.00	0.12	−0.10	−0.01	0.08	0.13	1					
苹果酸	−0.09	−0.46	0.16	−0.09	−0.41	−0.04	−0.58	1				
琥珀酸	−0.14	−0.46	0.10	−0.15	0.04	−0.03	0.00	−0.05	1			
乙酸	0.79*	0.35	−0.17	0.50	−0.32	−0.26	0.00	−0.02	0.01	1		
总酸	−0.12	−0.55**	0.18	−0.13	−0.40	0.00	−0.58	0.98**	0.15	−0.01	1	
糖酸比	0.86**	0.85**	0.58*	0.93**	0.35	−0.24	0.20	−0.44	−0.19	0.42	−0.48	1

注：*表示$P<0.05$，**表示$P<0.01$。

对12个产地富士苹果进行可溶性糖和有机酸的相关性分析，结果表明，总糖与果糖、葡萄糖和蔗糖含量呈极显著正相关，且与果糖的相关性最强（$r=0.92$），说明苹果中的主要可溶性糖是果糖；其中果糖含量与葡萄糖含量呈极显著正相关，说明在果实中它们的含量是彼此受影响的。总酸与苹果酸含量呈极显著正相关（$r=0.98$），说明苹果中决定酸含量的主要物质是苹果酸；而总酸与葡萄糖呈极显著负相关（$r=-0.55$）；糖酸比与果糖、葡萄糖和总糖呈显著性正相关，且与蔗糖呈显著性相关。以上说明苹果果实的可溶性糖主要是果糖，有机酸主要是苹果酸，而这些物质的含量和比例将最终影响苹果的糖酸风味的形成。

2. 不同产地富士苹果品质分析与比较

不同产地富士苹果主要果实品质评价指标测定结果见表8-6。表中数据反映了不同产地富士苹果品质基本指标，体现各产地果实品质指标的简单相互关系。外在品质中，单果重方面烟台和洛川两个产地苹果最重，铜川最低；果形指数方面扶风、天水两个产地的测量值最大，果形接近椭圆形或圆锥形，外观端正；果皮色泽方面，延安的苹果色泽比其他产地苹果艳丽，内

表8-6　不同产地富士苹果果实品质分析结果 （x±s，n＝10）

产地	单果重 (g)	果皮色泽 (cd/m²)	可溶性固形物 (%)	酸度 (%)	硬度 (kg/cm²)	果肉色泽 (cd/m²)	果肉密度 (g/cm³)	果形指数	果汁密度 (g/cm³)	出汁率 (%)	褐变指数 (ΔOD)	可溶性糖 (mg/g)
洛川	271.3±16.1	28.28±3.63	12.5±0.44	0.42±0.04	6.934±0.216	22.96±0.96	0.846±0.016	0.81±0.03	1.055±0.010	0.646±0.032	0.193±0.057	85.09±21.57
安塞	214.9±34.1	30.15±2.42	13.0±1.23	0.37±0.06	7.184±0.550	25.67±1.59	0.848±0.011	0.86±0.02	1.050±0.006	0.668±0.014	0.294±0.012	91.09±17.12
铜川	182.2±9.9	26.26±2.03	13.2±0.87	0.36±0.04	7.827±0.745	25.21±0.53	0.848±0.036	0.87±0.06	1.055±0.005	0.610±0.028	0.224±0.005	90.98±19.12
延安	206.1±27.1	33.13±2.28	13.8±0.99	0.43±0.08	7.063±0.492	25.13±0.75	0.846±0.005	0.85±0.02	1.025±0.002	0.645±0.025	0.191±0.017	109.67±20.53
扶风	210.0±22.1	26.26±2.03	11.0±0.62	0.41±0.05	7.104±0.775	22.10±1.31	0.843±0.034	0.90±0.06	1.080±0.003	0.689±0.053	0.218±0.026	89.06±19.95
静宁	231.2±31.4	30.50±2.57	14.4±0.84	0.42±0.05	7.865±1.275	26.02±1.06	0.848±0.011	0.86±0.05	1.066±0.011	0.699±0.012	0.259±0.009	97.42±22.66
天水	214.6±18.1	29.01±2.16	12.3±0.98	0.41±0.03	7.778±0.331	25.30±1.14	0.863±0.020	0.90±0.04	1.050±0.011	0.697±0.020	0.273±0.018	83.71±18.12
三门峡	222.8±31.5	28.65±2.68	14.1±0.85	0.53±0.04	7.932±0.663	25.72±1.87	0.887±0.009	0.86±0.10	1.060±0.006	0.589±0.034	0.200±0.019	97.99±21.29
烟台	284.6±23.6	29.38±1.53	13.5±1.15	0.51±0.09	6.505±0.573	23.57±2.17	0.839±0.021	0.81±0.03	1.075±0.011	0.703±0.016	0.166±0.045	93.27±15.96
阿克苏	225.5±29.1	28.96±1.13	13.4±2.98	0.55±0.07	7.849±0.827	26.44±1.23	0.865±0.011	0.80±0.06	1.060±0.003	0.704±0.004	0.300±0.021	97.77±15.63
平均值	226.3	29.06	10.1	0.44	7.404	24.81	0.853	0.85	1.057	0.665	0.232	93.6
标准差	30.4	2.01	1.0	0.07	0.505	1.44	0.015	0.04	0.015	0.041	0.047	7.55

在品质中，果肉色泽方面阿克苏、静宁两个产地要优于其他产地；硬度方面铜川、阿克苏、三门峡、静宁大于其他产地，松脆可口；可溶性固形物方面静宁、三门峡含量大于其他产地；酸度方面阿克苏、三门峡、烟台含酸量大于其他产地；可溶性糖方面延安的最高，静宁、烟台和阿克苏三个产地相对较高；加工品质中，褐变指数方面最高的为阿克苏苹果，ΔOD 值为 0.300，褐变指数最低的为烟台苹果，ΔOD 值为 0.166，安塞、铜川、天水、静宁、扶风这 5 个产地褐变指数相对都较高；果汁密度方面扶风和烟台最高，延安产地最低，其他产地之间相差不大；出汁率方面阿克苏、烟台、静宁、天水大于其他产地的苹果，即加工品质要优于其他产地。但是，不同产地间富士果实综合品质在表中不易体现，为此，需要对其进行综合评价。

3. 富士苹果果实品质评价因子的选择

富士苹果果实品质的构成因子较多，不同果实品质因子之间存在着密切相关性和相对独立性。对供试的 10 个产地富士苹果主要品质指标应用多元统计法的主成分分析和聚类分析，选择出品质评价的主要因子并进行分类。

（1）主成分分析的检验。表 8-7 是所测定的各个品质指标进行无量纲标准化处理后，求得的相关系数矩阵。因 KMO 检验和 Bartlett 球度检验结果，表 8-8 得出 KMO 值为 0.764，其中 X（1），X（2），…，X（12）分别代表品质指标单果重、果皮色泽、可溶性固形物、酸度、硬度、果肉色泽、果肉密度、果形指数、果汁密度、出汁率、褐变指数和可溶性糖。根据统计学家 Kaiser 之前规定的标准，当 KMO 取值大于 0.6 时，适合因子分析。Bartlett 球度检验得出的相伴概率为 0.001 4，小于显著性水平 0.05，因此拒绝 Bartlett 球度检验的零假设，认为适合于因子分析。因此，经检验验证结果是本试验符合因子分析。

表 8-7　各指标的相关系数矩阵

相关系数	X(1)	X(2)	X(3)	X(4)	X(5)	X(6)	X(7)	X(8)	X(9)	X(10)	X(11)	X(12)
X (1)	1.000	0.122	0.081	0.432	−0.595	−0.380	−0.209	−0.679	0.411	0.337	−0.406	−0.190
X (2)	0.122	1.000	0.592	0.125	−0.165	0.422	−0.059	−0.225	−0.587	0.147	0.017	0.681
X (3)	0.081	0.592	1.000	0.368	0.305	0.714	0.278	−0.398	−0.327	−0.231	−0.035	0.672
X (4)	0.432	0.125	0.368	1.000	0.071	0.184	0.531	−0.599	0.271	0.092	−0.150	0.364
X (5)	−0.595	−0.165	0.305	0.071	1.000	0.708	0.685	0.338	−0.130	−0.241	0.564	0.054
X (6)	−0.380	0.422	0.714	0.184	0.708	1.000	0.519	−0.046	−0.437	−0.100	0.602	0.420

（续表）

相关系数	X(1)	X(2)	X(3)	X(4)	X(5)	X(6)	X(7)	X(8)	X(9)	X(10)	X(11)	X(12)
X(7)	-0.209	-0.059	0.278	0.531	0.685	0.519	1.000	0.072	-0.106	-0.408	0.219	0.099
X(8)	-0.679	-0.225	-0.398	-0.599	0.338	-0.046	0.072	1.000	-0.055	-0.090	0.214	-0.248
X(9)	0.411	-0.587	-0.327	0.271	-0.130	-0.437	-0.106	-0.055	1.000	0.432	-0.050	-0.430
X(10)	0.337	0.147	-0.231	0.092	-0.241	-0.100	-0.408	-0.090	0.432	1.000	0.377	-0.180
X(11)	-0.406	0.017	-0.035	-0.150	0.564	0.602	0.219	0.214	-0.050	0.377	1.000	-0.170
X(12)	-0.190	0.681	0.672	0.364	0.054	0.420	0.099	-0.248	-0.430	-0.180	-0.170	1.000

表 8-8 KMO 检验和 Bartlett 球度检验

检验方式	检验结果
KMO 检验	0.764
Bartlett 的球形度检验	0.001 4

（2）主成分因子的选择。根据特征值大于 1 的原则提取了 4 个主成分，其特征值分别为 3.776、2.971、1.934、1.571，各个主成分的方差贡献率分别为 31.470%、24.759%、16.115%、13.094%，累积贡献率达 85.439%，这基本上能够反映果实品质大部分信息（表 8-9）。

表 8-9 主成分分析表

指标	主成分			
	1	2	3	4
果肉色泽	0.917	-0.067	0.160	0.274
可溶性固形物	0.748	0.499	0.000	-0.003
可溶性糖	0.684	-0.539	0.401	-0.045
果皮色泽	0.635	0.489	-0.311	-0.032
果肉密度	0.610	-0.156	0.557	-0.387
单果重	-0.009	-0.824	-0.246	-0.019
果形指数	-0.461	0.746	0.283	0.059
硬度	0.502	0.535	-0.445	0.386
酸	-0.598	0.016	0.653	0.049

（续表）

指标	主成分			
	1	2	3	4
褐变指数	0.241	0.610	0.652	−0.164
出汁率	−0.351	0.140	0.241	0.847
果汁密度	0.357	−0.501	0.302	0.666
特征值	3.776	2.971	1.934	1.571
方差贡献率（%）	31.470	24.759	16.115	13.094
累积方差贡献率（%）	31.470	56.230	72.345	85.439

　　决定第 1 主成分大小的主要是果肉色泽和可溶性固形物；决定第 2 主成分大小的主要是单果重、果形指数；决定第 3 主成分的主要是果汁密度和酸；决定第 4 主成分的主要是褐变指数；为了能使提取的 4 个主成分更好的定义及描述，对成分矩阵进行旋转，由表 8-10 可得出决定第 1 主成分的主要是果皮色泽和可溶性糖；决定第 2 主成分大小的主要是硬度和果肉密度；决定第 3 主成分的主要用酸；决定第 4 主成分的主要是出汁率和褐变指数。这两种方法得出结果基本一致，第 1 主成分可定义为苹果内在品质的甜味；第 2 主成分可定义为苹果的外观品质；第 3 主成分可定义为苹果内在品质的酸味；第 4 主成分可定义为苹果的加工品质。

表 8-10　旋转主成分分析表

指标	主成分			
	1	2	3	4
果肉色泽	0.902	−0.156	0.097	0.193
可溶性糖	0.821	0.088	0.163	−0.183
可溶性固形物	0.753	0.343	0.340	−0.089
果皮色泽	−0.732	−0.049	0.438	0.239
单果重	0.021	0.924	−0.252	0.052
硬度	−0.005	0.868	0.182	−0.267
果形指数	0.588	0.730	−0.058	0.252
酸	0.086	0.351	0.864	−0.066
果肉密度	−0.264	0.155	−0.803	−0.012

（续表）

指标	主成分			
	1	2	3	4
出汁率	−0.112	−0.442	0.798	0.094
果汁密度	−0.129	−0.268	0.211	0.886
褐变指数	0.006	0.529	−0.312	0.733

（3）主成分因子的聚类分析。用系统聚类分析来建立果实品质评价体系，如果单用主成分分析只可选择出果实品质评价指标，并不能更有效挑选出影响其果实品质较大的指标。将表8-11前4个各个主成分的特征向量进行系统聚类，最大距离约为0.61时可划分为4个类别（图8-4）。

表8-11 各指标的特征向量

因子	1	2	3	4	5	6	7	8	9	10	11	12
X（1）	−0.237 4	0.433 0	0.203 6	0.047 2	−0.328 3	0.099 5	0.408 3	0.006 3	0.272 7	0.189 6	0.562 2	−0.039 9
X（2）	0.258 5	0.310 2	−0.320 3	0.307 7	0.079 0	0.344 8	0.324 4	0.154 4	0.275 9	−0.017 3	−0.443 6	−0.335 2
X（3）	0.384 8	0.289 4	−0.000 6	−0.002 7	−0.103 5	−0.502 5	0.368 1	0.004 0	−0.135 2	0.060 7	−0.214 7	0.549 0
X（4）	0.123 9	0.353 9	0.468 6	−0.131 2	0.304 2	0.268 1	−0.194 7	−0.132 4	−0.236 9	0.559 1	−0.181 6	−0.030 6
X（5）	0.352 0	−0.312 5	0.288 0	−0.036 0	0.006 5	−0.206 4	0.094 1	−0.549 8	0.535 5	0.072 0	−0.033 3	−0.217 8
X（6）	0.471 9	−0.038 6	0.115 1	0.218 9	−0.187 6	−0.149 4	0.045 4	0.092 5	−0.531 9	−0.071 1	0.297 0	−0.519 8
X（7）	0.314 1	−0.090 4	0.400 8	−0.309 0	0.006 0	0.493 5	0.182 4	0.180 1	0.016 3	−0.519 0	0.048 7	0.236 1
X（8）	−0.004 6	−0.477 8	−0.177 0	−0.015 4	0.435 3	0.136 1	0.560 7	0.068 8	−0.161 6	0.364 0	0.215 5	0.089 2
X（9）	−0.307 8	0.009 2	0.469 8	0.039 3	0.352 2	−0.427 0	0.185 6	0.442 2	0.112 4	−0.167 2	−0.186 1	−0.267 1
X（10）	−0.180 7	0.080 9	0.173 4	0.675 4	0.275 6	0.103 4	0.061 6	−0.444 3	−0.179 1	−0.327 3	0.056 9	0.210 4
X（11）	0.183 9	−0.290 8	0.217 3	0.531 6	−0.197 5	0.087 3	−0.266 3	0.447 0	0.249 2	0.297 4	0.035 2	0.287 5
X（12）	0.326 9	0.283 8	−0.224 0	−0.025 4	0.564 7	−0.138 1	−0.294 8	0.133 6	0.268 9	−0.108 9	0.480 4	0.063 8

从图8-4可以看出，X（8）、X（10）分别单列为一类，X（1）、X（9）聚为一类，X（2）、X（3）、X（12）、X（6）、X（5）、X（7）、X（11）、X（4）8个指标同聚为一类，其中单为一类的品质因素具有相对独立性；同聚为一类的果实品质因素之间有密切的相关性。由此，富士苹果12个果实品质因素可以选出4个因子予以简化，简化后的评价因子是：果形指数、出汁率、单果重或果汁密度、果皮色泽或可溶性固形物或可溶性糖

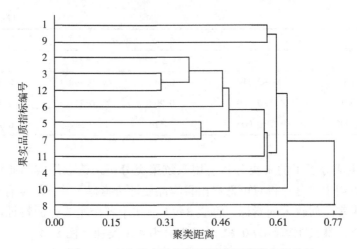

图8-4　富士果实品质评价因素的聚类分析结果

或果肉色泽或硬度或果肉密度或褐变指数或酸度。

4. 不同产地富士苹果果实品质聚类分析

依据果实品质评价体系并结合主成分因子的选择，选取单果重、可溶性固形物、硬度和酸4个果实品质指标，综合评价10个不同产地富士苹果果实品质指标。从图8-5可以看出，当最大距离为8.03时可聚为4类，洛川聚为第1类；烟台聚为第2类；安塞、延安、扶风、天水、静宁、三门峡、阿克苏聚为第3类；铜川聚为第4类。

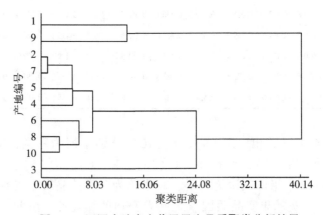

图8-5　不同产地富士苹果果实品质聚类分析结果

5. 不同产地富士苹果果实综合品质高低比较

表 8-12 反映的是依据提取出来的 4 个主成分因子为综合评价品质指标，得出各个产地的主成分得分和综合得分，不同产地富士苹果果实综合品质高低的顺序为：阿克苏>静宁>三门峡>烟台>延安>安塞>天水>洛川>铜川>扶风。

表 8-12　各样品主成分得分及综合得分

产地	成分				综合得分	排序
洛川	-2.359	1.089	-0.212	-0.846	-2.328	8
安塞	0.320	-0.963	-0.936	1.370	-0.209	6
铜川	0.424	-2.250	-0.841	-1.264	-3.931	9
延安	2.014	1.658	-3.098	-0.085	0.489	5
扶风	-3.425	-1.836	0.138	-0.292	-5.415	10
静宁	1.229	0.219	0.271	1.466	3.184	2
天水	0.083	-2.241	0.416	0.912	-0.829	7
三门峡	2.422	0.267	1.481	-2.630	1.540	3
烟台	-2.415	3.263	0.446	0.139	1.433	4
阿克苏	1.708	0.792	2.336	1.230	6.066	1

五、小结

采用 HPLC 法比较不同产地果实多酚物质种类和含量的报道较少。本研究利用 HPLC 法测得富士苹果果实中的主要酚类物质是儿茶素、表儿茶素和绿原酸，它们的含量差异较显著，各个产地总酚含量高低顺序为：安塞>静宁>盐源>三门峡>洛川>铜川>天水>延安>烟台>凤翔>阿克苏>扶风。

苹果风味品质主要取决于糖、酸含量及其配比关系，高酸低糖的果实口感过酸，低酸高糖的果实口感淡薄，都不符合鲜食要求。综合分析本研究结果，各个产地富士苹果糖酸比由高到低顺序为：盐源>延安>扶风>三门峡>阿克苏>安塞>静宁>烟台>天水>铜川>凤翔>洛川。盐源和延安果实中可溶性糖含量较高，有机酸含量适中，但糖酸比较高，其果实甜度占主导，但品质风味偏淡；安塞和扶风可溶性糖含量较高，有机酸含量偏低，糖酸比中等，其果实甜度稍高，品质风味好；天水可溶性糖含量偏低，有机酸含量适中，糖酸比偏低，但品质偏酸，风味一般；阿克苏、静宁、三门峡和烟台果实中可溶性糖含量较高，有机酸含量适中，糖酸比中等，其果实甜度高，品质风味较好；洛川、铜川和凤翔果实中糖、酸含量高，尤其是有机酸含量偏高，其果实风味浓、品质佳。这与不同产地富士苹果的风味特点是基本相符的。由于不同产地果实品质受气象因素（如海拔、降水量、日照、气温等）及栽培管理等条件影响较大，可以通过这些因素进一步深入研究糖、酸风味物质的组成及含量对果实风味品质形成的影响，将会对苹果品质评价和品种改良提供一定依据。

本研究通过比较分析不同产地富士苹果果实品质指标，比较 10 个产地苹果的差异，选取单果重、果形指数、可溶性固形物、酸和出汁率为品质评价指标，得出各个产地苹果综合品质高低的顺序为：阿克苏>静宁>三门峡>烟台>延安>安塞>天水>洛川>铜川>扶风。

应用数学多元统计方法中的主成分分析和聚类分析能够对较多品质性状进行综合考察，主观因素少，能在保留指标大部分信息的前提下对指标简化为新的个数较少且彼此独立的综合指标，分类结果更加客观科学，从而更准确地分析果实品质。本研究保证了富士苹果果实综合品质评价指标更有针对性，避免盲目测定大量可能影响品质的所有指标，减少了工作量，较简单地对不同产地富士苹果进行分类也比较出不同产地富士苹果果实综合品质差异性，为提高苹果的品质提供了一定理论依据。但苹果果实品质因受很多客观和主观上因素影响较大，其中包括气象因子（如海拔、年降水量、日照、气温）、栽植条件、肥水管理水平等，因此会因产地不同而呈现出较大差异。可以通过对这些影响因素的研究达到对苹果品质的深度认识，从而为提高其品质提出一些更有力可行的方法，对于实现我国果实品质调控，提高苹果国际市场竞争力，增加出口有着重大意义。

第九章　叶绿素荧光参数与苹果虎皮病以及品质指标相关性的研究

一、引言

叶绿素荧光参数指标作为一种无损检测指标，可以非破坏性地探测农产品的生理状态，这已被广泛地用作体内光合反应和各种环境胁迫中。叶绿素荧光主要是由植物组织 PSⅡ发出的，因为植物组织受到低温胁迫或者自身的生理变化（如成熟、衰老）能影响 PSⅡ的功能，因此，环境因子对植物组织的影响在一定程度上可以由叶绿素荧光的变化来反映。

当照射光的强度远低于处理组织过程能量的能力，PSⅡ是能够通过几乎所有的光激发电子的光合过程，例如 PSⅡ反应中心及电子受体分子都完全处在氧化状态，在光化学反应完全开放状态下的荧光所测得的最小荧光被称为 Fo 或者初始荧光。相反，当照射光的强度远高于处理组织过程能量的能力，PSⅡ是能传递只有一小部分的光激发电子，基本上 PSⅡ反应中心是封闭，如荧光损失能量，此时测得的荧光强度是最大的，被称为 Fm 或最大荧光。这两个反应之间的关系，通常表示为荧光从最小到最大的调频增加的比率，Fv/Fm 通常发现于接近 0.8 的健康组织，Fv/Fm 是测量过程中的能量转化效率和叶绿体的活性。

澳洲青苹果是加工与鲜食兼用的优良品种，虽然耐藏性好，但果实冷藏中后期虎皮病发病率极高，尤其在货架时期大量开始，严重影响果实的外观和商品价值。目前对于虎皮病的研究主要集中在对其发病机理及病害发展的控制方面，而对采后虎皮病无损检测以及对虎皮病果实的品质特性的研究报道很少。

本试验采用叶绿素荧光技术探测苹果虎皮病的发展状况，并通过了解叶绿素荧光参数与果实虎皮病发生之间的关系，为虎皮病早期诊断提供科学依据。

二、研究内容

一是将试验果分为三组：分别为 1-甲基环丙烯（1-MCP）处理组、低氧（LO_2）处理组和对照组。通过 1-MCP 和 LO_2 处理控制虎皮病的发生，从而降低澳洲青苹果实虎皮病的发病指数和发病率。

二是以澳洲青苹果为研究对象，开展冷藏期间叶绿素荧光无损检测及相关品质指标的研究，探讨在冷藏过程中虎皮病的发生发展、叶绿素含量以及品质指标与叶绿素荧光参数的相关性。

三是在冷藏后期，将澳洲青苹果实置于常温（20℃）下观察虎皮病的发展状况，并分析货架期（7d）叶绿素荧光参数与虎皮病发病率的关系。

四是采用 SAS 统计软件对各处理组果实进行贮藏保鲜效果统计分析。

三、材料与方法

（一）材料与处理

1. 试验材料

试验品种为澳洲青苹果，2012 年 10 月 2 日采自陕西省杨凌五泉镇桶张试验农场，果实成熟时采收，采后当天运回西北农林科技大学园艺学院实验室，预冷 24h 后置于（0±1）℃冷库中贮藏。

2. 试验处理

挑选大小均匀、成熟度一致、无机械伤和无病虫害的果实，随机分成三组，分别装入瓦楞纸箱，在（0±1）℃、85%～95% 相对湿度的冷库中贮藏备用。

第一组记为对照组（CK）放回冷库。

第二组记为 1-甲基环丙烯处理（1-MCP）组，将此组果实放置在 350L 的气调箱中，称取 0.482 1g 1-MCP 粉剂（Smart Fresh，有效成分含量 3.3%）置于小烧杯中，将烧杯放入密封箱内，加入 10 mL 2%KOH 溶液以利于 1-MCP 溶解，立即密闭，使 1-MCP 在箱内浓度达到 $1\mu L/L$，室温下熏蒸处理 24h，然后通风。

第三组记为低氧（LO_2）处理组，将苹果置于箱内，并在箱内充入氮气直到氧气浓度达到 2%，然后密封使箱内温度达到 20℃下处理 10d。

在 1-MCP 和 LO_2 处理结束后，将苹果取出后分别置入瓦楞纸箱内，放在冷库中冷藏 150d，在冷藏期间每隔 15d 对三组苹果分别定期进行叶绿素荧光参数及相关品质指标的测定，每组每次用果 15 个，重复 3 次。在冷藏

60d 以后每隔 15d 再从每组取出 40 个果实用来进行评价虎皮病的发病指数和发病率的统计。

冷藏 150d 后出库置于货架期（22℃）下 7d 观察果实虎皮病的发展状况，并分析对照组和 1-MCP 组果实在 0d、2d、4d 和 7d 时果实虎皮病发病程度和叶绿素荧光参数的变化。

对于以上各组中用于取样果实，均用手持削皮刀削取果皮和果肉，经液氮冷冻后置于-80℃超低温冰箱中保存，用于测定相关生理指标。

（二）测定指标与方法

1. 叶绿素荧光的测定

采用 FMS-2 脉冲调制式荧光仪测定。固定果实与测试头之间的距离，在果实赤道线两侧选择两个相对的位点作为每次的测定位置。测定前将果实用黑色的毛巾覆盖 30min，为了让苹果处于暗适应状态，然后照射检验光，再照射饱和脉冲光，依次测定初始荧光（Fo）、最大荧光（Fm）、计算可变荧光（$Fv=Fm-Fo$）、光化学效率（Fv/Fm）。

2. 虎皮病的发病率和病情指数的测定

$$虎皮病发病率（\%）= 发病果数/总果数×100 \qquad (9-1)$$

$$虎皮病的病情指数 = \sum（病果数×病果级数）/（检查总数×最高级数） \qquad (9-2)$$

统计方法：每个处理随机取出 40 个果实，重复 3 次，定期观察、统计。统计结果时，以苹果果实表面的虎皮病发病面积 S 分为 5 级。

0 级为果面为出现虎皮病现象，表示为正常果；

1 级为果面虎皮病面积 S 在（0, 1/4]，表示为 $0 < S \leq 1/4$；

2 级为果面虎皮病面积 S 在（1/4, 1/3]，表示为 $1/4 < S \leq 1/3$；

3 级为果面虎皮病面积 S 在（1/3, 1/2]，表示为 $1/3 < S \leq 1/2$；

4 级为果面虎皮病面积 S 在（1/2, 1]，表示为 $1/2 < S \leq 1$。

3. 叶绿素、类胡萝卜素含量的测定

采用胡桂兵（2000）的方法并加以修改：称取去肉果皮 0.5g，切丝后置于 25mL 混合提取液（丙酮、无水乙醇、蒸馏水的体积比为 4.5：4.5：1）的刻度试管中，密封管口后在黑暗条件下静置浸提 24h（以果皮变白为准）。以混合提取液作参比液，然后用 U-2800 型紫外分光光度计分别在波长 645nm（叶绿素 a 吸收峰）、663nm（叶绿素 b 吸收峰）和 440nm 下测定其吸光度（OD）值，每处理重复 3 次。根据 OD 值用 Arnon 法按如下公式计算：单位为 mg/L。

$$C_a = 9.78OD_{663} - 0.99OD_{645} \tag{9-3}$$

$$C_b = 21.43OD_{645} - 4.65OD_{663} \tag{9-4}$$

$$C_r = C_a + C_b = 20.44OD_{645} + 5.13OD_{663} \tag{9-5}$$

$$Car\ (mg/L) = 4.7OD_{440} - 0.27\ (C_a + C_b) \tag{9-6}$$

计算出提取液中叶绿素 a、叶绿素 b 和类胡萝卜素的质量浓度，再按下式计算果皮中叶绿素的含量，并以每克果皮鲜重中所含叶绿素的质量表示，即单位为 mg/g。

$$叶绿素含量\ (mg/g) = \frac{\rho \times V}{m \times 100} \tag{9-7}$$

式中，ρ 为上式计算得到的叶绿体色素的质量浓度，mg/L；

V 为样品混合提取液总体积，mL；

m 为样品的质量，g。

4. 果面色度的测定

用日本美能达 CR-400 型色差计测定。整个果实果皮取 5 个等分点进行色度测定，每次 15 个果实。

数据中 L^* 表示光泽明亮度，由黑（0）到白（100），L^* 值越大，亮度越高；a^* 代表红/绿值，其中 $+a^*$ 为红值，正值越大，表示所测样品红色越深；$-a^*$ 为绿值，负值越小，表示所测样品绿色越深；b^* 代表黄/蓝值，其中 $+b^*$ 为黄值，正值越大，表示所测样品黄色越深；$-b^*$ 为蓝值，负值越小，表示所测样品蓝色越深。

5. 各处理组品质指标的测定

每隔 30d 从每个处理组中取 15 个苹果果实测定贮藏过程中生理指标的变化情况，研究各处理组果实生理生化指标的变化规律。生理指标如下。

（1）果实硬度的测定。采用意大利产 GY-3 型果蔬硬度计，参数设定为：Trigger threshold, 0.10kg；Forward speed, 10mm/s；Reverse speed, 10mm/s；Measure speed, 5 mm/s；Measure distance, 10.0mm。

试验方法：各果实沿赤道线选取 2 个等分点，各点削去约 1.5cm² 的果皮，匀速插入直径 0.8 cm 的端头至刻度线（1cm），记录最大穿透力值，取平均值记为每个果的硬度值。

（2）总可溶性固形物 TSS 的测定。采用 WY032T 型折光仪，试验方法：每个处理重复 15 个果实，每个苹果对称取 4 点，将取下的果实压碎在折光仪上直接读出 TSS，单位为%。

（3）可滴定酸的测定。采用酸碱滴定法测定，试验方法：称取 5g 捣碎的果浆，加水定容至 100mL 容量瓶中，摇匀后过滤，取 25mL 滤液倒入三角瓶，然后加入酚酞指示剂 2 滴，再用 0.1 mol/L NaOH 滴定，直到溶液颜色呈淡红色，且在 1min 内不褪色，此时，记录消耗 NaOH 体积。计算结果为 3 次重复的平均值。

计算公式如下：

$$含酸量（\%）= \frac{N \times V_2 \times V_1 \times A \times 100}{W \times V} \tag{9-8}$$

式中，N 为氢氧化钠溶液当量浓度，mol/L；

　　　V_2 为滴定时消耗氢氧化钠溶液用量，mL；

　　　V_1 为吸取样品滤液体积，mL；

　　　W 为样品鲜重，g；

　　　A 为与 1.00mL NaOH 标准溶液相当的试样主体酸的质量；

　　　V 为样品液制成总体计，mL。

（4）维生素 C 的测定。2,6-二氯酚靛酚滴定法测定，重复 3 次，取平均值。试验方法：称取 50g 新鲜果肉，置研钵中，加入 20mL 草酸，研磨成匀浆，将样品提取定容至 100mL，吸取滤液 20mL，至三角瓶中，用标定过的 2,6-二氯酚靛酚溶液滴定至粉红色，记录消耗体积。

（5）呼吸强度的测定。采用 Telaire7001 红外线二氧化碳分析仪测定，单位为 $mgCO_2/(kg \cdot h)$。

（6）乙烯释放速率的测定。选取 15 个果实在干燥器（体积为 9.4L）中密封 1 h 后，抽取 1 mL 气体，用岛津 GC-14A 气相色谱仪测定乙烯浓度，并计算乙烯释放速率。重复 3 次。

色谱条件：GDX-502 色谱柱，载气为 N_2，柱长 2m，柱温 70℃，进样口温度 100℃，氢气 0.7kg/cm²，空气 0.7 kg/cm²，氮气 1.0kg/cm²，检测室温度 110℃，单位为 $\mu L/(kg \cdot h)$。

（7）过氧化物酶活性（POD）的测定。提取液的制备：称取剪碎果肉 1.0g，在研钵中加入适量磷酸缓冲液冰浴研磨成匀浆。再用 5mL 磷酸缓冲液提取一次，将两次匀浆液合并，低温离心 15min，上清液为粗酶液，定容至 25mL，贮于低温下备用。

活性测定：取 2 支试管，将 1mL 磷酸缓冲液和 3mL 反应混合液加入第一支试管中，作为对照；1mL 上述酶液和 3mL 反应混合液加入另一支试管中，并将 2 支试管中溶液分别混匀后，倒入比色杯，用 U-2800 型紫外分光光度计于 470nm 处测定吸光度（OD）值，共记录 5min，每隔 30s 读数一次。然后以每分钟 $\triangle OD_{470}$ 变化 0.01 作为一个过氧化物酶活性单位（U）。

$$过氧化物酶活性 \left[U/ (gFW·min) \right] = \frac{\triangle OD_{470} \times V_T}{W \times Vs \times 0.01 \times t} \quad (9-9)$$

式中：$\triangle OD_{470}$ 为反应时间内 OD 的变化值；

$\quad\quad V_T$ 为酶液总体积（mL）；

$\quad\quad Vs$ 为所取用的酶液体积（mL）；

$\quad\quad W$ 为鲜重（g）；

$\quad\quad t$ 为反应时间（min）。

（8）超氧化物歧化酶（SOD）的测定。SOD 的提取：称取果肉 1.0g 于预冷的研钵中，加 2mL 预冷的提取介质在冰浴中研磨匀浆，转移至 10mL 容量瓶中，用提取介质冲洗研钵 2~3 次（每次 1~2mL），合并冲洗液于容量瓶中，定容至 10mL。取 5mL 提取液于 4℃下 12 000 r/min 冰冻离心 20min，上清液即为 SOD 粗提液，置于冰箱中，留着备用。

SOD 活性测定：参照高俊凤的方法，取透明度好、质地相同的试管 7 支，测定管 3 支，光下对照 3 支，暗中对照（调零）1 支，按下表在各管中添加反应显色试剂（表 9-1）。

表 9-1　试验设计

反应试剂（mL）	测定管			光下对照			暗中对照
	1	2	3	4	5	6	7
50mmol/L 磷酸缓冲液	1.5	1.5	1.5	1.5	1.5	1.5	1.5
130mmol/L Met 溶液	0.3	0.3	0.3	0.3	0.3	0.3	0.3
750μmol/L NBT 溶液	0.3	0.3	0.3	0.3	0.3	0.3	0.3
100μmol/L EDTA-Na$_2$	0.3	0.3	0.3	0.3	0.3	0.3	0.3
20μmol/L 核黄素溶液	0.3	0.3	0.3	0.3	0.3	0.3	0.3
粗酶液	0.1	0.1	0.1	0	0	0	0
蒸馏水	0.5	0.5	0.5	0.6	0.6	0.6	0.6

7 号试管加入核黄素后立即用双层黑色硬纸套避光，全部试剂加完后摇匀，将试管置于荧光灯下显色。用黑布遮盖试管终止反应。反应结束后以暗中对照管做空白，用 U-2800 型紫外分光光度计在 560nm 下测定 1~6 号试

管反应液的吸光度。按下式计算酶活性：

$$酶活性［U/（gFW \cdot h）］= \frac{(A_0-A_s) \times V_t \times 60}{A_0 \times 0.5 \times W \times V_s \times t} \quad (9-10)$$

式中，A_0 为光下对照管吸光度；

　　　A_s 为样品测定管吸光度；

　　　V_t 为样品提取液总体积，mL；

　　　V_s 为测定时取粗酶液量，mL；

　　　t 为显色反应光照时间，mL；

　　　W 为样品鲜重，g。

（9）果皮 α-法尼烯和共轭三烯醇含量的测定。测定时将每个处理随机分成 3 个区组，每个区组内取大小均匀的 5 个果实，用打孔面积 1cm² 的打孔器在每个果实的赤道四面分别打孔，以单面刀片剥取果皮。取 20cm² 果皮（每个区组 20 片共计 20cm²），放入 20mL 大试管中，加入 20 mL 正己烷提取 α-法尼烯和共轭三烯醇，并将试管口密封后计时，在室温下提取 3h，然后将上清液转移到另一试管，密封供测定用。

以正己烷作参比液，然后用 U-2800 型紫外分光光度计分别在波长 232nm、281nm 和 290nm 下测定其吸光度（OD）值，重复 3 次。

$$α-法尼烯（μg/cm^2）= \frac{204 \times v \times OD_{232} \times 1\,000}{29\,000 \times S} \quad (9-11)$$

$$共轭三烯醇（μg/cm^2）= \frac{204 \times v \times (OD_{281}-OD_{290}) \times 1\,000}{25\,000 \times S} \quad (9-12)$$

式中，v 为正己烷的体积，20mL；

　　　S 为果皮面积，20cm²。

四、结果与分析

（一）冷藏过程中各处理组果实叶绿素荧光参数的测定与分析

1. 荧光光源强度的选择

荧光测定和猝灭分析需要以下 4 种不同的光源。

（1）检测光——绿光，光强 PPFD 小于 10μmol/（m²·s），用于测 Fo。

（2）作用光——通常用白光，光强可因试验目的不同而变化，其用于推动光合作用的光化学反应。

（3）饱和脉冲光——通常用自然光，光强 PPFD 大于 3 000 μmol/

（$m^2 \cdot s$），确保 Q_A 全部还原，用于测 Fm 和 Fm'。

（4）弱远红光（或暗）——以便 PS I 推动 Q_A 氧化，测 Fo' 前使用。

2. 荧光参数测定的基本操作步骤

测定时先将待测样品放在黑布罩下暗适应 30min，让样品经过一个充分的暗适应过程，最好是经过一个黑暗的夜晚。

首先，给充分暗适应好的样品先照射弱检测光 [0.12μmol/（$m^2 \cdot$ s）]，经过一小段时间（1~2min）荧光水平稳定后可测得初始荧光 Fo，再照射饱和脉冲光 [4 000μmol/（$m^2 \cdot s$）]，脉冲时间 0.7s，可测得最大荧光 Fm，然后按公式 $Fv = Fm - Fo$ 计算出可变荧光 Fv，可变荧光与最大荧光之比（Fv/Fm）被称为 PS II 的最大光化学效率。

其次，当荧光产量从 Fm 快速下降到 Fo 时，打开作用光 [200μmol/（$m^2 \cdot s$）]，当荧光恒定时（120s），测得稳态荧光 Fs。

最后，关闭作用光，再照射远红光 [1.67μmol/（$m^2 \cdot s$）]，可测得关闭作用后的初始荧光 Fo'，以便计算可变荧光，即 $Fv' = Fm' - Fo'$（图9-1）。

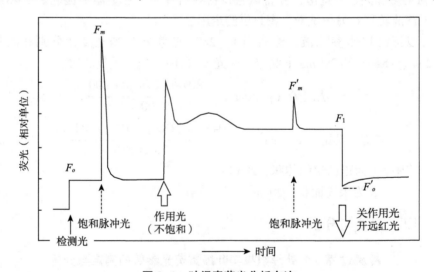

图9-1　叶绿素荧光分析方法

注：图中 Fo、Fm'、Fs 和 Fo' 分别表示暗适应样品的初始荧光、最大荧光，在作用光下样品光合作用达到稳态时的最大荧光、稳态荧光和初始荧光。

3. 冷藏过程中叶绿素荧光参数的变化趋势

（1）冷藏过程中各处理组果实初始荧光（Fo）的变化。图9-2 显示了各处理组果实初始荧光 Fo 随贮藏时间的变化趋势。从图中可以得出，随着贮藏时间的延长，对照组（CK）初始荧光 Fo 明显呈现下降的趋势，Fo 由 123.47 下降到 96.44。然而，1-MCP 处理组在贮藏期 90d 之前 Fo 明显呈下降的趋势，而从 90d 后 Fo 的下降速度加快；LO_2 处理组在贮藏期 60d 之前 Fo 下降幅度比较明显，而在贮藏期 60~120d 其变化比较缓慢，但从 120d 之后，Fo 明显下降直至贮藏期结束。

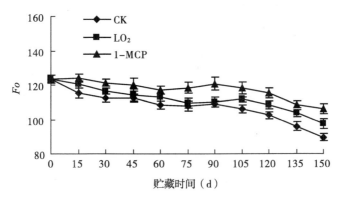

图 9-2　各处理组果实 Fo 随贮藏时间的变化趋势

1-MCP 处理组与对照组相比，处理组果实 Fo 明显高于对照组，并且 1-MCP 处理组与对照组存在极显著性差异（$P<0.01$），而 LO_2 处理组与对照组（CK）差异性不显著，但两处理组之间差异性显著（$P<0.05$）。

（2）冷藏过程中各处理组果实最大荧光（Fm）的变化。图 9-3 表明各处理组果实最大荧光 Fm 随贮藏时间的变化趋势，从图中可以看出，随着贮藏时间的延长，对照组（CK）果实的最大荧光 Fm 在整个贮藏过程中一直

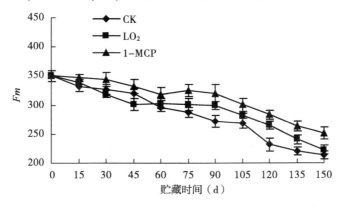

图 9-3　各处理组果实 Fm 随贮藏时间的变化趋势

处于缓慢下降的趋势。1-MCP 处理组在贮藏期 0~60d Fm 保持平缓下降的趋势，而在 60~90d 呈现了短暂的上升趋势，但在 90d 以后其下降速度加快；而 LO_2 处理组在整个贮藏过程中 Fm 波动比较大，总体呈现缓慢下降的趋势。

从图 9-3 分析可知，1-MCP 处理组与对照组（CK）差异极显著（$P<0.01$），但两处理组（LO_2、1-MCP）之间差异性不显著。

（3）冷藏过程中各处理组果实光化学效率（Fv/Fm）的变化。图 9-4 显示了果实光化学效率 Fv/Fm 的变化特性，从图中可看出，在整个贮藏阶段，各处理组都呈现相同的变化趋势，即 Fv/Fm 一直处于下降的趋势，各处理组与对照组（CK）之间都表现为极显著性差异（$P<0.01$），并且两处理组之间差异也显著（$P<0.05$）。

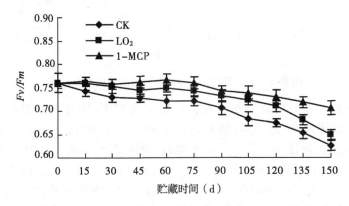

图 9-4　各处理组果实 Fv/Fm 随贮藏时间的变化趋势

4. 小结

叶绿素荧光参数 Fo、Fm 和 Fv/Fm 受 1-MCP 处理、LO_2 处理和贮藏时间的影响，在整个贮藏过程中叶绿素荧光参数随着贮藏时间的延长而逐渐降低，但处理与对照组相比都保持在相对较高的水平，如图 9-1、图 9-2 和图 9-3 所示。

对照组（CK）果实明显处于下降趋势，但是 Fo 从贮藏期 60d 以后下降速度加快，由 113.44 下降到 96.52，而 Fm 从贮藏期 30d 以后下降了 63% 左右；同时 Fv/Fm 也随着贮藏时间的延长而逐渐降低，当果实由 0d 贮藏到 90d 时，Fv/Fm 由 0.76 下降为 0.70，从 90d 以后其下降程度明显加快，因此，虎皮病现象的出现似乎在贮藏期 90d 左右，这与其他学者等通过测定不同贮藏条件下红星苹果的叶绿素荧光参数 Fv/Fm 的结果一致，他们发现当 Fv/Fm 由 0.78 下降为 0.70 时，果实表面出现褐斑。

1-MCP 处理影响 Fo 和 Fv/Fm，与对照组相比 Fo 和 Fv/Fm 都相对较高；而 Fm 在贮藏期的第一个月低于对照，分析原因可能与果实自身的氧化代谢和果实表皮叶绿素的降解有关，但从贮藏期 60d 以后 1-MCP 处理显著高于对照，由此可见，1-MCP 处理控制澳洲青苹果虎皮病的同时延缓了 Fo 和 Fv/Fm 的下降。

LO$_2$处理对 Fo 和 Fm 的影响不明显，但是对 Fv/Fm 有一定的影响，Fv/Fm一直保持下降趋势，高于对照组，并且在 90d 以后 Fv/Fm 下降速度加快，这说明 LO$_2$处理控制澳洲青苹果虎皮病的同时延缓了 Fv/Fm 的下降。

综上所述，澳洲青苹果贮藏过程中果实叶绿素荧光参数随贮藏时间的延长而缓慢降低，并且 1-MCP 和 LO$_2$处理均可延缓叶绿素荧光参数的下降。

（二）冷藏过程中各处理组果实虎皮病发病率和病情指数的变化

如图 9-5 所示，澳洲青苹果在贮藏 90d 左右开始出现虎皮病，对照组（CK）病果个数和褐变面积随着贮藏期的延长而逐渐增加，苹果虎皮病发病率和病情指数都急剧升高。在 150d 出库后货架期 7d 时，苹果虎皮病发病率

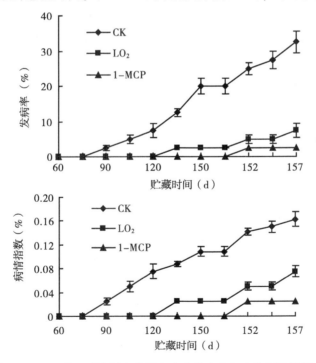

图 9-5 不同处理对澳洲青苹果虎皮病发病率和病情指数的影响

和病情指数分别为20%和0.108；1-MCP处理组在贮藏期间虎皮病病情指数为0，即没有出现虎皮病，但在出库后第2天才出现极个别的轻微病果，而且发病面积基本没有发生变化，苹果果虎皮病发病率和病情指数分别为2.5%和0.025；LO_2处理果实从135d开始有轻微的病果出现，在出库后的第2天到第7天病果果实的个数和褐变面积都稍有变化，果实虎皮病发病率和病情指数分别为7.5%和0.075。

综上所述，1-MCP处理和LO_2处理对控制澳洲青苹果虎皮病的发生有极显著的效果（$P<0.01$），并且1-MCP处理果实的效果优于LO_2处理。

（三）冷藏过程中各处理组果实果皮色素的变化

1. 冷藏过程中各处理组果实果皮色度的变化

由图9-6可以看出，1-MCP处理澳洲青苹果果皮亮度值L^*最大，与对照差异显著（$P<0.05$）；LO_2处理果实果皮亮度值L^*在贮藏前90d的变化呈波浪状，但从90d之后其下降程度加快，且高于对照亮度值。1-MCP处理和LO_2处理能显著提高澳洲青苹果果皮的亮度值L^*，处理组与对照组之间差异显著（$P<0.05$），但各处理组间差异性不显著。

1-MCP处理果实果皮绿色度$-a^*$值最大，其次为LO_2处理，在整个贮藏过程中，1-MCP和LO_2处理组果实绿色度保持高于对照组，且1-MCP处理与对照之间呈现显著性差异（$P<0.05$），而处理组之间、LO_2处理与对照间无明显差异。

在贮藏期前60d各处理组之间黄色度b^*值的变化保持相对平缓的趋势，并且LO_2处理果实果皮黄色度b^*值高于1-MCP处理高于对照，但在贮藏期75d后对照果实的黄色度b^*值达到最大且呈急剧上升的状态，随着贮藏时间的延长，果实果皮黄色度b^*值越大，果皮越黄，其值集中在32.82~38.50，并且1-MCP和LO_2处理与对照差异性显著（$P<0.05$），从整个贮藏过程来看，各处理组之间、处理组与对照之间都没有明显的显著性差异。

2. 冷藏过程中各处理组果实叶绿素、类胡萝卜素含量的变化

从图9-7可以看出，1-MCP和LO_2处理能有效延缓叶绿素含量的下降，而抑制类胡萝卜素含量的增加。在贮藏期前90d各处理组果实果皮叶绿素含量的变化与对照基本保持一致，趋于稳定的走势，并且各处理组果皮叶绿素含量高于对照，90d之后各组果实果皮叶绿素含量下降速度加快，此时，1-MCP和LO_2处理与对照差异性显著（$P<0.05$），两处理组之间也具有显著差异性。

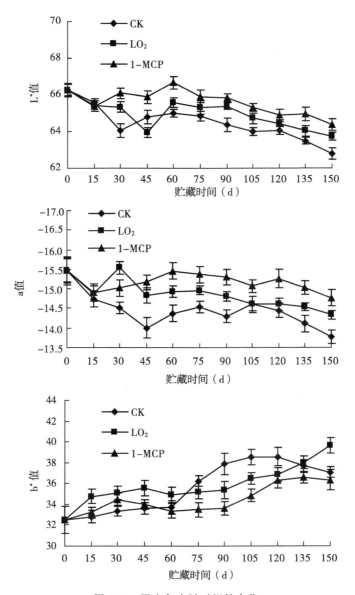

图 9-6　果皮色度随时间的变化

与叶绿素不同，类胡萝卜素含量在贮藏前 60d 各组果实果皮都保持缓慢的上升趋势，在 60d 和 90d 时类胡萝卜素含量积累加速，随着贮藏时间延长，果实果皮类胡萝卜素含量急速上升，对照组类胡萝卜素含量均高于 1-

MCP 和 LO₂处理，并且处理组与对照、处理组之间都呈现明显的显著性差异（$P<0.05$）。因此，经过 1-MCP 和 LO₂处理的果实果皮能显著抑制类胡萝卜素含量的上升，这说明 1-MCP 和 LO₂处理对类胡萝卜素的合成也有一定的抑制作用。

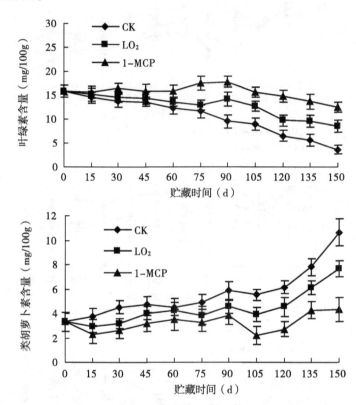

图 9-7　果皮叶绿素、类胡萝卜素含量随时间的变化

（四）冷藏过程中各处理组果实品质指标的测定与分析

1. 冷藏过程中各处理组果实硬度的变化

从图 9-8 可以看出，对照组（CK）果实硬度从贮藏期 0d 和 60d 之间的变化相对比较平缓，从第 60 天以后果实硬度下降幅度加大，由 8.404 下降为 6.123。从图中可以看出来，1-MCP 处理组和 LO₂处理组果实硬度都高于对照组，并且两处理组与对照组（CK）存在着显著性差异（$P<0.05$），但两处理组之间无显著性差异。因此，1-MCP 处理和 LO₂处理可以有效地抑制果实硬度的下降，另外，还可以从图中得出，1-MCP 处理的果实硬度高

于 LO_2 处理，尤其从 90d 开始变化最为明显。

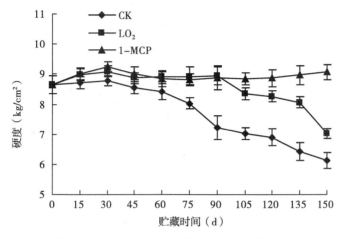

图 9-8　各处理组果实硬度随贮藏时间的变化

2. 冷藏过程中各处理组果实 TSS 的变化

图 9-9 显示，随着贮藏时间的延长，各处理组果实的 TSS 含量在前期变化较稳定，后期呈逐渐下降的趋势，各处理组间的差异性不显著，而在贮藏时间为 90d 时，1-MCP 处理组果实的 TSS 值接近于 13.5%，而对照组（CK）果实的 TSS 略高于 13%，此时，各处理组之间具有较显著的差异性（$P<0.05$）。贮藏前期由于果实的淀粉转化为可溶性糖，加之呼吸作用较低，是造成贮藏前期可溶性固形物含量平稳甚至升高的原因。随着贮藏时间的延

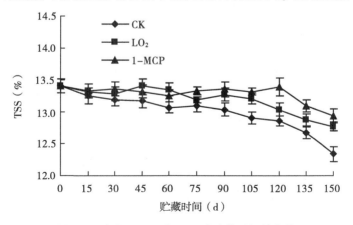

图 9-9　各处理组果实 TSS 随贮藏时间的变化

长，果实内的淀粉转化完成后，果实内的可溶性固形物含量开始下降。

3. 冷藏过程中各处理组果实可滴定酸含量的变化

如图 9-10 所示，在整个贮藏过程中，各处理组果实的可滴定酸含量都保持逐渐下降的趋势，而在贮藏期 90d 后下降幅度增大。在贮藏前期各处理组之间差异性不显著，但从贮藏期 120d 后表现为显著的差异性（$P<0.05$）。可滴定酸的降低，是因为在贮藏过程中，可滴定酸作为呼吸基质参与了果实的呼吸作用，使得果实中的酸转化为糖，降低了果实的含酸量。

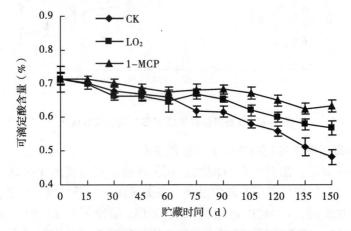

图 9-10　各处理组果实可滴定酸含量随时间的变化

4. 冷藏过程中各处理组果实抗坏血酸（维生素 C）含量的变化

从图 9-11 中显示，在整个贮藏过程中，各处理组果实维生素 C 含量在贮藏期 0~60d 变化相对平稳，从 60d 后其下降速度加快，尤其从 105d 后变化尤为明显，并且各处理组果实维生素 C 含量与对照呈现了显著的差异性，并且处理组之间差异性也显著（$P<0.05$）。1-MCP 和 LO_2 处理组果实维生素 C 含量明显保持高于对照。因此，1-MCP 处理和 LO_2 处理可以有效地抑制果实维生素 C 含量的下降，另外，还可以从图中得出，1-MCP 处理果实的效果显著优于 LO_2 处理。

5. 冷藏过程中各处理组果实呼吸强度、乙烯释放速率的变化

从图 9-12 中可以看出，在整个冷藏过程中，1-MCP 和 LO_2 处理比对照的呼吸峰推迟了 15d 左右，1-MCP 和 LO_2 处理组呼吸强度的峰值分别比对照降低了 61.33% 和 67.12%，其值分别为 5.67mg/（kg·h）、3.68 mg/（kg·h）和 3.93 mg/（kg·h），且呼吸强度始终低于对照，另外，1-MCP

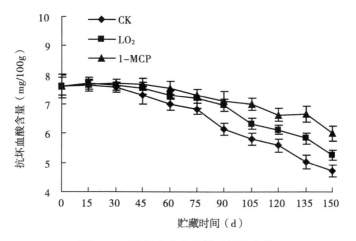

图 9-11　抗坏血酸含量随时间的变化

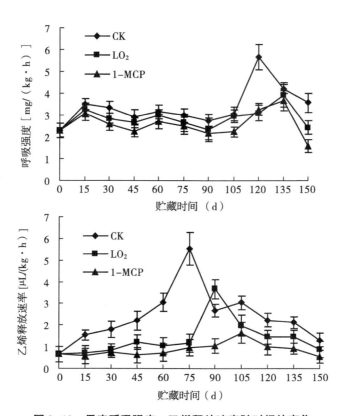

图 9-12　果实呼吸强度、乙烯释放速率随时间的变化

处理与对照呈显著性差异（$P<0.05$），但两处理组之间差异性不显著。

作为乙烯受体抑制剂，研究表明，1-MCP 处理对果实乙烯释放速率具有明显的抑制效果，从图中可知，1-MCP 和 LO_2 处理组乙烯释放速率分别在贮藏期 105d 和 90d 出现乙烯高峰，且乙烯释放速率明显低于对照，比对照分别延迟了 30d 和 15d 左右，其乙烯峰值分别为 1.65μL/（kg·h）、3.67μL/（kg·h）和 5.54μL/（kg·h），相对于对照其峰值分别下降了 29.71% 和 66.25%。同时，1-MCP 和 LO_2 处理与对照之间变现出了极显著性差异（$P<0.01$），但处理组间并没有呈现显著性差异。

6. 冷藏过程中各处理组果实果皮 α-法尼烯、共轭三烯醇含量的变化

从图 9-13 可以看出，各处理组果实果皮 α-法尼烯含量在贮藏期间呈现先上升后下降的趋势变化。1-MCP 处理组果实果皮 α-法尼烯含量在贮藏期 90d 左右达到高峰，随后逐渐下降，1-MCP 处理组果实的高峰则推迟 15d 左右，而且峰值极显著低于对照（$P<0.01$）；LO_2 处理和对照组在贮藏期

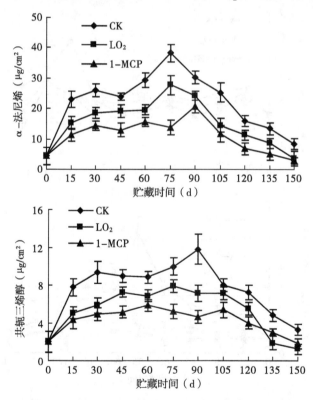

图9-13　果皮 α-法尼烯、共轭三烯醇含量随时间的变化

75d 左右出现高峰。在整个贮藏过程中，1-MCP 和 LO₂ 处理果实果皮 α-法尼烯含量明显要低于对照（$P<0.05$），这说明 1-MCP 处理可有效地降低 α-法尼烯含量和抑制 α-法尼烯高峰的出现。

共轭三烯醇含量的变化趋势与 α-法尼烯相似，除对照组以外，趋势线比较平缓，1-MCP 和 LO₂ 处理果实果皮的共轭三烯醇峰值出现在贮藏期 105d，而对照组在贮藏期 90d 左右达到高峰，由此可见，1-MCP 和 LO₂ 处理能够抑制共轭三烯醇的生成，并且显著降低了其峰值 $P<0.05$）。

7. 冷藏过程中各处理组苹果果实 POD 酶活性、SOD 酶活性的变化

POD 酶和 SOD 酶是生物体内普遍存在的参与氧代谢的一种含金属酶。该酶与植物的衰老及抗逆性密切相关，是植物体内重要的防御活性氧毒性的保护酶。

如图 9-14 所示，三组果实的 SOD 活性变化基本一致，除前 30d 以外，两处理组的 SOD 活性水平在整个贮藏期内，都要明显高于对照，但是都出现了两个活性高峰。POD 酶活性在整个贮藏期间总体呈先上升后下降的变化趋势，对照组 POD 酶活性显著低于 1-MCP 和 LO₂ 处理组（$P<0.05$），且三者之间的活性高峰同期出现，其峰值分别为 0.028μg/（gFW·min）、0.042μg/（gFW·min）、0.036μg/（gFW·min），处理组比对照分别提高了 16.67% 和 28.58%。这说明增强机体的抗氧化能力，可以通过 1-MCP 和 LO₂ 处理有效地提高 SOD 酶和 POD 酶的活性（$P<0.05$）。

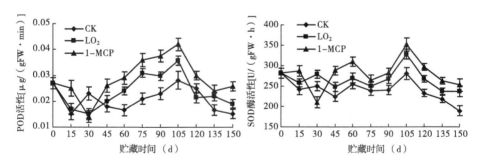

图 9-14 果实 POD 酶活性、SOD 酶活性随时间的变化

（五）小结

本试验结果显示，在贮藏期间，1-MCP 和 LO₂ 处理显著地降低了苹果 α-法尼烯及其氧化产物共轭三烯醇的含量，同时，也极显著地降低了果实虎皮病发病率和病情指数（$P<0.05$），从理论上来讲，在某种程度上对抑制

果实虎皮病的发生起着重要的作用。这表明苹果虎皮病的发生与 α-法尼烯及其氧化产物共轭三烯醇的积累确实有一定的相关关系。1-MCP 处理组可以很好地抑制果实过氧化物酶（POD）的活性，1-MCP 和 LO_2 处理组在贮藏期 30d 左右开始呈现出了较高的超氧化物歧化酶活性（SOD）。

1-MCP 和 LO_2 处理对澳洲青苹果果皮黄化的抑制、叶绿素分解的抑制以及类胡萝卜素合成的抑制密切相关，此结论与前人研究结果类似。由于果品在贮藏过程中容易造成绿色消退，1-脱氧木酮糖-5-磷酸合成酶（DXS）是植物类胡萝卜素合成的关键酶，一方面是因为苹果果实在成熟衰老的过程中与 DXS 相关的基因 *DXPS* 高度表达，促进了苹果果实体内类胡萝卜素的合成；另一方面是因为叶绿素分解，使与其共存的类胡萝卜素颜色呈现，从而果实由绿色表现为黄色。由此可以说明，1-MCP 和 LO_2 处理可能参与了果实果皮叶绿素酶和 DXS 活性的抑制，从而延缓了果实果皮的黄化。

在整个贮藏过程中，1-MCP 处理和 LO_2 处理组可以在一定的贮藏阶段内使果实保持较高的硬度和叶绿素含量，处理组间的 TSS、维生素 C 以及可滴定酸的变化无显著差异性。

本试验结果表明，1-MCP 处理对果实 TSS 的影响不大，而对维生素 C 含量在某个贮藏时间段内存在一定的影响，这与李丽梅等用 1-MCP 处理对罗勒采后生理变化的研究结果一致。苹果属于呼吸跃变型果实，其呼吸强度变化曲线平稳，呼吸峰出现比较晚，而乙烯高峰与呼吸高峰同时出现，而本试验中 1-MCP 和 LO_2 处理组果实呼吸高峰出现在贮藏期 135d 左右，乙烯峰值分别出现在贮藏 90d 和 105d 左右，且处理组果实的乙烯释放速率较低，其峰值比对照远远推迟了。因此，我们普遍认为，抑制冷藏期间苹果果实的呼吸强度和乙烯释放速率，可以有效地控制虎皮病的发生。

第十章　相关研究论文

第一节　不同性别消费者对苹果品质特征
偏好的调查研究①

本节以了解消费者对苹果品质特征的喜好，为苹果新品种的推广和苹果育种提供市场理论依据为目的，在陕西和宁夏等地采用抽样调查的方法，探究了苹果的大小、形状、颜色、口味、芳香和质地特征中哪些方面最受消费者的喜爱，将调查数据汇总并经 Logistic 回归分析模型分析发现：男性和女性消费者在苹果大小和口味方面有一些差异，而在颜色、形状、口味和质地方面表现出一致性。

一、引言

中国是苹果生产大国，同时也是苹果消费大国。在我国经济发展的同时，国民餐桌也悄然发生着改变，从原来单纯的粮食、肉类和蔬菜，到现在水果成为人们生活中必不可少的一部分。苹果中含有大量的维生素、矿物质和微量元素，另外苹果中还含有多酚、三萜和植物甾醇等化学物质，具有较好的抗肿瘤、抗氧化、保肝、预防心脑血管疾病和增强记忆等作用，是人们喜爱的水果之一。而陕西和宁夏所在的黄土高原又是苹果的主产区之一，这里的苹果质量优，价格实惠，品质比同类苹果要高，因此在此居住的消费者在购买水果的时候，大部分都会选择苹果。

但是我国关于消费者对苹果的需求偏好调查较少，常平凡等对华北、华东、华中等地的苹果主产区进行实地调查分析。发现我国主要苹果产区的富

---

① 注：本研究成果已于 2015 年发表于专业期刊《绿色科技》，主要作者有陈柳依、田建文、任小林、王瑞华。

士苹果价格的波动和等级差价的情况，并且对苹果价格差别形成的主要原因归类为着色程度和大小规格等。目前的苹果市场调研都集中于苹果自身品质和苹果市场产销现状等方面，很少有研究人员对消费群体进行分类，将不同亚文化群的消费者的消费特征和对苹果品质特征的偏好进行细致全面的分析。然而欧美等国家对消费者群体的细化、消费者需求和苹果新品种推广方面的调研已经十分成熟，例如有学者对欧洲 7 个国家，11 个苹果品种，4 290人进行消费者对不同苹果品种调查，并将苹果品质特征和感官评价相结合，绘制消费者偏好示意图。所以，本研究对陕西和宁夏的消费者进行了随机抽样调查，分析探讨了不同性别消费者对苹果的偏好和影响消费者购买苹果的因素。

二、性别亚文化群体概述

亚文化是指某一次级文化群体的成员，他们共有独特并且共同的信念、习惯和价值观。文化与亚文化的区别是相对的。对一个国家整体的主文化来讲，其中民族、地区等文化就是亚文化；而对于世界的大同文化来说，每个国家个体的文化是亚文化。而对于一个社会的特定时期的文化主流来讲，该时期的不同阶段的特色文化就是亚文化。总之，相对于主文化来讲，亚文化是一种局部文化现象。

一种亚文化通常是一种生活模式和习惯，既包括与主文化相同的观念和价值，也具有自己的特色。亚文化以一种非婉转的方式影响社会成员的行为和思想。对于每一个亚文化系统的社会成员，不仅会遵循其所在的社会文化的独特要求，并且还要遵循或不能违背主文化所倡导的主流的行为方式和文化价值观念。而任何一种主文化，是不同亚文化的集合反映。不同亚文化的分类有年龄、宗教信仰、性别、种族、民族、收入水平和国籍等方面。在调研中将参与者分为年龄亚文化群体和性别亚文化群体对其进行苹果品质偏好的分析。

男性和女性对于拥有一件商品的看法上有着很大的差异。男性认为拥有一件商品可以使他们获得一种优势，使自己与他人不同。女性则认为应购买可以强化个人和社会关系的商品。就苹果销售而言，男性消费者更容易接受高价品质好的苹果，女性消费者更看重价格和品质综合指标，如表 10-1 所示。

表 10-1 不同性别消费者对产品的看法

指标	女性	男性
对流行时尚的敏感度	高	低
对商品的关注方面	外观	性能和实用性
购买方式以及过程	谨慎细致，缺乏立场和意志	不够耐心，决定后购买坚决
决策领域	家庭用品、服装、化妆品等	高档耐用的消费品

综上所述，不同性别消费者由于生理和生活上的区别会有不同的消费观和不同的偏好需求。所以，针对不同性别的消费者进行喜好分析具有一定现实意义。

三、不同性别消费者对苹果品质特征偏好的调查

1. 调研计划安排

在陕西和宁夏两地，采取抽样调查的方式，调查 314 名消费者对苹果品质特征的偏好，从中筛选出 200 份调查问卷。调查地点为西安市和银川市各大商场、超市、写字楼、农贸市场、学校、社区、医院和车站等场所，分布于城市的东、西、南、北和市中心各地。调查时间为 2014 年 9—12 月，每隔 20d 进行一次调研，调查 5 次，每次调查人数 40 名左右。

2. 问卷的设计与派发

调查问卷以科学研究为目的，调查了不同性别消费者对苹果品质特征的偏爱，通过调研人员在两城市各地和西安华圣果业有限公司搜集的调查资料显示，消费者对苹果品质特征的关注度主要集中在 6 个方面，分别为苹果的大小、形状、色泽、口味、芳香和质地。将此 6 类分成 3 个程度和不在意此项目，并设为单选题，内容如表 10-2 所示。

表 10-2 消费者对苹果品质偏好问卷调查

题目	选项 A	选项 B	选项 C	选项 D
苹果的大小	大	中	小	不在意
苹果的形状	圆形	扁圆形	圆柱形	不在意
苹果的色泽	红	绿	黄	不在意
苹果的口味	甜	酸甜	酸	不在意

（续表）

题目	选项 A	选项 B	选项 C	选项 D
苹果的芳香	香气浓	香气淡	无香味	不在意
苹果的质地	清脆	绵软	坚硬	不在意

3. 数据处理

将调查得到的 314 份调查问卷进行筛选，将答案不完整、没有按照说明进行回答和问卷部分缺失的调查问卷筛选出来。得到 200 份有效调查问卷，然后，将被调查者的基本信息进行整理，如表 10-3 所示，并且对描述性变量进行赋值，如表 10-4 所示，消费者对苹果各品质特征选择如表 10-5 所示。再建立 Logistics 回归模型进行分析，将男性和女性消费者的偏好特征进行极大似然估计，从而得出结论。

表 10-3　调研样本的基本统计

因素	项目	频数	有效频率（%）	累计频率（%）
性别	男	102	51	51
	女	98	49	100
	合计	200	100	151
年龄	小于等于 18 岁	15	7.5	7.5
	19~35 岁	49	24.5	32
	36~65 岁	71	35.5	67.5
	大于 65 岁	65	32.5	100
	合计	200	100	207

表 10-4　苹果的 6 项品质特征与赋值

因素	变量名	赋值说明
大小	X_1	大=1，中=2，小=3，不在意=4
形状	X_2	圆形=1，扁圆形=2，圆柱形=3，不在意=4
色泽	X_3	红=1，绿=2，黄=3，不在意=4

（续表）

因素	变量名	赋值说明
口味	X_4	甜=1，酸甜=2，酸=3，不在意=4
芳香	X_5	香气浓=1，香气淡=2，无香气=3，不在意=4
质地	X_6	清脆=1，绵软=2，坚硬=3，不在意=4
消费者偏好	Y	男性=0，女性=1

从表 10-6 中可以看出，这 4 种品质特征之间是非线性关系，有一定的正相关性。

表 10-5　消费者对各个因素选择情况的统计

因素	X_1	X_2	X_3	X_4	X_5	X_6
1	25	57	69	43	45	61
2	48	15	8	37	24	23
3	11	4	12	8	3	6
4	16	24	11	12	28	10

从表 10-6 中可以看出苹果的颜色、口味、芳香和质地这 4 个品质特征的似然比较大，在苹果的 6 个特征方面中消费者对此 4 项特征比较关注，在购买和买后评价的过程中比较在意这些特点。而这 4 种品质特征之间的关系可由方程得出。表 10-7 最大似然分析可得方程：

表 10-6　筛选变量结果

项目	似然比的 X_2	DF	$P>X_2$
颜色（X_3）	23.897 4	1	0.002 9
口味（X_4）	15.782 6	1	0.003 8
芳香（X_5）	16.101 4	1	0.010 8
质地（X_6）	22.837 9	1	0.006 7

$$\ln(p/1-p) = 7.653\ 9 + 3.928\ 3X_3 + 1.470\ 2X_4 + 3.638\ 8X_5 + 2.490\ 6X_6$$

表 10-7　最大似然分析

参数	估值	DF	X_2	Pr>X_2
截距	7.653 9	1	7.938 2	0.008 9
X_3	3.928 3	1	6.183 0	0.024 7
X_4	1.470 2	1	4.058 3	0.013 5
X_5	3.638 8	1	5.638 2	0.046 7
X_6	2.490 6	1	7.847 3	0.037 4

四、结语

由上述分析可见，消费者对苹果的颜色、口味、芳香和质地方面比较关注，男性消费者对于苹果的要求没有女性消费者细致，有一定比例的男性消费者会选择对苹果某一特性不在意的选项，而女性消费者选择不在意的相对较少。男性消费者在苹果的口味方面更偏爱酸甜口味，而女性消费者则喜欢偏甜的苹果；在苹果大小方面男性消费者更偏爱大的苹果，而女性消费者更喜欢中等大小的苹果，在苹果的芳香味道方面，女性消费者更喜欢香气浓的苹果，而男性消费者的一部分人对苹果是否有香气保持不在意的态度。男性消费者和女性消费者对苹果品质特征偏好的共同点在他们都喜欢红色的、圆的和口感清脆的苹果。因此，商家在销售苹果时要注意苹果这 4 种品质特征的把关，销售质优价优的苹果。在苹果的新品种推广方面，可着重向消费者宣传新品种苹果的品质优点，如颜色红、大小适中、口味甜、质地脆等特点。

第二节　水果气调贮藏保鲜研究进展①

气调贮藏作为一种有效的水果采后保鲜技术得到广泛的研究，商业化应用成效显著。本研究对近年来水果气调贮藏的适宜参数、气调贮藏对水果采后品质、生理及腐败微生物的影响及简易气调贮藏的发展现状和气调贮藏前水果预处理方法的研究进展进行了综述，并指出气调贮藏保鲜技术的发展方

---

① 注：本研究成果已于 2014 年发表于专业期刊《保鲜与加工》，主要作者有戚英伟、田建文、王春良。

向和需要深入研究与探讨的问题。

　　水果是人们日常生活中获得矿物质、维生素和膳食纤维等营养成分的重要来源。我国是世界上主要的水果产区之一，水果种植面积和总产量位居世界前列。据中国农业信息网（www. agri. gov. cn）公布的统计数据计算，2007—2011 年，全国水果种植面积、水果总产量和单位种植面积水果产量年平均增长率分别达到 4.65%、2.47% 和 2.13%。

　　水果采摘后仍然是一个生命有机体，继续进行着生理活动。由于脱离母体呼吸作用消耗的有机质和蒸腾作用丧失的水分等均会影响采后水果的品质，如贮藏不及时或贮藏方法不当，极易发生失水皱缩与腐烂变质，从而丧失商品价值和食用价值。随着时代发展，我国一些传统的水果贮藏保鲜技术，如土窖贮藏和通风库贮藏等，已经不能很好地满足生产的需要。不断研究和开发的贮藏新技术、新设备为果品贮藏企业进行水果规模化、标准化贮藏提供了便利。本研究着重对最近几年水果气调贮藏技术的相关研究成果进行综述，以期为水果气调贮藏保鲜技术的深入研究与推广应用提供参考借鉴。

一、水果气调贮藏适宜参数的研究

　　气调贮藏是一种有效的水果贮藏保鲜技术。根据气调方式的不同，可分为主动式气调贮藏和被动式气调贮藏。其主要区别是前者依靠相应的机械设备强制性地对气体成分进行调控；而后者是依靠贮藏水果自身的呼吸作用来实现对周围气体成分的调整。

　　气调贮藏保鲜技术是通过控制贮藏空间的气体组分，主要是氧气（O_2）和二氧化碳（CO_2）的浓度，来实现控制水果呼吸作用等生理活动的进行，以达到延长水果保质期的目的。通常空气中的 O_2 浓度在 21% 左右，CO_2 浓度在 0.04% 左右，不会对水果的呼吸作用产生限制。气调贮藏中，通过人为干预的方式降低 O_2 浓度，提高 CO_2 浓度，且 O_2 和 CO_2 的浓度配比依贮藏水果品种的不同而相应变化。一些研究显示，超低氧和高二氧化碳气调技术在富士苹果和甜樱桃等水果保鲜中取得了较好的效果。表 10-8 列举了部分水果气调贮藏保鲜的推荐气体组分与温度。

表 10-8　不同水果气调贮藏时推荐的气体组分与温度

水果名称	气体组分（%）		贮藏温度（℃）	参考文献
	O_2	CO_2		
黄金梨	5~6	0~0.5	−1.5±0.5	田龙，2007

（续表）

水果名称	气体组分（%）		贮藏温度（℃）	参考文献
	O_2	CO_2		
荔枝	17	6	2	Sivakumar 等，2010
新疆大籽石榴	3~5	5	8	赵迎丽等，2011
库尔勒香梨	3	5	4	王海宏等，2009
莱阳梨	2	2	0	Liu 等，2013
官溪蜜柚	10	3	4	石小琼等，2006
澳李 14	6~8	2~4	0±1	史辉等，2007
灵武长枣	7	2	−0.5±0.5	韩海彪等，2007
冬枣	2	0	−2~−1	王亮等，2009

气调贮藏所用的气体主要有 O_2、CO_2 和 N_2，起贮藏保鲜作用的气体组分主要是 O_2 和 CO_2，N_2 往往作为一种填充气体使用，N_2 浓度对气调贮藏保鲜效果的作用不大。除了使用 O_2、CO_2 和 N_2 之外，也有利用一氧化碳（CO）、氧化氮（N_2O）、二氧化硫（SO_2）以及氩气（Ar）、氦气（He）等稀有气体进行气调贮藏试验的少量研究报道。郭嘉等（2012）利用惰性气体 Ar 进行葡萄的气调贮藏保鲜研究，发现常温（25±2）℃条件下贮藏 24d，初始气体组分为 $60\%Ar+5\%O_2+35\%N_2$ 的气调贮藏措施在葡萄失重率、褐变指数、维生素含量以及综合感官品质方面的效果均优于自然气调组（包装袋内为空气组分）。Rocculi 等（2005）研究了 $5\%O_2+5\%CO_2$ 分别配以 90% N_2O、90% N_2 和 90% Ar 对鲜切猕猴桃片贮藏品质的影响。结果表明，90% N_2O 气调组在保持猕猴桃的硬度与色泽、防止果肉褐变等品质方面效果最佳；主成分分析表明，N_2O 气调组样品品质关键参数在 4℃、12d 贮藏期内只发生略微改变。Kendra（2010）认为，尽管 CO、SO_2 等气体用于气调贮藏研究能够取得一定成效，但是由于安全性等问题，如 CO 的易燃易爆和有毒性，将限制这些气体用于商业化气调贮藏。

二、气调贮藏对水果采后品质、生理和腐败微生物的影响

1. 气调贮藏对水果采后贮藏品质的影响

水果品质可以用其色泽、SSC、硬度、维生素 C 含量、可滴定酸

（TA）含量以及感官品质评价等参数来衡量。研究表明，适宜的气调贮藏环境能够较好地保持贮藏水果的色泽、可滴定酸含量、果实硬度、SSC 和感官品质等。麦馨允等（2012）发现主动气调包装（初始气体比例为 $21\%O_2+0\%CO_2+79\%N_2$）贮藏能够很好地保持杨桃的色泽、硬度和营养成分（SSC、TA、维生素 C、总酚、类黄酮等）。Sivakumar 等（2010）对荔枝气调贮藏研究的结果表明，$2℃$、相对湿度 90%、$17\%O_2+6\%CO_2$ 的气调环境配合 1-MCP 预处理，能够有效抑制荔枝的果皮褐变、保持 TA 含量、维持适宜糖酸比，贮藏 21d 未出现不良风味，总体感官可接受性最高。

有研究者提出采用定性与定量的方法来分析气调贮藏对采后水果风味的影响，为研究气调贮藏对水果品质的作用效果开辟了新的途径。申江等（2013）通过研究与大桃风味品质密切相关的氨基酸含量变化来探讨冰温气调贮藏对大桃风味品质的影响。研究发现，随着贮藏期的延长，与大桃风味品质相关的氨基酸含量逐渐减少，尽管在 O_2 浓度低于 5% 时，冰温气调贮藏的大桃氨基酸总量、风味物质前体化合物保存较好。但也应注意到，由于冰温气调对大桃的生理生化反应尤其是对酶活性的影响，造成大桃风味物质合成代谢缓慢，γ-癸内酯等芳香物质逐渐减少，大桃过早丧失了其特有的风味。李德英等（2008）研究了二苯胺（DPA）、1-MCP 处理分别结合气调贮藏对红富士苹果贮藏品质及香气成分的影响。结果表明，红富士苹果在气调贮藏 180d 后，尽管处理组 SSC、果肉硬度等品质参数保持较好，但 DPA 和 1-MCP 处理果实的酯类香气成分与对照相比分别减少了 21.7% 和 69.6%，香气成分总数则分别减少了 17.9% 和 56.4%。虽然经过 10d 货架期后香气成分有所增加，但增加量不明显，香气成分恢复不理想，研究认为 1-MCP 处理严重影响富士苹果的风味品质。金宏（2009）在对"粉红女士"苹果 1-MCP 处理研究中亦得出类似结论。

2. 气调贮藏对水果采后生理的影响

（1）呼吸作用。气调贮藏中提高 CO_2 浓度和降低 O_2 浓度都能够降低贮藏水果的呼吸作用强度，从而延缓果实的成熟衰老。温度是影响水果呼吸作用的又一个关键因素。研究发现，水果的生理活动如呼吸作用、成熟衰老进程、乙烯和酶的合成及生化反应速率等受温度影响较大。在一定的温度范围内，随着温度的升高，酶的活性增强、生化反应速率加快、呼吸作用强度增加，温度每升高 $10℃$ 呼吸强度增加到原来的 2~4 倍。此外，低氧还有减少内源乙烯的产生，延迟呼吸跃变型果实呼吸高峰到来的作用。

田龙（2007）的研究结果表明，气调贮藏（O_2 体积分数为 5%~6%，

CO_2 体积分数为 0%~0.5% 时）能够降低黄金梨贮藏期间的乙烯释放速率并延迟黄金梨第二个乙烯高峰的到来，抑制呼吸作用强度并有效延缓果实硬度和维生素 C 含量的降低。王亮等（2009）在对冬枣进行的气调贮藏研究中发现，适当的低氧条件下，果实呼吸作用强度降低、细胞膜完整性得到维持、延缓了冬枣果实的衰老。与单纯低温贮藏相比，气调贮藏+低温对水果呼吸作用的抑制更为明显，其保鲜作用更为显著的结论在其他研究者对灵武长枣、新疆伽师瓜以及库尔勒香梨等的低温气调贮藏研究中均得到证实。

有氧呼吸是水果进行正常生理活动的前提。气调贮藏时，O_2 浓度过低或者 CO_2 浓度过高都会对贮藏果实产生不利影响。O_2 浓度过低往往会引起无氧呼吸，加速果实有机质的消耗，无氧呼吸产物乙醇和乙醛的产生与积累对果实有毒害作用：扰乱果实的生理代谢活动、贮藏果实出现异味，并可能导致果实无法完成后熟。石小琼等（2006）在对官溪蜜柚气调保鲜贮藏条件优化研究中发现，官溪蜜柚在 O_2 浓度低于 9% 时出现无氧呼吸症状，表现在呼吸强度急剧下降、紫色斑纹越来越明显、异味加重。许多研究表明，CO_2 浓度过高也会引起果实的呼吸伤害，常见的是贮藏水果的组织褐变加重、呼吸速率增加及水果腐烂变质等。王亮等（2009）在冬枣的气调贮藏研究中发现，CO_2 浓度超过 4% 时，冬枣的呼吸强度异常升高，-2~-1℃ 条件下贮藏 42d 时测得 2%O_2+10%CO_2 组的呼吸强度是非气调组呼吸强度的 3.55 倍。冬枣果实受到高浓度 CO_2 伤害后，表现出果肉软化褐变、果皮出现水渍状、果肉产生强烈的酒精味道。赵迎丽等（2011）在石榴气调贮藏研究中也发现，高浓度 CO_2（10%）会加剧石榴果实的无氧呼吸，加速有机质的消耗、引起果实生理代谢紊乱、细胞膜透性增加、组织褐变加剧。此外，丁丹丹等（2013）在圆黄梨气调贮藏研究中以及史辉等（2007）在李果实的气调贮藏研究中，均证实了高浓度 CO_2（分别≥3% 和>4%）对水果的不利影响。

（2）酶活性。研究较多的酶类有多酚氧化酶（PPO）、过氧化物酶（POD）、过氧化氢酶（CAT）、超氧化物歧化酶（SOD）、脂氧合酶（LOX）以及与果胶分解密切相关的多聚半乳糖醛酸酶（PG）等。研究认为，PPO、POD 与水果褐变密切相关，这两种酶催化酚类物质氧化生成醌类物质，进一步反应生成褐色素。而 SOD、CAT 则作为自由基清除剂和过氧化物清除剂，可保护细胞膜不受损害，维持细胞结构的完整性。LOX 的作用则较为复杂，一方面 LOX 与水果风味物质的形成有关；另一方面 LOX 又与膜脂过氧化有关。许多研究显示，气调贮藏能够降低 PPO、POD 等酶活性的影响，从而抑制果皮和果肉的褐变，而 SOD、CAT 等酶则保持相对较高的活性。Liu 等（2013）在对莱阳梨气调贮藏研究中发现，0℃下，2%O_2+2%CO_2气调组 SOD、POD、CAT 3 种抗氧化酶活性保持在相对较高的水平，清除超氧自由基等活性氧的能力增强，而 LOX 活性显著降低、脂质过氧化反应受到有效抑制，从而较好地维持了细胞膜的完整性、延缓了衰老变质、延长了贮藏期。Li 等（2013）在莱阳梨气调贮藏研究中的相关结论与之相似。此外，对 PPO 和与酚类物质合成密切相关的苯丙氨酸解氨酶（PAL）的研究表明，0.5μL/L 的 1-MCP 结合微孔薄膜，不仅显著降低了 PPO 的活性，而且对 PAL 也起到了一定的抑制作用，减少了酚类物质的合成与分解，有效抑制了果肉褐变。苏大庆（2003）研究表明，贮藏在2.5℃，4%O_2+3%CO_2条件下的乌龙岭龙眼，其果皮 PPO 和 POD 活性明显降低，同时保持了较高的 SOD 和 CAT 活性，有效延缓了细胞膜渗透率的增加，显著降低了龙眼果皮褐变指数和果实腐烂率。

3. 气调贮藏对水果腐败微生物的影响

气调贮藏中低 O_2 和高 CO_2 以及低温环境能够控制腐败微生物的生长繁殖。Conte 等（2009）认为，甜樱桃贮藏期间的微生物数量与气调组分之间的关系密切。其中霉菌和革兰氏阴性好氧菌对高 CO_2 非常敏感，而低 O_2 能够抑制大多数好氧微生物的生长繁殖，但低 O_2 对抑制真菌的生长作用有限。Rocculi 等（2005）在使用 N_2O 气调贮藏鲜切菠萝研究中发现，若以嗜常温好氧菌数量达到 107CFU/g 作为评判货架期标准，则 4℃下、气体分压为86.13kPa N_2O+10.13kPa O_2+5.07kPa CO_2 的气调组货架期可达 11d 左右，相比对照组延长 3~4d，并认为其对微生物的抑制是 O_2、CO_2 和 N_2O 协同作用的结果。Serradilla 等（2005）在对甜樱桃的气调贮藏研究中发现，1℃下5%O_2+10%CO_2 和 8%O_2+10%CO_2（N_2作为填充气体）的气调组分能够非常有效地抑制嗜常温好氧菌、嗜冷菌、假单胞菌属、酵母菌和霉菌的生长，有效抑制由微生物引起的腐烂变质。此外在模拟货架期环境下（5℃、2d 和20℃、2d）发现微生物数量随温度升高而显著增加。

三、简易气调贮藏研究进展

近年来，研究者多采用塑料薄膜包装袋进行简易气调研究，在形成气调组分方面，既有自发形成，也有包装前依靠充入适宜配比气体组分的快速气调方式。

简易气调气体组分的形成受很多因素的影响，如水果呼吸速率、贮藏温度和包装薄膜的透气性等。其中包装薄膜在简易气调贮藏中具有重要作用。适宜的包装薄膜有助于气调组分的形成与稳定。研究者认为，如果包装薄膜的气体（O_2、CO_2）透过率与包装产品的呼吸速率相等，包装袋内就能够形成相对稳定的气调组分，从而实现延长产品贮藏期的目的。不适宜的薄膜透气率容易诱发水果的无氧呼吸及 CO_2 伤害等，水分透过率过大或过小会导致水果失水萎蔫或包装袋内凝结水滴，对贮藏水果带来不利影响。

鉴于薄膜透气性和水分透过率对简易气调包装袋内水果贮藏品质的影响，目前简易气调包装材料正在向复合薄膜材料以及微孔（孔径为 40～200μm）薄膜材料方向发展。研究认为，单一材质的薄膜无法完全满足气调包装所要求的性能，为满足气调包装材质的相关要求，往往对膜进行复合。肖功年等（2003）在对草莓的气调研究中发现，相对于单一材质的低密度聚乙烯（LDPE）和聚氯乙烯（PVC）薄膜，LDPE 和 PVC 复合薄膜的贮藏保鲜效果更明显。李丽梅等（2011）在使用微孔薄膜包装华山梨贮藏保鲜研究中得出，微孔薄膜试验组的果心褐变率明显低于用普通聚乙烯薄膜包装的对照组，贮藏后的综合品质优于对照。Kartal 等（2012）在使用微孔薄膜结合去氧剂研究草莓贮藏时发现，与使用相同材质制得的无孔薄膜相比，微孔薄膜（微孔直径 90μm，微孔数量 7~9 个）处理组能够形成并保持适宜的气调贮藏环境，较好地保持了样品的 pH 值、总可溶性固形物含量、色泽、质构特性（硬度、弹性、黏性、咀嚼性）和感官品质，有效延长了草莓的保质期。

四、气调贮藏前水果预处理方法的研究

许多研究表明，在水果气调贮藏之前选择适宜的预处理方法，如用 1-MCP、植物提取物、化学防腐抗菌剂、有机酸浸渍或喷涂、贮前预冷以及贮前热激处理等，有助于增强气调贮藏效果。

1-甲基环丙烯（1-MCP）是乙烯的有效竞争抑制剂，使用 1-MCP 处理水果能够显著抑制乙烯对水果成熟与衰老的促进作用，延缓果实衰老。Sivakumar 等（2010）研究发现，1-MCP 结合气调比单独气调贮藏能够更有效抑制荔枝的果皮褐变和氧化酶（PPO、POD）活性，维持细胞膜的完整性，保持花青素含量，延缓衰老。贮藏在 2℃条件下 21d，荔枝的风味品质和食用总体可接受性良好。Ketsa 等（2013）在对 GrosMichel 香蕉气调贮藏研究中发现，1-MCP 结合气调能够保持香蕉果皮和果肉的硬度及其固酸比，抑制果皮和果肉中与乙烯合成密切相关的 ACC 合成酶和 ACC 氧化酶的活性，从而抑制

乙烯生成，14℃贮藏条件下可有效延长香蕉贮藏期达100d之久。

一些有机酸和无机酸广泛用于气调贮藏预处理，如草酸、植酸、抗坏血酸、水杨酸、柠檬酸等。陈义伦等（2007）提出，柿子气调贮藏前经0.2%$CaCl_2$+0.1%$NaSO_3$+0.3%植酸预处理，可有效降低柿子的水分损失、保持果实硬度、抑制褐变发生、推迟可溶性单宁向不溶性单宁转化速度。郑小林等（2005）用5mmol/L抗氧化剂草酸对杧果气调贮藏前进行预处理，在（14±1）℃温度下40d的贮藏期内，草酸+气调处理可比单独气调处理果实软化和果肉可溶性固形物增加的速率减缓、果实病情指数和果实腐烂率显著降低、SOD活性提高、还原型抗坏血酸采后损失量减少。Waghmare等（2013）在对鲜切番木瓜气调研究中发现，贮藏期间用1%$CaCl_2$+2%柠檬酸溶液预处理的鲜切番木瓜各项测定指标（总可溶性固形物含量、硬度、色泽、感官评定值、由微生物引起的品质劣变等）与非处理组存在显著差异，1%$CaCl_2$+2%柠檬酸结合气调包装贮藏组的鲜切番木瓜感官性状和其他品质参数优于对照组，嗜常温好氧细菌、霉菌和酵母菌的生长受到有效抑制，有效延长了番木瓜的货架期。

由于认识到化学防腐保鲜剂可能存在的潜在风险，近几年天然植物提取物日益受到研究者的重视和青睐。茶叶提取物、丁香精油、薄荷精油、甘草提取物以及其他一些天然植物提取物在水果贮藏保鲜中的作用和功效得到广泛的研究和论证。研究发现，这些天然植物提取物具有良好的防腐保鲜和抗氧化作用，能够有效抑制腐败微生物的生长繁殖、保持贮藏水果品质。Serrano等（2005）研究植物精油结合气调贮藏方法对甜樱桃的保鲜效果时发现，丁香酚+气调和百里香酚+气调与单纯气调对照相比均能减少樱桃的失重率、抑制褐变和保持果实硬度，在抑菌方面能够降低霉菌、酵母菌和细菌菌落总数2~4logCFU。Ranasinghe等（2005）在Embul香蕉气调贮藏研究中发现，从肉桂皮和叶中提取的精油能够有效控制气调贮藏过程中香蕉冠腐病的发生，（14±1）℃贮藏21d和（28±2）℃贮藏14d的Embul香蕉感官品质和理化指标均保持较好，认为植物精油结合气调贮藏是延长Embul香蕉货架期的一种安全、经济有效的手段。值得注意的是，尽管天然植物提取物在水果保鲜方面具有重要作用，但国内研究者对其在水果气调贮藏方面的应用研究非常少，还有待科研工作者进一步探讨。

五、结束语

气调贮藏技术的发展为果品贮藏保鲜行业的发展起到了巨大的推动作

用。气调贮藏作为一种先进的水果贮藏保鲜技术，与其他贮藏技术如涂膜贮藏、辐照杀菌贮藏、臭氧杀菌贮藏、减压贮藏等成为众多科技人员研究的对象之一。随着技术的不断进步，气调贮藏由最初的单纯依靠控制气体成分来达到贮藏保鲜效果的气调方式向复合气调贮藏方向发展，冰温气调、涂膜处理+气调、臭氧处理+气调、辐照处理+气调、化学合成或天然抗褐变剂、防腐剂结合气调等复合气调贮藏技术不断得到研究和发展。笔者认为，今后各种复合气调贮藏方式尤其是气调贮藏与天然植物提取物相结合的气调方式将成为气调贮藏研究和应用的重要方向。

尽管对气调贮藏的研究已经有相当长的时间，但仍然存在一些需要证实和深入探究的问题。比如许多观点认为CO_2对乙烯的竞争性抑制作用是在乙烯作用位点处，但该观点并未得到证实，其作用模式尚不清楚。理论上依靠气调贮藏尤其是超低氧和高二氧化碳气调贮藏能够降低贮藏期间微生物对贮藏水果的侵害，但国内缺乏对其相关方面的系统性研究和报道。此外，为生产出适合水果气调用的包装薄膜，制膜材料、制膜技术等有待进一步开发和提高。鉴于气调贮藏对水果香气成分的影响，如何保持水果香气以及如何采取措施使香气成分在贮藏后期得以恢复，将成为气调贮藏研究的一个新方向。所有这些问题都有待科研工作者耐心细致地进行研究和论证。

第三节　常用贮藏保鲜技术对鲜枣货架期的影响[①]

本节介绍了常用的几种鲜枣贮藏保鲜技术，分析了几种保鲜技术对鲜枣果实货架期品质的影响，并结合试验分析结果阐述了当前鲜枣果实货架期保鲜技术发展现状，对延长鲜枣货架期保鲜技术提出了若干建议。

枣为鼠李科枣属，在我国已有3 000多年栽培历史，现有枣树栽植面积约60万hm^2，年产鲜枣110万t。鲜食枣果实皮薄肉脆，汁液丰富，酸甜可口，风味独特。近年来，已成为我国果树发展的热点。鲜食枣营养丰富，但极不耐贮藏，虽然我国栽培枣树历史悠久，但始终没有较为成功的保鲜技术，鲜枣采后在自然条件下仅有几天的鲜脆状态，而后果肉就会软化褐变。伴随这一过程营养成分氧化分解，鲜食品质逐渐丧失。

枣品种繁多，采后生理变化复杂。呼吸作用是果实采后最主要的生理活

---

① 注：本研究成果已于2008年发表于专业期刊《保鲜与加工》，主要作者有李晓龙、田建文。

动，是生命存在的标志。果蔬的呼吸强度越大，即表示贮藏养分消耗越快，贮藏寿命越短。已有的研究结果证明了枣属于高呼吸强度果实。在0℃左右低温条件下，枣果实呼吸强度大于10mg/（kg·h），是苹果、梨的2~3倍，这是鲜枣不耐贮藏的一个主要原因。维持生命的呼吸作用消耗了果实中的有机化合物，从而导致品质下降。如何有效地抑制鲜枣果实呼吸作用便成为研究鲜枣果实保鲜的关键技术。温度也是影响鲜枣果实贮藏寿命的主要因素之一，低温能够显著抑制鲜枣果实营养成分的损失，并显著地延长鲜枣果实的保鲜期。鲜枣成熟度是影响鲜枣果实贮藏寿命的另一个主要因素。大多数研究者认为，无论是同时采摘的同株树上的全红、半红和初红枣果，还是分别于全红、半红和初红期采摘的鲜枣果实，在0℃条件下贮藏时以初红果实最耐贮，全红果耐藏性最差。

笔者将各种贮藏技术对鲜枣货架期品质的影响以及各种常用货架期保鲜技术进行了综述，期望找出理想的鲜枣货架期保鲜技术，将各种不同种类鲜枣货架期保鲜技术介绍给大家参考。

一、贮藏保鲜技术对鲜枣货架期品质的影响

1. 气调贮藏

气调贮藏是当今最先进的果蔬贮藏保鲜方法。它是在冷藏的基础上，增加气体成分调节，通过对贮藏环境中温度、湿度、二氧化碳、氧气浓度、乙烯浓度的控制，抑制果蔬呼吸作用，延长果蔬贮藏期与销售货架期。宗亦臣（2004）对冬枣气调贮藏后货架期表现进行了研究，冬枣经气调贮藏（O_2 12%~15%，CO_2）90d后，选取无腐烂生霉、无机械伤、无酒化的完好果实，辅以CO_2吸收剂，装入密封的0.03mm厚聚乙烯薄膜袋内，在室温条件下（15~18℃）观测袋内气体成分及外观品质变化。

试验结果显示，从第4天开始，处理袋内虽不结露，但也开始出现少量霉点、凹斑。此后各处理组霉点、凹斑均逐渐扩大，冬枣外观品质下降。从CO_2吸收剂效果看，加CO_2吸收剂的处理袋内CO_2浓度明显低于对照，并且以加入50g吸收剂的效果最好。货架期试验结束时，处理组平均褐变指数为26.0%，低于对照组36.8%的褐变指数。这表明CO_2吸收剂在抑制货架期冬枣果肉褐变上是有效果的。但同时也应看到，加吸收剂的冬枣在第4天也已经出现霉点、凹斑，严重影响了冬枣商品价值，今后还需要在货架期方面注意霉菌的防治，凹斑的出现可能是冬枣在贮藏90d后衰老的一个迹象（或与袋内CO_2积累有关）。最终试验结果表明，冬枣在气调贮藏85d后，其好

果可在室温条件下维持 3d 的货架期。

（1）高氧处理。1996 年英国学者提出了高氧（70%～100%）处理对鲜切果蔬的保鲜作用，之后关于高氧（21%～100%）对果蔬采后生理、品质及腐烂影响的研究报道增多，并逐渐成为果蔬采后生理学研究的一个重要内容。李鹏霞、王贵禧（2006）等研究了高氧处理对冬枣货架期品质的影响，试验研究了在 -2℃ 低温条件下分别用 70%O$_2$、100%O$_2$ 处理冬枣 7d、15d 后，在 20℃ 货架期果实品质变化，试验结果表明，70%O$_2$ 处理 7d 和 15d，或者用 100%O$_2$ 处理 15d 均有利于保持冬枣果实货架期硬度；100%O$_2$ 处理有利于保存冬枣维生素 C 含量；高氧处理抑制了 PPO 活性的上升，有利于抑制冬枣货架期褐变的发生，100%O$_2$ 处理效果更加明显；而高氧处理对微生物生长无显著作用，对抑制冬枣货架期腐烂效果不明显。

（2）减压贮藏。减压贮藏是气调贮藏的发展，是一种特殊的气调贮藏方式。通过降低气压，使空气中的各种气体组分浓度相应降低。一方面不断地保持减压条件，稀释氧浓度，抑制乙烯生成；另一方面将果蔬已释放的乙烯从环境中排除，从而达到贮藏保鲜的目的。减压贮藏可抑制冬枣呼吸作用，保持冬枣硬度，抑制非水溶性果胶降解，但对多聚半乳糖醛酸酶（PG）活性的影响不明显。不同减压条件对冬枣贮藏期呼吸强度与软化相关指标的影响不同，其中在 55.7kPa 减压条件下冬枣贮藏保鲜效果最佳。经减压贮藏处理的产品移入正常空气中，后熟仍然较缓慢。因此可以保持较长的货架期，但目前，减压处理对货架期的影响鲜有报道。

2. 低温臭氧贮藏

低温可有效地抑制果蔬呼吸作用，臭氧是一种良好的空气消毒剂，对果实表面的病原菌生长也有一定的抑制作用。臭氧具有较强的氧化性，在处理基质上一般无残留，因此被普遍认为是一类可以在食品中安全应用的杀菌物质。刘晓军（2004）研究表明，采用湿冷贮藏+臭氧的协同作用贮藏 60d 后，通过臭氧水冷激和浸泡处理冬枣（臭氧浓度为 2mg/L，浸泡时间 5min，0.5℃ 臭氧水冷激处理、18℃ 臭氧水浸泡处理）在 10d 货架期后，冬枣好果率分别达到 91.2% 和 85.9%，比对照组（有包装）分别提高了 11.7% 和 6.4%。

二、常用货架保鲜技术对鲜枣品质的影响

目前，货架保鲜技术主要是指物化法保鲜，通过附加保鲜膜、热处理以及添加一些化学保鲜剂以达到保鲜目的的综合性保鲜技术。

1. 热处理

热处理作为一种物理保鲜方法，在发达国家已商业性或半商业性地应用于柑橘、番茄和甘蓝等果蔬采后处理。美国农业部农业研究试验站采用42℃和49℃两阶段加热1h，控制番木瓜的果蝇；澳大利亚专家用热苯来特处理，然后用薄膜包装控制荔枝在常温条件下的腐烂、褐变和失重。姚昕、涂勇研究了不同热处理方法（35℃、40℃、45℃热蒸汽分别处理3h和6h，50℃、55℃、60℃热水分别处理5min和10min）对青枣货架期好果率、腐烂指数、失水率和热伤程度的影响。试验结果表明，相对热蒸汽处理而言，适宜的热水处理能更有效地提高青枣货架期品质，与对照相比（15℃自来水处理的青枣为对照），热水处理能够显著地提高青枣货架期好果率，降低腐烂指数，延长货架期。其中以水温50℃，处理时间10min为佳，在此条件下处理后的青枣，在15℃条件下放置16d后，好果率仍高达86.67%，腐烂指数5.00%。

2. 化学药剂结合保鲜袋处理

采用细胞分裂素、生长抑制剂、生长素以及赤霉素类化学物质均可达到贮藏保鲜效果。保鲜袋包装果蔬是当前最常用的保鲜方法。用作包装袋的保鲜膜一般为聚烯烃系列膜，采用保鲜袋可调节袋里的温度、湿度及各种气体比例，保鲜要求低氧气、高二氧化碳的环境，这样可减缓果蔬呼吸强度，使果蔬处于"冬眠"状态，同时又能抑制各种霉菌繁殖。彭艳芳（2003）分别采用植酸、果亮（一种蜡质，防止水分散失和细菌侵染）、酸性水（pH值为2~3）、949（$220×10^{-6}$咪哇霉、$300×10^{-6}$特克多配制而成，咪哇霉和特克多均为杀菌剂）加保鲜袋（透O_2不透CO_2）处理鲜枣果实。随后又分析了在以上处理基础上附加保鲜液后鲜枣果实常温条件下货架期的表现。试验结果表明，以脆果率80%以上为标准，室温不装保鲜袋各处理果的货架期为7d，其中果亮/保鲜剂处理的冬枣货架期可达10d，室温装保鲜袋的949处理货架期可达29d，其他处理货架期均在20d左右。

3. 复合涂膜保鲜剂处理

涂膜保鲜是在果蔬表面人工涂一层薄膜，该薄膜能适当阻塞果蔬表面的气孔与皮孔，对气体交换有一定的阻碍作用，因此能减少水分蒸发，改善果蔬外观品质，提高商品价值。涂膜还可作为防腐抑菌剂的载体而避免微生物侵染。吉建邦等用瓜尔豆胶、卡拉胶、分子蒸馏单甘酯、乙醇、水、杀菌剂以及防腐剂配制涂膜保鲜剂处理毛叶枣果实。试验结果表明，复合涂膜剂效果优于单一涂膜剂，在室温条件下货架期可达12d，商品率达100%。

三、鲜枣果实货架期保鲜技术研发趋势

通过现有各种鲜枣果实贮藏保鲜技术可以看出，采用一系列低温贮藏技术结合常温化学保鲜方法是目前最有效的技术措施。鲜枣果实保鲜技术研发方向可以从其他果蔬保鲜新技术中找到答案，采用电离辐射保鲜、生物技术保鲜等方法已经成为果蔬保鲜的发展趋势。以 2.0~2.5kGy 剂量辐射处理，可抑制草莓腐败且延长货架期。樱桃、越橘均可通过低剂量辐射来达到延长货架期、提高贮藏质量的目的。利用遗传基因技术进行贮藏保鲜是生物技术在贮藏保鲜领域中的应用。分子生物学家发现，乙烯一旦产生，果实便很快成熟。目前，日本学者已找到了产生这种气体的基因，一旦科学家掌握控制这种基因技术，通过控制该基因的表达即可减缓乙烯合成速度，达到常温条件下延长货架期的目的。就当前鲜枣果实保鲜技术研究现状，笔者提出如下3点建议。

一是鲜枣果实保鲜是一项系统工程，必须从采前抓起，同时，也要防止重采前轻采后的观念，应重视鲜枣果实采摘、贮藏、销售的每一个环节。

二是加强枣果贮藏保鲜管理，按照规则采取措施进行保鲜处理。建立一套贮藏保鲜管理体系。

三是及时了解市场行情，使枣果能够及时采收、及时保鲜，将由于变质而导致的经济损失减少到最低。

第四节　宁夏水果采后处理现状及发展建议[①]

果品采后的技术处理和商品化处理，是优质、高效果品商业化生产的重要一环。搞好果品采后的保鲜贮藏、包装贮运，强化果品采后的整套服务化体系，既能消除果品供应的季节差、缓解运输压力，又能极大地提高果品的商品价值，增加生产的附加值，从而促进果品生产走向良性发展之路。

一、宁夏水果采后处理现状

截至 1993 年底，宁夏果树面积达 3.72 万 hm²，年产果品 10 万 t，计划到 2000 年果树面积将发展到 4.67 万 hm²，产量超过 30 万 t。届时，果品除

---

① 注：本研究成果已于 1996 年发表于专业期刊《宁夏农林科技》，主要作者有马文平、田建文、袁秉和。

少部分在宁夏消费外，大部分都必须外销。而外销则必须在果品采后的各个环节上下大力气，提高果品的商品品质，以获得市场竞争力和提高经济效益。宁夏目前在果品采后的各个环节上存在着以下问题。

1. 科技力量薄弱，从事采后工作的科技干部少，采后科技管理无法普及

宁夏大多数果农在如何适时采收、采收方法、采后管理等一系列技术问题上认识比较淡漠，采摘工作粗放，早采、野蛮采摘现象比较普遍，以致果实着色不良，含糖量偏低，肉质松绵，风味谈，香气不足，伤果增多，质量难以保证，也给果品的后期贮藏留下隐患。

2. 商品意识缺乏

果农普遍缺乏商品意识，优质优价观念不强，果品采摘后太多不进行分级和防腐处理，包装简陋。而且采后立即销售，只以原始产品作为商品，果品增值小。

3. 贮藏设施落后

据统计，宁夏果品贮藏库容量仅为 1.2 万 t，其中冷库 0.4 万 t，普通库 0.8 万 t。并且普通库大多结构不合理，库温波动大、温度不稳定，果品自耗严重，冬季冻害时有发生，缩短了贮藏时间。

4. 果品采后贮藏技术落后

大多数果农将本年度销售不了的果品，就地放入自挖的果窖中存放而不采取保鲜措施，造成贮藏期果品自耗，病害严重。据调查，宁夏由于果品贮藏管理水平较低，常年烂果率高达 10%~75%。

5. 果品加工业跟不上种植业发展需求

宁夏果品加工业仍停留在罐头加工、部分饮料加工和少量的果脯类加工上。加工设备落后，产品过时、档次低、产量小、效益低，形不成规模，每年有大量适于加工的早熟果、残次果、低等级果等因无法加工而损失。

6. 销售、宣传、运输明显不力

销售手段跟不上，宣传力度不够，加之运输力量严重不足，造成果品外销困难较大，产销脱节。其次运输设备差，果品在运动过程中损失较大，影响经济效益的提高。

从总体上看，目前宁夏果品产量、规模、档次同全国相比已经落后于全国平均水平，加之果品采后商品化处理手段落后，使销售时时发生困难，以致效益难以提高，有些地方甚至发生了果贱伤农现象。这使得宁夏果品发展后劲不足，良好的自然资源优势也无法充分转化为商品优势。

二、国际、国内的果品采后处理状况

从世界范围看，果品的生产已经走上集约化发展道路，许多国家一般都是产、供、销一体化或大联合。发达国家在果品产后处理上的投入，往往比采前还高，从而增值也大。其采用的方式是产地建有大型气调库或冷藏库用于采后贮藏保鲜，同时建有现代化的处理包装厂与之配套包装形式采用单果薄膜包装，果品涂蜡或高分子膜法，以美化外观，提高售价贮运、销售方面则采用一整套冷链系统，即架后在产地用冷藏库、运输过程中用冷藏车、果品店里用低温橱窗、销售用冷藏箱，经过这样的系列化处理，大大提高了果品的品质和价格，增强了竞争力。我国北京、上海、广州、深圳、武汉等一些大城市的大宾馆均从美国进口苹果、柑橘，从菲律宾等国进口香蕉。仅北京西单商场进口的"世界一"苹果单果售价就为 150 元/（400±10）g。

目前，在我国许多地区随着果品商品基地的大力发展，已经克服了品种单一、品质差的缺点，种植了大量的现代优良水果品种，但这些优良的水果品种却不能在国际市场上大量外销。其原因就是果品采后处理措施跟不上，主要是果品保鲜技术落后，配套贮运设备严重不足，包装上不了档次，结果果品在国际市场上缺乏竞争力，优良的品质却没有一流的价格，严重影响了生产的发展。

随着市场经济的进一步发展，我国各地都已认识到提高果品商品性的重要性。非常重视果树的适地适栽和集约化栽培，并在果实的品种优化、采收、分级、包装、贮运、病虫害防治等方面投入很大精力，建立产、供、销一体化经营模式。例如山东省根据果品基地迅猛发展的状况，从 20 世纪 80 年代开始就在产地大规模建果库，目前基本上县县都有冷库，其中青岛和烟台各有 1 个 5 000 t 的冷库，自动化管理水平较高。而山西和陕西，在建立冷库的同时，还因地制宜，大力发展土洞贮藏，既可周年供应，又大大缓解了交通运输压力，增加了生产者的收入。在果品加工业方面，山东、陕西等省都相继筹建很多综合性果品加工企业，生产浓缩果汁、高档果汁饮料、水果脆片、果酒、酿醋等许多产品，部分高档产品还用于出口。

三、完善采后配套服务体系，实现"两高一优"对策

1. 加强科学技术研究和普及，努力提高商品化意识

在当今市场经济的大潮下，各级政府、技术部门均应把科技意识、商品意识的普及教育放在首位。采用请进来，送出去的方法，培养一批科技骨

干、管理人才，举办各种培训班对果农加强科技管理教育，使他们真正认识到采后管理的重要性，投入一定的资金用于科研及新技术引进，并及时把一些科研成果应用于实际中去，以实现水果采后的更大增值。

2. 在果品基地尽快建立贮藏设施和相应的包装

处理厂尽快在果品产量万吨以上的县、市和面积达亩的乡、镇建立相应的贮藏冷库和包装处理厂。这样，果实采后马上可以入贮，有利于分散采收、分期分批入贮。同时，在以上产区建立果品采后配套服务体系和科技示范区，推广采摘管理技术、保鲜贮藏技术、包装贮运技术等。为市场提供优质果品，建立市场信誉。

适当发展果品加工业，在有条件且产量大的地区建个具有一定规模，拥有先进技术和设备的果品综合加工厂，将部分果品就地加工，转化增值。

加强产后服务网络的建设。宁夏地处偏远地区，交通不便，果品生产销售服务体系还不完善。这在很大程度上制约了果品生产的健康发展。因此，下大力气抓好宣传、销售及其配套的科技、信息服务是一项很重要的工作，应采取以下促销方式。

一是建立果品经销联合集团，统一管理方式、统一标准，形成规模经营方式。

二是建立一支精干的销售，宣传队伍，在全国各大、中城市进行促销宣传活动，设立办事处，并利用报纸、广播、电视的作用，进一步扩大宁夏果品的知名度。

第五节　水果保鲜剂的研究及应用进展[①]

在水果到达消费者手中之前，世界各地生产的水果至少有 40% 的损失。因此，新鲜水果采后，如何保质保量地周年供应，已成为近年来国内外十分重视的研究课题。

水果的损耗可归纳为物理因素、生理因素及病理因素。虽然采用低温、低氧等方法在一定程度上可以减缓生理衰老，减少水果病害，但这些措施在延长贮藏时间或通过出口市场系统的转运时不可能完全禁止微生物对水果的侵袭。当产品从最佳的温度转移到较高的温度与从未冷藏的产品相比，腐烂发展更为迅速。因此，为了有效地减少收获后的损失，在许多情况下应用水

---

① 注：本研究成果已于 1995 年发表于专业期刊《宁夏农林科技》，主要作者有田建文、马文平。

果保鲜剂进行处理。

一、化学防腐剂

从 20 年代至今，从数以万计的化学物品中筛选出有防腐保鲜价值的品种大约几十种，但在使用中不断发现各种问题，而被陆续淘汰。现在研究及应用的主要有以下十几种。

邻苯基苯酚钠（SOPP）、联苯（DP）、二氧化硫（SO_2）、仲丁胺（2-AB）、氯硝铵（DCNA）等是防护性的防腐保鲜剂，它们的作用是防止病原微生物从果皮损伤部分侵入果实而控制腐烂，其中 DP、DCNA 除上述作用外还可抑制病原体的孢子形成和预防其扩散，但这类杀菌剂都不能穿透寄主表面而达传染地，即不能杀灭早已进入水果的微生物。因此有一定的局限性，但它们价格便宜且对白地霉等控制效果良好，与内吸性杀菌剂配合使用，效果更好，因此一直沿用。

SOPP、DCNA 主要用于各种易腐的水果浸果（SOPP 溶液的 pH 值必须用 NaOH 等保持在 11.7~12.0）。DP 主要用于包装材料和衬里的浸渍剂，SO_2 则主要用于以焦亚硫酸钾为主剂制成的片剂和葡萄贮藏在一起起熏蒸作用。

苯并咪唑类杀菌剂、噻菌灵（TBZ）、苯米特、多菌灵等是高效、广谱的内吸性杀菌剂，目前作为柑橘、苹果、梨、香蕉等多种水果的保存剂使用。但对根霉菌、毛霉菌、黑斑病菌、白地霉、褐腐疫霉以及所有的细菌是没有活性的，且易产生对苯并咪唑有抗性的菌株。

双胍盐、依玛扎里（迈挫菌）、三唑类（CGA64251，CGA64250）等新药都是广谱性的，对地方霉及对苯并咪唑等有抗性的菌株都有效。

总的来说，各种杀菌剂都有其局限性，但可通过配合和交替使用得到克服，并在原来用的品种基础上不断研制、筛选出新的品种。因此杀菌剂是目前果品贮藏中不可缺少的试剂。但从长远看，化学防腐剂用于果品防腐保鲜发展前景是不容乐观的。

二、天然防腐剂

近年来推广高效低毒内吸杀菌剂，防腐保鲜效果虽好，但时有残毒。因此，无毒有效的天然防腐剂应运而生。

武汉植物所从具有抗腐功能的香料花椒中提取出有效防腐物质制成保鲜剂。用这种天然防腐剂对柑橘进行保鲜试验，3 个月后、其色、香、味同刚从树上摘下来一样，完好率达 97%以上。

哈尔滨工业大学研究的中草药水果蔬菜保鲜剂处理水果蔬菜后，能吸收空气中的水蒸气造成过湿条件，使真菌繁殖受到抑制，又能抑制果实的呼吸强度，减少水分蒸发，增强抗病能力，延长保鲜时间。苹果在库存温度保存 8 个月，在 10℃条件下能保存 4 个月，鲜桃可保存 40d。

中草药保鲜剂对水果常见的 4 种病菌都有抑制作用，对柑橘锈壁虱有杀灭作用，在试管内有广谱抗菌作用。我国中草药资源十分丰富，应用中草药进行防腐保鲜的试验研究，将为我国果品贮藏保鲜事业闯出一条新路。

三、生物膜

又称涂料，作为果蔬采后的防腐保鲜技术，因具有美化商品，简便易行和不同程度的保水微气调作用，已在不少国家应用，并正向透气、保水、防腐等多功能新鲜高分子膜发展。目前常用的有：油乳剂，用动植物油、面粉、硫菌灵、水配成，果实在油乳剂中浸泡后，皮外结成很薄的一层油乳膜，直接抑制果实的呼吸和蒸腾作用，再加上液内托布津可杀灭大部分真菌，油脂又可吸收果实呼吸放出的乙烯，抑制了催熟作用，因此能够很好地防腐保鲜。

紫胶水果涂料，中国林业科学院林产化学工业研究所研制，是一种表面涂被剂、液内含有 2，4－D 钠盐 600mg/kg 及硫菌灵（或多菌灵） 3 000 mg/kg。

SM 液态薄膜保鲜剂，由重庆师范学院研制而成，它在果面形成半透明薄膜，能进行单果气调，无毒。用于广柑贮藏 141d，腐烂率仅 0.95%。

CM 保鲜剂，广西东平县土产公司从中草药中提炼出来，有液体状或粉状剂，具有抑菌、杀菌和愈伤作用。

森伯尔保鲜剂，由英国森伯尔公司用葡萄糖脂、羧甲基纤维素钠等制成，处理果实后形成的膜允许果实内 CO_2 放出，O_2 却不能进入，有微气调作用。此外还有英国的"Pro-long"、日本的乳化脂、苏联的"普洛蒂克桑"和美国的高分子涂料。

四、吸氧剂

又叫去氧剂、脱氧剂，是一组易与游离氧起反应的化学物质的混合物。它有一定的除氧能力。在相应的密封系统中，它能与游离氧或溶解氧起化学反应，生成稳定的氧化物，因此能大大降低或完全消除氧的分压，使内容物免受氧的作用，抑制系统中好气性微生物的增殖，有效地控制生物因素对内容物的影响，起到保持内容物原来品质的作用。目前，吸氧剂不仅用于食品，还用于谷类、饲料、药品、衣料、精密仪器等。在水果保鲜上的研究和应用还较少，尚待进一步开发。

五、生理活性调节剂

有的学者认为，新型植物生长调节剂的出现，可以按照人们的期望去调节和控制水果来后生命活动过程。目前研究应用的主要是生长素类和赤霉素。

柠檬、柑橘果实采收后立即用 2，4-D（约 200mg/kg）浸渍，可防止柑橘果蒂枯落，对果实保鲜和降低腐烂率有显著效果。毒莠定，乙氯草定、4-氯苯氧乙酸等也有类似效果。

赤霉素（GA）有阻止组织衰老的作用在柑橘类果实上，GA 可以阻止果皮褪绿变黄，抑制胡萝卜素的积累和果肉变软。可显著延迟番茄、香蕉、番石榴等果实呼吸跃变的发生，能对抗乙烯和脱落酸对后熟的刺激作用。牙买加已在生产上应用 GA4+7 来延长出口香蕉保持绿色的时间。

参考文献

（苏）波钦诺克，1981. 植物生物化学分析方法［M］. 荆家海，丁钟荣，译. 北京：科学出版社.

陈锦屏，刘兴华，1986. 果品贮藏保鲜［M］. 西安：陕西出版社.

陈林，2019. 果蔬贮藏与加工［M］. 四川：四川大学出版社.

陈柳依，田建文，任小林，等，2015. 不同性别消费者对苹果品质特征偏好的调查研究［J］. 绿色科技（7）：299-301.

迟燕平，2010. 果品保鲜贮藏加工［M］. 吉林：吉林科学技术出版社.

董全，2007. 果蔬加工工艺学［M］. 重庆：西南师范大学出版社.

杜传米，张继武，陈守江，2014. 果蔬贮藏保鲜实用技术［M］. 安徽：安徽大学出版社.

段眉会，朱建斌，2011. 猕猴桃贮藏保鲜实用工艺技术［M］. 杨凌：西北农林科技大学出版社.

冯娟，任小林，田建文，2013. 不同产地富士苹果多酚、可溶性糖及有机酸的对比研究［J］. 食品科学，34（24）：125-130.

冯娟，任小林，田建文，等，2013. 不同产地富士苹果品质分析与比较［J］. 食品工业科技，34（14）：108-112.

冯双庆，2008. 果蔬贮运学［M］. 北京：化学工业出版社.

高海生，2005. 桃杏李樱桃果实贮藏加工技术［M］. 北京：金盾出版社.

高海生，2009. 葡萄贮藏保鲜与加工技术［M］. 北京：金盾出版社.

高海生，李凤英，2004. 果蔬保鲜实用技术问答［M］. 北京：化学工业出版社.

胡桂兵，陈大成，李平，等，2000. 荔枝果皮色素、酚类物质与酶活性的动态变化［J］. Journal of Fruit Science，17（1）：35-40.

胡小松，肖华志，王晓霞，2004. 苹果 α-法尼烯和共轭三烯含量变化

与贮藏温度的关系 [J]. 园艺学报, 31 (2): 169-172.

黄海, 2018. 苹果贮藏与保鲜技术 [J]. 河北果树 (1): 11-12.

黄伟坤, 唐英章, 黄焕昌, 等, 1993. 食品检验与分析 [M]. 北京: 中国轻工业出版社.

阚积红, 贺可伦, 2019. 猕猴桃保鲜贮藏技术研究进展 [J]. 中国果菜, 39 (6): 23-26.

李柏林, 梅慧生, 1989. 燕麦叶片衰老与活性氧代谢的关系 [J]. 植物生理学报, 15 (1): 6-12.

李晓龙, 田建文, 2008. 常用贮藏保鲜技术对鲜枣货架期的影响 [J]. 保鲜与加工 (2): 8-10.

辽宁省科学技术协会, 2010. 良种鲜食枣无公害栽培与贮藏加工 [M]. 沈阳: 辽宁科学技术出版社.

刘存德, 沈金光, 1985. 蔬菜贮鲜 [M]. 北京: 北京出版社.

刘俊红, 刘瑞芳, 陈兰英, 2012. 农产品贮藏与加工学 [M]. 徐州: 中国矿业大学出版社.

刘新社, 易诚, 2009. 果蔬贮藏与加工技术 [M]. 北京: 化学工业出版社.

鲁周民, 2010. 红枣优质栽培与贮藏加工技术问答 [M]. 杨凌: 西北农林科技大学出版社.

罗云波, 2010. 果蔬采后生理与生物技术 [M]. 北京: 中国农业出版社.

罗云波, 蔡同, 2001. 园艺产品贮藏加工学 (贮藏篇) [M]. 北京: 中国农业大学出版社.

马惠玲, 2012. 果品贮藏与加工技术 [M]. 北京: 中国轻工业出版社.

马文平, 田建文, 袁秉和, 1996. 宁夏水果采后处理现状及发展建议 [J]. 宁夏农林科技 (1): 52-53.

倪志华, 张思思, 辜青青, 等, 2011. 基于多元统计法的南丰蜜橘品质评价指标的选择 [J]. 果树学报, 28 (5): 918-923.

皮钰珍, 2013. 果蔬贮藏及物流保鲜实用技术 [M]. 北京: 化学工业出版社.

戚英伟, 田建文, 王春良, 2014. 水果气调贮藏保鲜研究进展 [J]. 保鲜与加工, 14 (4): 53-58.

秦文, 2007. 农产品贮藏与加工学 [M]. 北京: 中国计量出版社.

秦文，李梦琴，2013. 农产品贮藏加工学［M］. 北京：科学出版社.

饶景萍，2009. 园艺产品贮运学［M］. 北京：科学出版社.

阮芳，刘丽琴，2012. 浅谈食品养身与果品保健［J］. 安徽电子信息职业技术学院学报，11（6）：108-110.

上海植物生理学会，1985. 植物生理学实验手册［M］. 上海：上海科学技术出版社.

邵惠芳，陈红丽，杨永锋，等，2008. 应用主成分分析和聚类分析评价烤烟叶位间质量差异［J］. 西南农业学报，21（6）：1559-1563.

生吉萍，申琳，2010. 果蔬安全保鲜新技术［M］. 北京：化学工业出版社.

田建文，马文平，1995. 水鲜保果剂的研究及应用进展［J］. 宁夏农林科技（5）：26-28.

仝月澳，周厚基，1982. 果树营养诊断法［M］. 北京：农业出版社.

汪佩洪，等，1986. 基础生化实验指导［M］. 西安：陕西科学技术出版社.

王风云，2018. 水果品质智能分级技术［M］. 北京：中国农业科学技术出版社.

王鸿飞，2014. 果蔬贮运加工学［M］. 北京：科学出版社.

王坤范，1982. 几种测定果实组织乙烯浓度的取样方法［J］. 植物生理学通讯（2）：48-49.

王强，2010. 杏贮藏加工与质量安全控制概论［M］. 北京：中国农业科学技术出版社.

王淑贞，2009. 果品保鲜贮藏与优质加工新技术［M］. 北京：中国农业出版社.

王文辉，徐步前，2003. 果品采后处理及贮运保鲜［M］. 北京：金盾出版社.

王鑫腾，张有林，袁帅，2012. 果品蔬菜采后生理研究进展［J］. 陕西农业科学，58（5）：98-102.

无锡轻工业学院，等，1981. 食品分析［M］. 轻工业出版社.

武宝轩，格林·托德，1985. 小麦幼苗中过氧化物歧化酶活性与幼苗脱水忍耐力相关性的研究［J］. 植物学报，27（2）：152-160.

徐榕，李娜，2012. 果实采后生理研究进展［J］. 中国园艺文摘，28（2）：38-40，69.

薛晓敏，王金政，路超，2010. 摘袋时期对红富士苹果果实品质的影响 [J]. 山东农业科学 (9)：50-52.

杨勇，2019. 浅谈苹果贮藏与保鲜技术 [J]. 农业科技与信息 (3)：53-54.

姚昕，2013. 青枣栽培及其贮藏加工技术 [M]. 成都：四川大学出版社.

于延申，2015. 苹果贮藏保鲜操作规程 [J]. 吉林蔬菜 (11)：37-38.

袁云香，2015. 苹果的贮藏与保鲜技术研究进展 [J]. 北方园艺 (4)：189-191.

苑克俊，李震三，张道辉，等，2000. 苹果低氧气调新组合及其防治虎皮病的效果 [J]. 果树科学，17 (3)：175-180.

张恒，2009. 果蔬贮藏保鲜技术 [M]. 成都：四川科学技术出版社.

张家国，李宁，郭风军，2019. 葡萄采后保鲜技术的研究进展 [J]. 中国果菜，39 (9)：20-24，52.

张微，杨正潭，1988. 巴梨成熟期间乙烯与脱落酸含量的变化 [J]. 植物学报，30 (4)：453-456.

张维一，2001. 果蔬采后生理学 [M]. 北京：农业出版社.

张子德，2002. 果蔬贮运学 [M]. 北京：中国轻工业出版社.

章金英，2004. 苹果汁加工工艺中果汁褐变控制 [D]. 北京：中国农业大学.

赵晨霞，2005. 果蔬贮藏与加工 [M]. 北京：高等教育出版社.

祝战斌，2010. 果蔬贮藏与加工技术 [M]. 北京：科学出版社.

ILANA U B，RAFAEL V R，2004. Chlorophyll fluorescence as a tool to evaluate the riprning of 'Golden' papaya fruit [J]. Posthavest Biology and Teachnology，33 (2)：163-173.

JEMRIC T，LURIE S，DUMIJA L，et al.，2006. Heat treatment and harvest date interact in their effect on superfial scald of 'Granny Smith' apple [J]. Seientia Hortieulture，107：155-163.

JUNG S K，WATKINS C B，2008. Superficial scald control after delayed treatment of apple fruit with diphenylamine and 1-methylcyclopropene [J]. Postharvest Biology and Technology，50：45-52.

KRAMER G F，et al.，1989. Correlation of reduced softening and increased polyamine levels during low-oxygen storage of McIntosh apples [J].

Journal of The American Society for Horticultural Science, 114 (6): 942-946.

PAULL R E, CHEN N J, 1983. Postharvest variation in all wall-degroding enzymes of papayo (*Camca papaya* L.) during fruit ripening [J]. Plant Physiol, 72: 382-385.

RUDELL D R, MATTHEIS J P, 2009. Superficial scald development and related metabolism is modified by postharvest light irradiation [J]. Post-harvest Biology and Technology, 51: 174-182.

WHITAKER B D, 2004. Oxidative stress and superficial scald of apple fruit [J]. Hortscience, 39: 933-937.